Albert Günter Herrmann

Praktikum der Gesteinsanalyse

Chemisch-instrumentelle Methoden
zur Bestimmung der Hauptkomponenten

Mit Beiträgen von Paula Marianne Schneiderhöhn
und unter Mitarbeit von Doris Knake

Mit 20 Abbildungen und 24 Tabellen

Springer-Verlag
Berlin Heidelberg GmbH 1975

Professor Dr. A. G. Herrmann
Geochemisches Institut der Universität
34 Göttingen, V.M. Goldschmidtstr. 1

ISBN 978-3-540-07351-2   ISBN 978-3-642-80963-7 (eBook)
DOI 10.1007/978-3-642-80963-7

Library of Congress Cataloging in Publication Data. Herrmann, Albert Günter, 1929–.
Praktikum der Gesteinsanalyse. (Hochschultext: Geowissenschaften) Bibliography: p. Includes
index. 1. Rocks-Analysis. I. Schneiderhöhn, Paula Marianne, joint author. II. Knake, Doris,
joint author. III. Title. QE438.H47. 552'.06. 75-17962.

Gesamtherstellung: Julius Beltz, Hemsbach/Bergstr.

Inhaltsübersicht

1. Vorwort 1

2. Allgemeiner Teil 4

  2.1 Abkürzungen, Konzentrations- und Korngrößenbereiche,
      Rechenhilfen 4
  2.2 Probenahme, Zerkleinerung der Probe 11
  2.3 Beurteilung und Berechnung von Gesteinsanalysen 14
  2.4 Verzeichnis einiger Gesteins-Referenzproben 35
  2.5 Analysenprotokoll 39
  2.6 Reagenzien, Auffüllen und Aufbewahrung von Lösungen,
      Meßgeräte 41

3. Analysenschema 44

4. Übersichtstabellen für verschiedene Analysenmethoden ... 46

5. Aufschlußmethoden 57

  5.1 Allgemeine Bemerkungen 57
  5.2 Schmelzaufschlüsse 60

  5.2.1 Natriumkarbonat-Aufschluß 60
  5.2.2 Kaliumhydroxid-Aufschluß für die titrimetrische
       SiO$_2$-Bestimmung 63

  5.3 Säureaufschlüsse 64

  5.3.1 Flußsäure - Schwefelsäure - Salpetersäure - Auf-
       schluß 64
  5.3.2 Flußsäure - Perchlorsäure - Aufschluß 65
  5.3.3 Flußsäure - Schwefelsäure - Aufschluß für die Be-
       stimmung von Gesamteisen 66
  5.3.4 Flußsäure - Schwefelsäure - Aufschluß für die Be-
       stimmung von FeO 67

  5.4 Säureaufschlüsse in Autoklaven 68
  5.5 Aufschluß von Karbonatgesteinen 73

  5.5.1 Lösen des Karbonatanteils mit Salzsäure 73
  5.5.2 Lösen des Karbonatanteils mit Chloressigsäure
       (Monochloressigsäure) 74
  5.5.3 Lösen von Sulfiden 75

6. Analytische Methoden für die Bestimmung der einzelnen
   Elemente 76

   6.1 SiO$_2$ 76

   6.1.1 Gravimetrie 76
   6.1.2 Titration 82
   6.1.3 Spektralphotometrie 85

   6.2 Gesamteisen 90

   6.2.1 Gravimetrie (Sesquioxide) 90
   6.2.2 Titration 97

   6.2.2.1 H$_2$SO$_4$-haltige Lösung (Cadmium-Reduktor) 97
   6.2.2.2 HCl-haltige Lösung (Reinhardt-Zimmermann) 102

   6.2.3 Spektralphotometrie 103
   6.2.4 Atomabsorptions-Spektralphotometrie 111

   6.2.4.1 Luft-Azetylen-Flamme 111
   6.2.4.2 Distickstoffmonoxid-Azetylen-Flamme 114

   6.3 FeO 115

   6.3.1 Titration 115

   6.4 Al$_2$O$_3$ 118

   6.4.1 Differenzbestimmung 118
   6.4.2 Titration 118
   6.4.3 Atomabsorptions-Spektralphotometrie 122

   6.5 CaO 124

   6.5.1 Gravimetrie 124
   6.5.2 Titration 126
   6.5.3 Atomabsorptions-Spektralphotometrie 133

   6.6 MgO 134

   6.6.1 Gravimetrie 134
   6.6.2 Titration 138
   6.6.3 Atomabsorptions-Spektralphotometrie 143

   6.7 Na$_2$O 145

   6.7.1 Flammenphotometrie 145
   6.7.2 Atomabsorptions-Spektralphotometrie 147

   6.8 K$_2$O 148

   6.8.1 Flammenphotometrie 148
   6.8.2 Atomabsorptions-Spektralphotometrie 149

6.9 TiO_2 149

6.9.1 Spektralphotometrie 149
6.9.2 Atomabsorptions-Spektralphotometrie 153

6.10 P_2O_5 154

6.10.1 Gravimetrie 155
6.10.2 Spektralphotometrie 157

6.11 MnO 158

6.11.1 Spektralphotometrie 158
6.11.2 Atomabsorptions-Spektralphotometrie 161

6.12 Gesamt-, Karbonat- und Nichtkarbonat-Kohlenstoff .. 161

6.12.1 Karbonat-Kohlenstoff, gravimetrisch mittels Na-
       tronasbest oder Natronkalk 163
6.12.2 Karbonat-Kohlenstoff, titrimetrisch mit visueller
       Indikation des Äquivalenzpunktes 167
6.12.3 Coulometrisches Verfahren für Gesamt-, Karbonat-
       und Nichtkarbonat-Kohlenstoff 169

6.13 H_2O^- (105° - 110^oC) 174

6.13.1 Gewichtsdifferenz 174

6.14 Gesamt-H_2O und H_2O^+ 175

6.14.1 Penfield-Verfahren (Gesamt-H_2O und H_2O^+) 175
6.14.2 Titration nach der Methode von Karl Fischer (H_2O^-
       und H_2O^+) 180
6.14.3 Coulometrisches Verfahren zur Bestimmung von Ge-
       samt-H_2O 180

6.15 Schwefel, Fluor, Bor 180

6.15.1 Schwefel 180
6.15.2 Fluor 182
6.15.3 Bor 183

7. Anhang 184

7.1 Behandlung von Platingeräten 184
7.2 Hinweise zum Reinigen der Glasgeräte 186
7.3 Hinweise zur Verhütung von Unfällen beim analyti-
    schen Arbeiten 187
7.4 Erste Hilfe bei Unfällen 189
7.5 Sauberkeit am Arbeitsplatz 190

8. Literaturverzeichnis 192
9. Sachverzeichnis 201
Periodensystem der Elemente siehe 3. Umschlagseite

1. Vorwort

Die Analyse natürlich vorkommender Gesteine und technischer Silikatverbindungen hat in den letzten Jahren eine zunehmende Bedeutung erhalten. Dabei wurden die klassischen gravimetrischen Verfahren weitgehend durch chemisch-instrumentelle Methoden ersetzt.

Die Bestimmung der Hauptkomponenten in magmatischen, metamorphen und sedimentären Gesteinen und in Mineralen gehört im Rahmen eines speziellen Praktikums zum Studium der Mineralogie, teilweise auch der Geologie und Bodenkunde. Aber auch von Laboranten und Chemotechnikern werden während der Lehrzeit oder an den Chemieschulen, später an Instituten und in der Industrie, häufig Teil- oder Vollanalysen von Silikaten ausgeführt. Speziell aus dem an Kursen über Gesteinsanalyse teilnehmenden Personenkreis wurde häufig der Wunsch nach einem Buch zur schnellen Information über einige gebräuchliche Verfahren der Gesteinsanalyse geäußert. Ein für den Anfänger geeignetes Kompendium ist jedoch nicht greifbar. Wir haben uns daher entschlossen, unter Verwendung eines im Laborbetrieb und in Praktika seit mehreren Jahren benutzten Manuskriptes eine am Arbeitsplatz verwendbare Lern- und Arbeitsunterlage für Studenten, chemisch-technische Assistenten und Laboranten vorzulegen. An diesen speziellen Benutzerkreis wendet sich das vorliegende Praktikumsbuch. Es ist nicht beabsichtigt, den bereits vorhandenen Monographien über Mineral- und Gesteinsanalysen ein weiteres Exemplar hinzuzufügen. Es wird im Gegenteil empfohlen, bei speziellen Fragestellungen und Methoden auf eines der Handbücher, z.B. MAXWELL (1968), zurückzugreifen.

Fast jeder Dozent hat eigene Vorstellungen über das Programm und den Aufbau eines Praktikums bzw. Kurses über Gesteinsanalyse und eine verständliche Vorliebe für die im eigenen Labor benutzten Methoden. Das vorliegende Buch ist als Leitfaden für die Gestaltung entsprechender Lehrveranstaltungen gedacht, wobei beliebig Kürzungen, Erweiterungen oder Ergänzungen vorgenommen werden können. Es beschränkt sich bewußt auf eine Auswahl chemisch-instrumenteller Verfahren, soweit ihnen chemische Umsetzungen vorausgehen müssen (Spektralphotometrie, Flammenphotometrie, Atomabsorptions-Spektralphotometrie, elektrochemische Titrationen). Möglicherweise wird mancher Benutzer des Praktikumsbuches Ausführungen über die allgemeinen Grundlagen der instrumentellen Verfahren vermissen. Wir haben aber darauf verzichtet, da entsprechende Informationen bereits in anderen Büchern enthalten sind. Ob das richtig war, muß von den Benutzern des Buches beurteilt werden. An einer Stelle war aber eine Begrenzung des Textes nicht zu vermeiden. Die ebenfalls wichtigen Methoden der Röntgenspektralanalyse und der Emissionsspektralanalyse werden absichtlich nicht behandelt, da sie heute selbständige Gebiete der Silikatanalyse darstellen. Sie werden als spezielle Kurse dem Studierenden angeboten und erfordern eine gesonderte Darstellung. Ähnliches gilt für Verfahren der Neutronenaktivierungsanalyse.

In der Zusammenstellung von Analysenmethoden überwiegen chemisch-instrumentelle Verfahren. Für Praktika sind aus didaktischen Gründen aber auch einige gravimetrische Trennungsverfahren aufgenommen worden, da hier bei zumeist leicht verständlichen Reaktionen quantitatives Arbeiten gelernt werden kann. Absichtlich wurden daher bei den gravimetrischen Methoden bestimmte Arbeitsgänge ausführlich beschrieben. Nur wer geübt hat, im Verlauf mehrerer Trennungsoperationen keine Anteile an Niederschlägen und Lösungen zu verlieren, wird auch bei den chemisch-instrumentellen Analysenverfahren mit der gleichen erforderlichen Sorgfalt arbeiten.

Mit Ausnahme der gravimetrischen Methoden werden überwiegend solche Analysenverfahren angegeben, die ohne zusätzliche Trennungsoperationen eine direkte Bestimmung des Elements oder der Verbindung aus der Aufschlußlösung oder der festen Substanz erlauben. Die Vorteile einer solchen Analysentechnik hinsichtlich der rationellen Ausführung von Gesteinsanalysen sind allgemein bekannt.

Die chemische Zusammensetzung der meisten magmatischen und metamorphen Gesteine sowie einiger verbreitet vorkommender Sedimente ist für viele geologische und petrologische Fragestellungen durch die Komponenten SiO_2, Al_2O_3, Fe_2O_3, FeO, CaO, MgO, Na_2O, K_2O, TiO_2, P_2O_5, MnO, CO_2 (Gesamt-, Karbonat- und Nichtkarbonat-Kohlenstoff), H_2O (Gesamt-H_2O, H_2O^-, H_2O^+), ausreichend charakterisiert. Allerdings ist stets zu überlegen, ob außer diesen Bestandteilen eventuell noch andere Elemente in Konzentrationen >0,1% in der Analysensubstanz vorhanden sein können (z.B. Ba, Sr, Ni, Cr, Zr, S, B, F und andere). Wenn das der Fall ist, müssen diese Komponenten ebenfalls bestimmt werden. Auch diese Verfahren erfordern eine spezielle Behandlung (z.B. MAXWELL, 1968; KOCH u. KOCH-DEDIC, 1974).

Fast in allen Fällen werden für das gleiche Element mehrere Analysenverfahren angegeben. Nicht in jedem Laboratorium sind die verschiedenen Meßinstrumente vorhanden (Spektralphotometer und Atomabsorptions-Spektralphotometer etc.). Es ist daher sinnvoll, möglichst mehrere Bestimmungsverfahren zur Auswahl zu haben, die entsprechend der vorhandenen Laborausrüstung nach einem "Baukastensystem" zu einem kompletten Analysenschema für Gesteinsanalysen zusammengestellt werden können.

Ursprünglich war beabsichtigt, ähnlich wie im "Handbuch für das Eisenhüttenlaboratorium", Band 5 (1971), auf der Grundlage eigener experimenteller Arbeiten für alle Analysenverfahren Richtwerte über die mittlere Standardabweichung und die zulässige Abweichung bei Doppelbestimmungen anzugeben (Beispiel Kohlenstoffbestimmungen, 6.12.3). Der Wert solcher Daten liegt auf der Hand. Leider konnten die bereits begonnenen und weit fortgeschrittenen Untersuchungen für das vorliegende Buch nicht abgeschlossen werden.

Die Konzeption des Praktikumsbuches erhebt keinen Anspruch auf
eine vollständige Nennung aller üblichen Analysenverfahren. Beispielsweise wurden nicht sämtliche mit der Spektralphotometrie
oder der Atomabsorptions-Spektralphotometrie möglichen Element-
bestimmungen beschrieben. Das gleiche gilt auch für andere Verfahren. Jedoch sind alle wichtigen und gebräuchlichen chemisch-
instrumentellen Analysenverfahren mit wenigstens einem Beispiel
vertreten.

Das Praktikumsbuch ist für praxisbezogene Lehrveranstaltungen
und den Laborbetrieb gedacht, die Zahl der genannten Literatur-
zitate daher begrenzt. Aus den angeführten Arbeiten können aber
leicht Hinweise auf weitere Publikationen entnommen werden.

Bei der Durchführung eines Praktikums über Gesteinsanalyse hat
es sich als vorteilhaft erwiesen, bestimmte Hinweise bei allen
Arbeitsanleitungen zu wiederholen. Diese Erfahrung wurde teilweise auch für den vorliegenden Text beibehalten, um die Anwendung der Analysenverfahren in der Praxis dem Studierenden
nach Möglichkeit zu erleichtern und ein Hin- und Herblättern im
Buch auf ein Minimum zu begrenzen.

Jedem Benutzer des Praktikumsbuches wird empfohlen, dasselbe
nicht lediglich als eine Anweisung zur Ausführung von Gesteinsanalysen ohne eigenes Nachdenken zu betrachten ("Kochbuch").
Eine sorgfältige analytische Arbeit ist nur möglich in Verbindung mit ausreichenden Kenntnissen über die theoretischen Grundlagen der analytischen Chemie. Deren Aneignung ist daher eine
Empfehlung an die Leser (z.B. Analytikum, 1974). Das gleiche
gilt für die Stöchiometrie (z.B. NYLÉN u. WIGREN, 1973).

Wir hoffen, daß das Buch Interessenten und Freunde finden wird,
vor allem aber auch bei der täglichen Laborarbeit von Nutzen ist.
Wir bitten um Hinweise auf Fehler und Mängel, sowie um Ratschläge
für mögliche Verbesserungen.

Literaturunterlagen wurden teilweise modifiziert, so daß die zi-
tierten Autoren keine Verantwortung für eventuelle Fehler tragen.
Die im Text genannten Geräte und Reagenzien verschiedener Firmen
standen uns für die analytische Arbeit zur Verfügung. Ihre Nennung bedeutet keinerlei Werturteil über andere Fabrikate.

Für Mitarbeit, Diskussionen und Hinweise danke ich Frau G. HERR-
MANN, Frau Dr. V. MARCHIG, Frau H. PETERS, Frau Dr. E. STRAUCH,
sowie den Herren Dr. H. GUNDLACH, Prof. Dr. W. HARRE, E.F. HAVER,
Dip.-Min. P. MIELKE, Dr. J. PAUL, Dr. J. SCHNEIDER und Prof. Dr.
E. USDOWSKI.

Frau A.-L. SUBATZUS und Herr H. GRIMME (Geologisch-Paläontologi-
sches Institut der Universität Göttingen) zeichneten freundlicherweise die Abbildungen.

Ich danke dem Springer-Verlag, Heidelberg, für die Bereitschaft,
das vorliegende Praktikumsbuch zu verlegen.

Göttingen, August 1975   A.G. HERRMANN

2. Allgemeiner Teil

2.1 Abkürzungen, Konzentrations- und Korngrößenbereiche, Rechenhilfen

Tabelle 1. Abkürzungen und Zeichen

Zeichen	Bedeutung	Beziehung zu anderen Einheiten
l	Liter	10^3 ml
ml	Milliliter	
cm^3	Kubikzentimeter	
µl	Mikroliter	10^{-6} l; 10^{-3} ml
M	Molarität: Mol gelöste Substanz in 1 l Lösung	
Val	1 Val = 1 Grammäquivalent = die dem Äquivalentgewicht numerisch entsprechende Gramm-Menge	
N	Normalität, Normallösung; Val in 1 l Lösung	
mg	Milligramm	10^{-3} g
µg	Mikrogramm	10^{-6} g (1γ, Gamma)
%	Prozent	
Gew. %	Gewichtsprozent; Gramm Bestandteil in 100 g fester Substanz oder Lösung	
Vol. %	Volumenprozent; Milliliter Bestandteil in 100 ml Lösung	
‰	Promille; Tausendstel; vom Tausend	10^{-1} Gew.%
ppm	parts per million	10^{-4} Gew.% (1 g/10^6 g = 1 g/Tonne); 1 ppm $\cdot \rho$ = 1 µg/ml
µg/ml	Mikrogramm pro Milliliter	$\dfrac{1\ \mu g/ml}{\rho}$ = 1 ppm (ρ = Dichte der Lösung)
ppb	parts per billion	10^{-7} Gew.% (1 g/10^9 g); USA: 10^9 = 1 billion
µm = µ	Mikrometer = Mü = Mikron	10^{-6} m; 10^{-3} mm

Tabelle 1. (Fortsetzung)

Zeichen	Bedeutung	Beziehung zu anderen Einheiten
nm = mμ	Nanometer = Millimü = Millimikron	10^{-9} m; 10^{-6} mm
Å	Ångström	10^{-10} m; 10^{-7} mm
<	kleiner als	
≦	kleiner oder gleich	
>	größer als	
≧	größer oder gleich	
≈	angenähert gleich; etwa	
~	proportional	
=	gleich	
≠	ungleich; nicht gleich	
≡	identisch gleich	
≢	nicht identisch gleich	
Σ	Summe	

Tabelle 2. Bezeichnung und relative Atommassen einiger häufiger Elemente

Name	Symbol	Ordnungszahl (Atomnummer)	Atommasse (Atomgewicht)
Aluminium	Al	13	26,982
Antimon	Sb	51	121,75
Arsen	As	33	74,922
Barium	Ba	56	137,34
Beryllium	Be	4	9,012
Blei	Pb	82	207,2
Bor	B	5	10,81
Brom	Br	35	79,904
Cadmium	Cd	48	112,40
Calcium	Ca	20	40,08
Cäsium	Cs	55	132,906
Cer	Ce	58	140,12
Chlor	Cl	17	35,453
Chrom	Cr	24	51,996
Eisen	Fe	26	55,847
Fluor	F	9	18,998
Gold	Au	79	196,967

Tabelle 2. (Fortsetzung)

Name	Symbol	Ordnungszahl (Atomnummer)	Atommasse (Atomgewicht)
Jod	J	53	126,90
Kalium	K	19	39,102
Kobalt	Co	27	58,933
Kohlenstoff	C	6	12,011
Kupfer	Cu	29	63,546
Lithium	Li	3	6,941
Lanthan	La	57	138,906
Magnesium	Mg	12	24,305
Mangan	Mn	25	54,938
Molybdän	Mo	42	95,94
Natrium	Na	11	22,99
Nickel	Ni	28	58,71
Palladium	Pd	46	106,4
Phosphor	P	15	30,974
Platin	Pt	78	195,09
Quecksilber	Hg	80	200,59
Rubidium	Rb	37	85,468
Sauerstoff	O	8	15,999
Schwefel	S	16	32,06
Silber	Ag	47	107,868
Silicium	Si	14	28,086
Stickstoff	N	7	14,007
Strontium	Sr	38	87,62
Thallium	Tl	81	204,37
Titan	Ti	22	47,90
Uran	U	92	238,03
Vanadium	V	23	50,941
Wasserstoff	H	1	1,008
Wismut	Bi	83	208,98
Wolfram	W	74	183,85
Zink	Zn	30	65,37
Zinn	Sn	50	118,69
Zirkon	Zr	40	91,22

Tabelle 3. Konzentrationsbereiche[a]

Verhältnis, Verdünnung	Größenordnung	Bezeichnung, Symbol in Klammer	%	mg/1000 ml γ/ml μg/ml,ppm[b]	mg/ml	μg/1000 ml ppb[b]
1 : 100	$1 \cdot 10^{-2}$	Zenti (c)	1	10 000	10	
1 : 200	$5 \cdot 10^{-3}$		0,5	5 000	5	
1 : 500	$2 \cdot 10^{-3}$		0,2	2 000	2	
1 : 1000	$1 \cdot 10^{-3}$	Milli (m)	0,1	1 000	1	
1 : 2000	$5 \cdot 10^{-4}$		0,05	500	0,5	
1 : 5000	$2 \cdot 10^{-4}$		0.02	200	0,2	
1 : 10 000	$1 \cdot 10^{-4}$		0.01	100	0,1	
1 : 20 000	$5 \cdot 10^{-5}$		0,005	50	0,05	
1 : 50 000	$2 \cdot 10^{-5}$		0,002	20	0,02	
1 : 100 000	$1 \cdot 10^{-5}$		0,001	10	0,01	10 000
1 : 200 000	$5 \cdot 10^{-6}$		0,0005	5	0,005	5 000
1 : 500 000	$2 \cdot 10^{-6}$		0,0002	2	0,002	2 000
1 : 1 Mio	$1 \cdot 10^{-6}$	Mikro (μ)	0,0001	1	0,001	1 000
1 : 2 Mio	$5 \cdot 10^{-7}$		0,00005	0,5	0,0005	500
1 : 5 Mio	$2 \cdot 10^{-7}$		0,00002	0,2	0,0002	200
1 : 10 Mio	$1 \cdot 10^{-7}$		0,00001	0,1	0,0001	100
1 : 20 Mio	$5 \cdot 10^{-8}$		0,000005	0,05	0,00005	50
1 : 50 Mio	$2 \cdot 10^{-8}$		0,000002	0,02	0,00002	20
1 : 100 Mio	$1 \cdot 10^{-8}$		0,000001	0,01	0,00001	10
1 : 200 Mio	$5 \cdot 10^{-9}$		0,0000005	0,005	0,000005	5
1 : 500 Mio	$2 \cdot 10^{-9}$		0,0000002	0,002	0,000002	2
1 : 1 Mrd	$1 \cdot 10^{-9}$	Nano (n)	0,0000001	0,001	0,000001	1

a Unter Verwendung einer Tabelle aus RIEDEL-DE HAËN (1973).
b Gültig, wenn die Dichte der Lösung gleich 1 ist. Sonst Umrechnung entsprechend Angaben in Tab. 1.

Tabelle 4. Internationale Analysensieb-Vergleichstabelle (Drahtgewebe) nach einer Zusammenstellung von HAVER (1970). w = lichte Maschenweite, 1 inch = 25,4 mm

DIN 4188	AFNOR X II-501	ISO 565 Nebenreihe R 20	ISO 565 Hauptreihe R 20/3	ISO 565 Nebenreihe R 40/3	B.S. 410		A.S.T.M. E - 11		Tyler	
1969	1970	1972	1972	1972	1969		1970		1910	
w mm	w mm	w mm	w mm	w mm	w mm	No.	w mm	No.	w inch	Mesh
2,00	2,00	2,00	2,00	2,00	2,00	8	2,00	10	0,078	9
1,80	1,80	1,80								
				1,70	1,70	10	1,70	12	0,065	10
1,60	1,60	1,60								
1,40	1,40	1,40	1,40	1,40	1,40	12	1,40	14	0,055	12
1,25	1,25	1,25								
				1,18	1,18	14	1,18	16	0,046	14
1,12	1,12	1,12								
1,00	1,00	1,00	1,00	1,00	1,00	16	1,00	18	0,039	16
0,900	0,900	0,900								
				0,850	0,850	15	0,850	20	0,0328	20
0,800	0,800	0,800								
0,710	0,710	0,710	0,710	0,710	0,710	22	0,710	25	0,0276	24
0,630	0,630	0,630								
				0,600	0,600	25	0,600	30	0,0232	28
0,560	0,560	0,560								
0,500	0,500	0,500	0,500	0,500	0,500	30	0,500	35	0,0195	32
0,450	0,450	0,450								
				0,425	0,425	36	0,425	40	0,0164	35
0,400	0,400	0,400								
0,355	0,355	0,355	0,355	0,355	0,355	44	0,355	45	0,0138	42
0,315	0,315	0,315								
				0,300	0,300	52	0,300	50	0,0116	48
0,280	0,280	0,280								
0,250	0,250	0,250	0,250	0,250	0,250	60	0,250	60	0,0097	60
0,244	0,244	0,244								

				0,212	0,212	72	0,212	70	0,0082	65
0,200	0,200	0,200								
0,180	0,180	0,180	0,180	0,180	0,180	85	0,180	80	0,0069	80
0,160	0,160	0,160								
				0,150	0,150	100	0,150	100	0,0058	100
0,140	0,140	0,140								
0,125	0,125	0,125	0,125	0,125	0,125	120	0,125	120	0,0049	115
0,112	0,112	0,112								
				0,106	0,106	150	0,106	140	0,0041	150
0,100	0,100	0,100								
0,090	0,090	0,090	0,090	0,090	0,090	170	0,090	170	0,0035	170
0,080	0,080	0,080								
				0,075	0,075	200	0,075	200	0,0029	200
0,071	0,071	0,071								
0,063	0,063	0,063	0,063	0,063	0,063	240	0,063	230	0,0024	250
0,056	0,056	0,056								
				0,053	0,053	300	0,053	270	0,0021	270
0,050	0,050	0,050								
0,045	0,045	0,045	0,045	0,045	0,045	350	0,045	325	0,0017	325
0,040	0,040	0,040								
				0,038	0,038	400	0,038	400	0,0015	400
0,036	0,036	0,036								
0,032	0,032	0,032		0,032						
0,028	0,028	0,028								
				0,026						
0,025	0,025	0,025								
0,022	0,0224	0,022		0,022						
0,020	0,020	0,020								

DIN = Deutsche Industrienorm; AFNOR = L'Association Française de Normalisation; ISO = International Organization for Standardization; B.S. = British Standard; A.S.T.M. = American Association of Testing Materials; Tyler = W.S. Tyler Company, Cleveland, Ohio, U.S.A. 44060

Die Bezeichnung Mesh und Nummer für die Anzahl der Maschen pro inch linear hat gegenwärtig nur noch einen begrenzten Aussagewert. Zum Beispiel werden in England oder den USA hergestellte Gewebe nicht als No. 300 oder 270 mesh gewebt, sondern mit einer Maschenweite und Drahtstärke, welche genau die lichte Maschenweite von 0,053 mm ergibt.
Bei den Bezeichnungen R 20, R 20/3 und R 40/3 der internationalen Prüfsiebreihe ISO 565 handelt es sich um Normalzahlreihen, bei denen jeder Wert um einen bestimmten und gleichbleibenden Prozentsatz größer ist als der nächstkleinere.

<u>Rechenhilfen:</u>

Bei der täglichen Laborarbeit müssen häufig Lösungen gemischt
oder verdünnt werden. Die häufigsten Fälle sind:

I. Zwei Lösungen gleicher Zusammensetzung aber verschiedener
Konzentrationen sollen eine dritte Lösung mit einer neuen Konzentration ergeben:

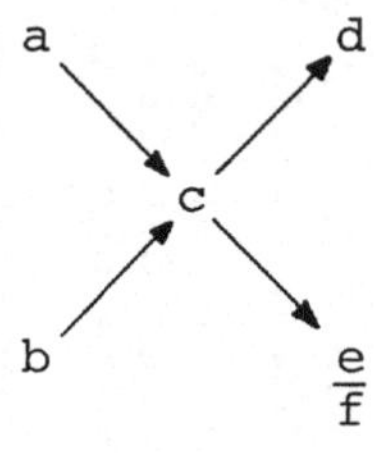

a = Bekannte Ausgangskonzentration einer
    Lösung 1
b = Bekannte Ausgangskonzentration einer
    Lösung 2
c = Gewünschte Konzentration einer herzustel-
    lenden Lösung 3
d = Zu vermischende Teile der Lösung 1
e = Zu vermischende Teile der Lösung 2
f = Summe der miteinander gemischten Teile
    der Lösungen 1 und 2 in der neuen Lösung 3

<u>Beispiel:</u>

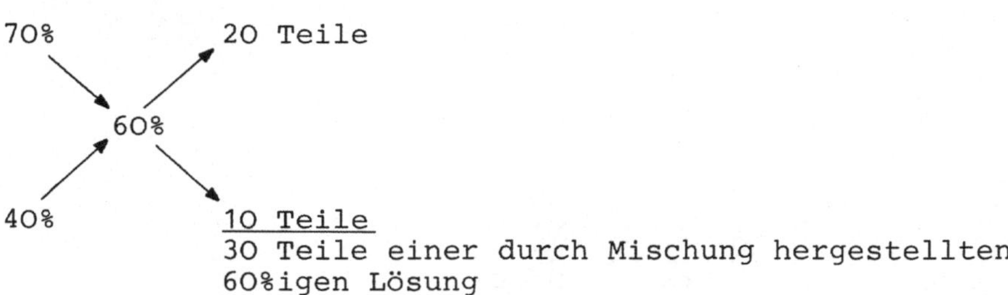

30 Teile einer durch Mischung hergestellten
60%igen Lösung

Teile bedeuten Gewichtsteile, wenn der Gehalt der Lösung in
Gew.% gegeben ist; dagegen Volumenteile, wenn der Gehalt der
Lösungen in Vol.% angegeben ist.

II. Eine konzentrierte Lösung soll mit einem reinen Verdünnungs-
mittel auf eine niedrigere Konzentration verdünnt werden. Der
Ansatz ist ähnlich wie unter I. beschrieben, daher soll hier nur
ein Rechenbeispiel angeführt werden:

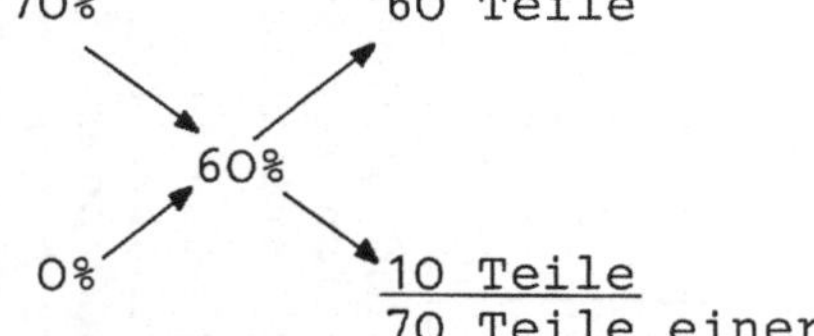

70 Teile einer durch Verdünnung (z.B. mit Wasser)
von konzentrierter Lösung (z.B. Säure) hergestellten verdünnten Lösung.

Die Mischungsregel läßt sich in entsprechender Abänderung auch
für die Herstellung von Lösungen mit bestimmter Dichte anwenden.

Verschiedentlich ist es notwendig, Gewichtsprozente in Molprozente und umgekehrt umzurechnen. Die folgenden Formeln für Zwei-

und Dreikomponenten-Systeme sind sinngemäß auch auf Systeme mit
noch mehr Komponenten anwendbar.

Molekülmasse:	A	B	G
Molprozente:	a	b	g
Gewichtsprozente:	α	β	γ

1. Gewichtsprozente in Molprozente

2 Komponenten:

$$a = \frac{100}{1 + \left(\frac{100 - \alpha}{\alpha}\right)\left(\frac{A}{B}\right)} \quad ; \quad b = 100 - a$$

3 und mehr Komponenten:

$$\Sigma = \frac{\alpha}{A} + \frac{\beta}{B} + \frac{\gamma}{G} \ldots\ldots$$

$$a = \frac{100 \cdot \alpha}{A \cdot \Sigma} ; \quad b = \frac{100 \cdot \beta}{B \cdot \Sigma} ; \quad g = \frac{100 \cdot \gamma}{G \cdot \Sigma} ; \ldots\ldots$$

2. Molprozente in Gewichtsprozente

2 Komponenten:

$$\alpha = \frac{100}{1 + \left(\frac{100 - a}{a}\right)\left(\frac{B}{A}\right)} \quad ; \quad \beta = 100 - \alpha$$

3 und mehr Komponenten:

$$\Sigma = a \cdot A + b \cdot B + g \cdot G + \ldots\ldots$$

$$\alpha = \frac{100 \cdot a \cdot A}{\Sigma} ; \quad \beta = \frac{100 \cdot b \cdot B}{\Sigma} ; \quad \gamma = \frac{100 \cdot g \cdot G}{\Sigma} ; \ldots$$

2.2 Probenahme, Zerkleinerung der Probe

Die Vorbereitung einer Gesteins- oder Mineralprobe für die chemische Analyse beginnt mit der Probenahme im Gelände. Für die Entnahme umfangreicher Probeserien aus bestimmten Gesteinskomplexen
sollte ein Programm aufgestellt werden, welches mit dem Analytiker abzustimmen ist. Nur auf diese Weise ist es möglich, die Ka-
pazität eines analytischen Laboratoriums mit einer nach Problemstellung und statistischen Gesichtspunkten gewünschten Analysen-
zahl in ein sinnvolles Verhältnis zu bringen.

Ferner ist festzulegen, welche Probenahmetechnik anzuwenden ist,
unter Umständen nach gemeinsamer Begehung der Aufschlüsse im Gelände. Informationen über die möglichen Methoden der Probenahme
sind unter anderem zu finden bei SMALES u. WAGER (1960), für
sedimentäre Gesteine bei CARVER (1971), GROVES (1951) und MILNER
(1962), für Böden bei OERTEL (1961), für Erze bei OELSNER (1952)
und in "Probenahme. Analyse der Metalle, Band 3" (1975), sowie
für geochemische Prospektion bei HAWKES u. WEBB (1962). Die wichtigsten Probenahmearten für Gesteinskörper und Lagerstätten sind
die Handstückprobe, Schlitzprobe, Bohrmehlprobe, Bohrkernprobe,
Schußprobe und die Haufenprobe. Es ist zu fordern, daß die entnommene Probemenge eine Bestimmung der für diesen Punkt reprä-
sentativen chemischen Zusammensetzung ermöglicht. Die Probemenge
wird daher unter anderem auch von der Korngrößenverteilung (z.B.
CHAYES, 1956; LAFFITTE, 1953) und anderen Gesteinsinhomogenitäten
wie z.B. Textur (GROUT, 1932) abhängig sein.

Die Abweichung einer Elementbestimmung von einem im Gestein vorliegenden Durchschnittswert wird beeinflußt durch die Probemenge
bei einer vorgegebenen Korngröße der Minerale des Gesteins. Tabelle 5 zeigt ein Beispiel nach Untersuchungen von LAFFITTE
(1953). Es handelt sich um einen Granodiorit. Die Mineralkörner
haben alle eine ähnliche Größe. Der CaO-Gehalt des Gesteins beträgt 2,4%. Er ist praktisch ausschließlich im Plagioklas fixiert, welcher 40% der Mineralzusammensetzung des Gesteins aus-
macht. Das heißt, der CaO-Gehalt des Feldspats beträgt 6%. Es
wird angenommen, daß 1 cm^3 des Gesteins 2,5 g wiegt. Dann ergeben sich die folgenden Zusammenhänge zwischen Korngröße, Probemenge und Fehler bei der CaO-Bestimmung:

Tabelle 5. Zusammenhang zwischen der gegebenen Korngröße eines
Minerals und dem erforderlichen Gewicht der Probe für die Ein-
haltung bestimmter Fehlergrenzen. (Nach LAFFITTE, 1953, aus
MAXWELL, 1968)

Korngröße (cm^3)	Anzahl der Körner	s (%)	$\bar{x} \pm 2s$ (%)	Gewicht der Probe (Gramm)
0,1	100	0,3	1,8 -3,0	25
0,1	2 500	0,06	2,28-2,52	625
0,1	10 000	0,03	2,34-2,46	2 500
0,01	10 000	0,03	2,34-2,46	250

$\bar{x}$ = 2,4% CaO
s = Standardabweichung

Jeder Benutzer von Gesteins- und Mineralanalysen sollte bedenken,
daß die chemische Analyse nicht besser sein kann als die Probe,
welche sie repräsentiert (MAXWELL, 1968).

Noch vor Beginn der Aufbereitungsarbeiten müssen für jede Probe
außer der jeweiligen Probenummer auch Angaben wie Datum und Ort
der Probenahme mit Meßtischblatt-Bezeichnung und Meßtischblatt-
Nummer (einschließlich der mit dem Planzeiger ermittelten
"Rechts"- und "Hoch"-Werte) sowie eine geologische und makrosko-
pisch-petrographische Beschreibung auf einem Karteiblatt no-
tiert werden. Dem Analytiker sind diese Informationen zusammen
mit der Probe zur Verfügung zu stellen.

Die Gesteinsstücke können durch die Probenahme äußerlich verunreinigt sein (Staub, Bodenreste etc.). Diese Verunreinigungen
lassen sich manchmal weitgehend mit einer Bürste entfernen. Ver-
witterungsrinden werden mit einer Gesteinssäge abgeschnitten.
Dann werden die Gesteinsstücke mit dest. Wasser nochmals gereinigt (außer Salzen, Tonen, porösen Gesteinen) und bei 50°-60°C
getrocknet. Proben mit hohen Wassergehalten wie Böden und Tone
werden in einem trockenen und staubfreien Raum vorgetrocknet
("lufttrocken"). Sie erfordern auf jeden Fall eine spezielle Be-

handlung entsprechend den gewünschten analytischen Informationen.
Als Belegmaterial wird ein Handstück oder ein kleineres Schleif-
stück im Gesteinsarchiv aufbewahrt, das restliche Material in
Backenbrechern bis auf etwa 1 cm Kantenlänge zerkleinert. Falls
jetzt aus einer größeren Menge nur ein kleinerer Anteil für die
Feinzerkleinerung verwendet werden soll, muß durch eine Teilung
der Probe die Probemenge verkleinert werden. Das geschieht entweder mit maschinell betriebenen Probeteilern oder durch "Vierteln" mit der Hand und Entnahme der jeweils diagonal gegenüber-
liegenden Viertel. Dabei ist darauf zu achten, daß das sogenannte "Feinkorn" nicht von den größeren Kornanteilen separiert wird.
Für die Feinzerkleinerung werden bei ausreichend vorhandenem
Material 250 - 500 g Probe verwendet. Eventuell aus den Backenbrechern in die Probe geratene Eisenspäne (Kontrollen unter dem
Binokular) können mit einem Handmagneten oder einem Magnetband-
scheider wieder entfernt werden. Vorsicht bei magnetischen Mineralen. Falls keinerlei Eisenverunreinigungen in die Probe gelangen dürfen, kann das Untersuchungsmaterial zwischen zwei Bor-
karbid-Platten zerdrückt werden. Auf jeden Fall muß vor der Zerkleinerung der Gesteinsprobe genau überlegt werden, welche möglichen Verunreinigungen bei der Problemstellung am leichtesten
in Kauf genommen werden können. Für bestimmte Arbeiten können zur
Zerkleinerung auch Gefäße aus Wolframkarbid oder Korund verwendet
werden.

Die weitere Zerkleinerung der Proben erfolgt in Achatmahlbechern
von Kugelmühlen oder Scheibenschwingmühlen. Für die Absiebung des
gemahlenen Probematerials mit Korngrößen <0,125 mm werden entweder V4A-Siebe oder Plexiglassiebe mit Perlonsiebgeweben verwendet. Die beim Sieben zurückbleibenden gröberen Fraktionen werden solange im Achatbecher einer Kugel-, Planeten- oder Scheiben-
schwingmühle aufgemahlen, bis die gesamte Probe auf Korngrößen
<0,125 mm zerkleinert ist. Keine gröbere Fraktion verwerfen.
Durch die Benutzung von Achatbechern und Perlonsieben können
außer SiO_2 normalerweise keine anderen Verunreinigungen in die
Probe gelangen, welche vor allem bei Spurenelementbestimmungen
stören oder diese verfälschen. Das gemahlene Material einer Probe wird durch Mischen mit einem Mixer in einem geschlossenen
Polyäthylengefäß homogenisiert. Das Einfüllen in Glas- oder Polyäthylenflaschen (Vorratsflaschen) muß vorsichtig und langsam erfolgen, um Schweresonderungen zu vermeiden. Bei Salzen ist auf
einen luftdichten Abschluß der Gefäße zu achten (hygroskopische
Eigenschaften vieler Salzminerale). Eventuell muß die Aufbewahrung in zugeschweißten Plastikbeuteln erfolgen[1]. Dann werden die
Flaschen unter Angabe des Gesteinstyps bzw. Minerals und des
Fundortes sowie aller Aufbereitungsdaten beschriftet. Die zur
chemischen Analyse benötigten Substanzmengen können ebenfalls
durch fortlaufendes "Vierteln" mit der Hand oder durch Verwendung
geeigneter Probeteiler (z.B. Riffelscheider aus Plexiglas oder
elektrisch betriebene Probeteiler mit rotierenden Scheiben) ge-
wonnen werden.

---

[1] Die Analyse von Salzgesteinen wird im vorliegenden Praktikums-
buch nicht behandelt. Hinweise auf Verfahren zur Bestimmung von
K, Mg, Ca, Cl und SO_4 finden sich beispielsweise bei HESSLER u.
SCHNABEL (1968).

In Gesteinen ist das Eisen als Fe(II) und Fe(III) gebunden. In
diesen Wertigkeitsstufen wird es auch analytisch bestimmt. Es
stellt sich die Frage, ob bei der Aufmahlung der Probe ein Teil
des Fe(II) oxidiert werden kann, beispielsweise durch partielles
Erhitzen bei der Zerkleinerung oder einfach durch eine Vergröße-
rung der Oberfläche der Substanz. Verschiedene Analytiker entnehmen daher vor der Feinaufmahlung auf <0,125 mm eine grobkör-
nigere Probe für FeO- und H_2O-Bestimmungen. Dieses Verfahren
wird im vorliegenden Praktikumsbuch nicht angewendet, da Inhomo-
genitäten zwischen dem grobkörnigeren und feinkörnigeren Analy-
senmaterial größere Fehler verursachen können als eine mögliche
geringfügige Oxidation von Fe(II) bei der Feinzerkleinerung.
FeO und H_2O werden daher ebenfalls in dem Probematerial <0,125 mm
bestimmt.

Gesteinsstücke, die für die Beschriftung bei der Probenahme mit
selbstklebenden Bändern oder mit Farbe versehen worden sind, dürfen nicht in das zerkleinerte Material gelangen (mögliche Fehler
bei Spurenelementbestimmungen). Falls Minerale mit Schwereflüssigkeiten abgetrennt worden sind, müssen diese vor der weiteren
Zerkleinerung für die chemische Analyse sorgfältig von anhaf-
tenden Flüssigkeitsresten gereinigt werden (zunächst mit organischen Lösungsmitteln wie Benzol, dann mit dest. Wasser). Trotz
dieser Vorsichtsmaßregeln dürfen keine Schwereflüssigkeiten verwendet werden, die Elemente enthalten, welche in der Probe bestimmt werden sollen (z.B. Clerici-Lösung bei Thalliumbestim-
mungen). Zur Abtrennung bestimmter Minerale aus einem Gestein
können aber auch andere Methoden angewendet werden: Magnettren-
nung, Flotation, Windsichtung, Trocken- und Naßschüttelherde.

Falls über das mögliche Vorkommen seltener Elemente oder Minerale in den Proben bereits etwas bekannt ist, sollte das dem
Analytiker unbedingt mitgeteilt werden. Es hat keinen Zweck,
einen Analytiker unnötig als Detektiv auf die Probe zu stellen.
Ein solches Verhalten erweist sich in jedem Fall als unökono-
misch. Außerdem können Angaben über das Vorhandensein von Sulfiden sowie fluor- und borhaltigen Mineralen auch für die Wahl
des Analysenverfahrens wichtig sein.

Noch eine Bemerkung für alle Auftraggeber von Gesteins- und
Mineralanalysen:

PECK (1964): "No analyst is infallible. A mistake occasionally
excapes detection no matter how many precautions are taken. If
the geologist has reason to suspect a result he should not hes-
itate to report his suspicion to the analyst so that the analysis
may be checked. Little harm is done if a mistake is corrected
before publication."

2.3 Beurteilung und Berechnung von Gesteinsanalysen

Seit WASHINGTON (1900, 1910) werden die Elemente einer Silikatanalyse allgemein in Form ihrer Oxide angegeben. Hierbei wird
zunächst von der Tatsache ausgegangen, daß Sauerstoff das mengenmäßig häufigste Element vieler Minerale und silikatischer Gesteine ist. Allerdings wird der Sauerstoff bei einer Silikat-

vollanalyse normalerweise nicht analytisch bestimmt, sondern
lediglich aus der Verteilung der anderen Elemente berechnet.
Es besteht aber die Möglichkeit einer direkten Bestimmung von
Sauerstoff in Silikaten mit Methoden der Neutronenaktivierungsanalyse (z.B. VOLBORTH, 1963; VOLBORTH u. BANTA, 1963).

Die Formulierung der Elementverteilung als Oxide erleichtert
unter anderem die petrographische Auswertung der Analysendaten,
beispielsweise bei der Berechnung der normativen Mineralkompo-
nenten und anderer Molekularverhältnisse eines silikatischen Gesteins. Allerdings darf hierbei nicht übersehen werden, daß die
Berechnung der Oxide eben nur einen subjektiven Charakter hat
hinsichtlich der tatsächlichen Mineralzusammensetzung eines Gesteins. Zum Beispiel kann ein Teil des Eisens auch als Sulfid
(Pyrit, Magnetkies) in einem Gestein fixiert sein. In einem
solchen Fall sind entsprechende Sauerstoffkorrekturen auszuführen.

Die Oxide werden im allgemeinen in einer bestimmten Reihenfolge
angegeben. Verschiedentlich werden Unterschiede zwischen höheren
und niedrigeren Elementgehalten zum Ausdruck gebracht in der
Reihenfolge: SiO_2, Al_2O_3, Fe_2O_3, FeO, CaO, MgO, Na_2O, K_2O, H_2O^+,
H_2O^-, TiO_2, P_2O_5, MnO, CO_2. Bei der heute noch am häufigsten angewendeten Einteilung steht am Anfang ebenfalls der SiO_2-Gehalt,
dann folgen TiO_2, die dreiwertigen (Al_2O_3, Fe_2O_3), zweiwertigen
(FeO, MnO, CaO, MgO) und die einwertigen (Na_2O, K_2O) Oxide, H_2O^+
und H_2O^- sowie CO_2 und P_2O_5. Teilweise wird für das Gesamteisen
noch ein Summenwert angegeben, berechnet als ΣFe_2O_3. Angaben
über S, F, B, Cl erfolgen als Element, beim Schwefel auch als
SO_3.

Analysenresultate werden mittels bestimmter Analysenverfahren
erzielt. Letztere bestehen aus einer Arbeitsvorschrift (einzu-
haltende Konzentrationen, Abtrennung oder Maskierung von Lösungsgenossen usw.) sowie Angaben über die Richtigkeit und Reproduzierbarkeit der Meßwerte. Eine zuverlässige Methode muß folgende
3 Punkte erfüllen (EHRENBERGER u. GORBACH, 1973):

1. Spezifität: Das zu bestimmende Element muß unter Ausschluß
                  anderer Elemente erfaßt werden.

2. Richtigkeit: Die in der Probe enthaltene wahre Menge des be-
                  treffenden Elementes muß quantitativ erfaßt wer-
                  den.

3. Reproduzier-
   barkeit oder
   Präzision: Das Ergebnis muß ausreichend reproduzierbar sein.

Das vorliegende Praktikumsbuch enthält Analysenverfahren, die
nach Kenntnis der Autoren diesen Kriterien gerecht werden.

Zur Realisierung der Punkte 2 und 3 müssen alle Verfahren einer
statistischen Bewertung und Beurteilung unterzogen werden. Das
gilt sinngemäß natürlich auch für die im Routinebetrieb ermittelten Analysenergebnisse. Über die Grundlagen und Anwendung der
mathematischen Statistik für eine objektive und vom persönlichen

Vorurteil unabhängige Bewertung von Analysenergebnissen gibt es
eine Anzahl Monographien und Aufsätze, von denen hier nur einige
genannt werden sollen: DOERFFEL (1962, 1965, 1967), ECKSCHLAGER
(1964), EHRENBERGER u. GORBACH (1973), KAISER (1965), KAISER u.
SPECKER (1956), KAISER u. GOTTSCHALK (1972), LINDER (1960),
NALIMOV (1963), PIETRZYK u. FRANK (1974), SHAW (1969), VAN DER
WAERDEN (1965), YOUDEN (1951). Für die vorliegenden Ausführungen,
welche lediglich einige Grundlagen über die statistische Auswertung von Analysenergebnissen vermitteln sollen, wurden vor allem
die Arbeiten von DOERFFEL (1965, 1967) sowie EHRENBERGER u. GOR-
BACH (1973) herangezogen.

Fehler

Bekanntlich sind alle Analysenresultate vom Verfahren her mit
Fehlern behaftet. Aufgabe des Analytikers ist es, aus den Fehlern Rückschlüsse auf die Aussage der Meßwerte zu ziehen und
Folgerungen über die Methode abzuleiten. Grundsätzlich muß zwischen zwei Arten von Fehlern unterschieden werden:

1. Zufallsfehler oder Reproduzierbarkeit (statistical error;
precision)
Es wird eine Aussage darüber vorgenommen, innerhalb welcher
Grenzen der betrachtete Meßwert reproduzierbar ist. Die mehrmalige Wiederholung einer Messung zeigt, daß die Werte zufällig
streuen und sich normalerweise um einen mittleren Wert $\bar{x}$ häufen.
Der Zufallsfehler ist eine aus den Meßwerten berechenbare statistische Größe, die sich aus Änderungen beispielsweise am Meßgerät, am Meßgegenstand und durch den Beobachter selbst ergibt.
Der Zufallsfehler ist regellos und ungleich nach Betrag und Vorzeichen. Eine gute Reproduzierbarkeit der Bestimmungen sagt noch
nichts darüber aus, daß die Analysenwerte auch gleichzeitig richtig sein müssen.

2. Systematischer Fehler oder Richtigkeit (systematic error; accuracy)
Es handelt sich hierbei um den Unterschied zwischen dem analytisch
bestimmten Wert x eines Elementes und der tatsächlich oder am
wahrscheinlichsten in der Probe vorhandenen Konzentration μ (Mü),
oder dem "wahren Wert". Das heißt, daß beispielsweise bei systematischen Fehlern die Reproduzierbarkeit der Meßwerte gut sein
kann, die Richtigkeit dieser Werte aber schlecht ist. Systematische Fehler beeinflussen alle Messungen stets im gleichen Sinne.
Dabei liegt der wahre Wert in der Regel außerhalb des Schwankungs-
bereiches. Verschiedentlich wird als Begriffsdefinition für den
systematischen Fehler auch der Ausdruck "Genauigkeit" verwendet.

Die auftretenden Fehler können verschiedenartig angegeben werden.
Als Fehler wird die Differenz d zwischen der analytisch gemessenen und fehlerbehafteten Konzentration x ("Ist-Wert") und der
tatsächlich in der Probe vorhandenen Konzentration μ ("wahrer
Wert") bezeichnet (also $d = x - \mu$). Diese Differenz wird als
a b s o l u t e r Fehler bezeichnet und in Prozent oder der
gleichen Gewichtseinheit wie der zugehörige Meßwert angegeben.
Aus dem absoluten Fehler ergibt sich der r e l a t i v e Fehler
als Quotient $\frac{\mu - x}{\mu}$. Da μ unbekannt bleibt, wird der Absolutfehler
nicht auf den wahren Wert μ, sondern auf den fehlerbehafteten,

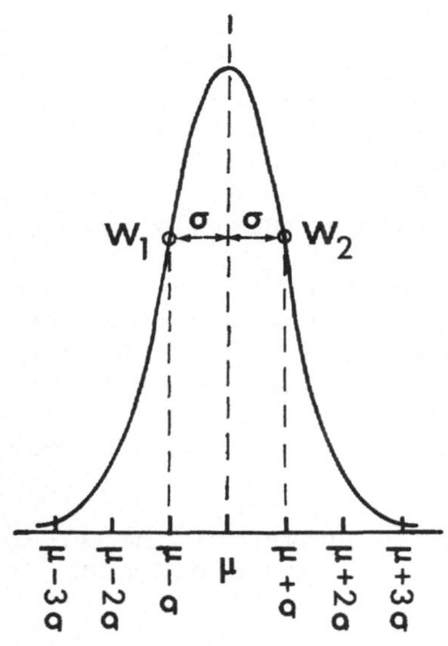

Abb. 1. Normalverteilung (Gaußkurve) und geometrische Bedeutung der Standardabweichung. W = Wendepunkte der Kurve

gefundenen Wert x bezogen, also $\frac{\mu - x}{x}$. Das ist zulässig, wenn $\mu \approx x$ und d $<<$ μ bzw. x sind. Häufig wird der p r o z e n t u a l e Fehler angegeben, welcher sich aus dem Relativfehler durch Multiplikation mit 100 errechnet, also $\frac{\mu - x}{x} \cdot 100$.

Normalverteilung, Standardabweichung
Bei mehrfacher Wiederholung der gleichen Analyse ergeben sich immer streuende Meßwerte. Für eine erste orientierende Beurteilung dieser Analysenwerte ist die Prüfung der Häufigkeitsverteilung ein wichtiges Hilfsmittel. Wenn die Häufigkeit der Meßwerte von "eingefahrenen" Analysenmethoden in einem Diagramm in Abhängigkeit von der Größe (Klasse) aufgetragen wird, erhält man bei genügend großer Anzahl von Meßwerten normalerweise einen Streckenzug von mehr oder weniger glockenförmiger Gestalt, die sogenannte Gaußkurve (Abb. 1). Es handelt sich um eine Normalverteilung mit linearer Merkmalsteilung.

Bei Abwesenheit systematischer Fehler bedeutet das Maximum der Gaußkurve die bestmögliche Näherung für den wahren Gehalt μ, dem das arithmetische Mittel x̄ aus einer genügend großen Anzahl von Meßwerten am nächsten liegt.

Je geringer der Zufallsfehler eines Analysenverfahrens ist, um so schmaler ist die Gaußkurve. Man charakterisiert die Breite der Gaußkurve durch den halben Abstand der beiden Wendepunkte der Kurve (Abb. 1). Diese Größe wird als Standardabweichung σ (Sigma) bezeichnet. Beim Vorliegen einer Normalverteilung fallen 68,3% aller Meßwerte zwischen die Ordinaten der beiden Wendepunkte, 95,45% aller Meßwerte zwischen die Ordinaten ± 2 σ und >99% aller Werte zwischen ± 3 σ. Das bedeutet folgendes: Durch Integration der Gaußschen Funktion läßt sich die Fläche zwischen dem Kurvenzug und der Abszissenachse einer Gaußkurve im Bereich von -∞ bis +∞ berechnen. Teile dieser Gesamtfläche lassen sich in Prozent P ausdrücken, wenn man in den Grenzen von -k(P) · σ bis +k(P) · σ integriert. Dieser prozentuale Bruchteil entspricht dann der Wahrscheinlichkeit, daß der Meßwert x_i in das Intervall

$\mu \pm k(P) \cdot \sigma$ fällt. Je weiter die Integrationsgrenzen $k(P) \cdot \sigma$
gezogen werden, umso höher ist der Anteil P der Meßwerte, die
im Bereich $\mu \pm k(P) \cdot \sigma$ liegen. Dieser Anteil P der erfaßten
Werte ist die statistische Sicherheit. Wählt man $k(P) = 1,00$,
dann ist die dazugehörige statistische Sicherheit 68,3%. Das
heißt, bei einer großen Anzahl von Meßwerten liegen 68,3% inner-
halb $\mu \pm \sigma$. 16% sind kleiner als $\mu - \sigma$ und 16% größer als $\mu + \sigma$.

Das Vorhandensein einer Gaußverteilung ist noch kein Maßstab
für ein richtiges Analysenresultat. DOERFFEL (1965) macht darauf
aufmerksam, daß systematische Fehler eine Parallelverschiebung
der Verteilungskurve verursachen, ohne daß sich ihre Gestalt ändert. Es ist daher sinnvoll, verschiedenartige Analysenverfahren
anzuwenden, um auf die Abwesenheit systematischer Fehler schlies-
sen zu können.

Die Meßwerte müssen nicht in jedem Fall eine Gaußverteilung auf-
weisen. Auch andere Verteilungen sind möglich. Wenn die Messungen um mehrere Mittelwerte streuen, beobachtet man mehrgipflige
Verteilungen bei der graphischen Darstellung der Daten in einem
Häufigkeitsnetz. Manchmal zeigen erst die Logarithmen der Meßwerte eine Normalverteilung, man spricht in diesem Fall von einer logarithmischen Normalverteilung. Zur Information über Nicht-
Gaußverteilungen in der analytischen Chemie muß auf die zitierte
Literatur verwiesen werden. Alle in diesem Abschnitt beschriebenen Methoden zur statistischen Beurteilung von Analysenergebnissen beruhen auf einer Gaußverteilung.

Die Prüfung von Meßwerten auf das Vorhandensein einer Gaußverteilung kann in einfacher Weise graphisch vorgenommen werden:

Beispiel 1:

In Tabelle 6 sind 40 titrimetrische SiO_2-Werte zusammengestellt.
Es soll geprüft werden, ob die Daten einer Gaußverteilung folgen. Zunächst teilt man die Meßwerte zwischen der niedrigsten
und höchsten Konzentration in bestimmte Intervalle (Klassen-
breiten). Die Zahl der Klassen soll etwa gleich sein der 2. Wurzel aus der Anzahl der Analysenresultate. Der Wert 5 darf nicht
unterschritten werden. Dann wird ermittelt, wieviel der 40 Meßwerte auf jedes Intervall entfallen. Nach der Umrechnung der
Absolutwerte in Prozent relative Häufigkeit und die Summenhäufigkeit (Tabelle 7) kann bei 30 und mehr Meßwerten mit einem
Wahrscheinlichkeitsnetz die Prüfung auf Gaußverteilung vorgenommen werden. Das Wahrscheinlichkeitsnetz ist eine spezielle Art
Zeichenpapier, welches auf der Ordinate nach dem Gaußintegral
und auf der Abszisse linear geteilt ist[2]. Die Summenhäufigkeit
in % wird auf der Ordinate gegen die Merkmalsgrenze der Analysenresultate auf der Abszisse aufgetragen (Zahlenwerte Tabelle 7).
Beim Vorliegen einer Gaußverteilung (Normalverteilung) streuen
die Punkte längs einer Geraden (Abb. 2). Trägt man auf eine
linear geteilte Ordinate und Abszisse (Millimeterpapier) die
Häufigkeit der Analysenwerte in Abhängigkeit von der Klassenbreite auf (Klassenbreite sehr klein, Zahl der Analysenwerte 100 oder

---

[2] Zum Beispiel lieferbar durch die Firma Schleicher & Schüll,
3354 Dassel, Kreis Einbeck. Bestell-Nr. 667453.

Tabelle 6. 40 titrimetrische SiO_2-Bestimmungen an einer Granitprobe, geordnet in der Reihenfolge zunehmender Konzentration

Analyse Nr.	SiO_2 in %	Analyse Nr.	SiO_2 in %
1	73,07	21	73,51
2	73,13	22	73,52
3	73,18	23	73,54
4	73,24	24	73,56
5	73,27	25	73,56
6	73,29	26	73,58
7	73,30	27	73,59
8	73,31	28	73,60
9	73,33	29	73,66
10	73,34	30	73,67
11	73,35	31	73,69
12	73,38	32	73,70
13	73,41	33	73,72
14	73,45	34	73,74
15	73,46	35	73,74
16	73,47	36	73,75
17	73,47	37	73,78
18	73,48	38	73,81
19	73,49	39	73,89
20	73,50	40	74,03

Tabelle 7. Absolute und relative Häufigkeit sowie Summenhäufigkeit der Analysenwerte aus Tabelle 6 für bestimmte Klassenbrei-
ten (Intervalle)

Intervall von - bis (SiO_2 in %)	Häufigkeit absolut	Häufigkeit relativ	Summenhäufigkeit %
73,01 - 73,15	2	5	5
73,16 - 73,30	5	13	18
73,31 - 73,45	7	18	36
73,46 - 73,60	14	33	69
73,61 - 73,75	8	20	89
73,76 - 73,90	3	8	97
73,91 - 74,05	1	3	100

mehr), so ergibt sich anstelle der im Wahrscheinlichkeitsnetz be-
obachteten Geraden die Gaußkurve.

Im Wahrscheinlichkeitsnetz ergibt die zu der Summenhäufigkeit
50% gehörende Abszisse den Gehalt μ der Probe. Die Wendepunkte
der Gaußkurve liegen bei den Summenhäufigkeiten 16% und 84%.
Die Standardabweichung σ ist dann die halbe Differenz der beiden
Abszissenwerte, also $\sigma = \dfrac{x_2 - x_1}{2}$.

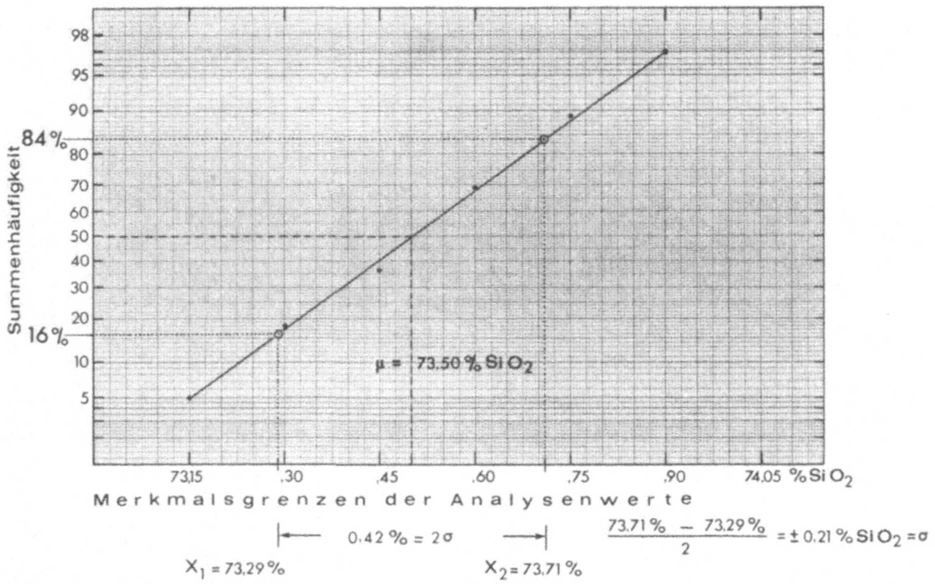

Abb. 2. Graphische Bestimmung der Normalverteilung und der Standardabweichung σ im Wahrscheinlichkeitsnetz, erläutert am Beispiel der Zahlenwerte aus den Tabellen 6 und 7

Die Standardabweichung läßt sich auch rechnerisch ermitteln. Da
in der Praxis die Anzahl der zur Verfügung stehenden Meßwerte
begrenzt ist, erhält man für die Standardabweichung einen Näherungswert s. Dieser Wert s läßt sich nach (1) berechnen. Zuvor
ist es jedoch notwendig, alle Meßwerte auf sogenannte "Ausreißer" zu prüfen und diese auszusondern (nächster Abschnitt).

$$s = \sqrt{\frac{\Sigma\ (x_i - \overline{x})^2}{N - 1}} \quad \text{oder} \quad s = \sqrt{\frac{\Sigma\ d^2}{N - 1}} \tag{1}$$

N = Anzahl der Einzelbestimmungen ($\geqq$ 30)
x_i = Einzelmeßwert
$\overline{x}$ = arithmetischer Mittelwert aus allen Meßwerten
d = Abweichung der Meßwerte vom Mittelwert $\overline{x}$

Eine Anzahl von $\geqq$ 30 Meßwerten muß gefordert werden, wenn der
Näherungswert s der Standardabweichung σ möglichst nahe kommen
soll (s. S. 22).

Für die 40 Analysenwerte (N = 40) der Tabelle 6 ergibt sich ein
arithmetischer Mittelwert $\overline{x}$ = 73,51% SiO_2. Die Standardabweichung
s beträgt nach (1) ± 0,21% SiO_2.

Das Quadrat der Standardabweichung wird als Varianz bezeichnet.

Die Standardabweichung s läßt sich in folgender Weise in eine relative Standardabweichung C umrechnen:

$$C = \frac{s \cdot 100}{\overline{x}} \tag{2}$$

Mit den Werten des Rechenbeispiels 1 ergibt sich dann:

$$\frac{0,21\% \text{ SiO}_2 \cdot 100}{73,51\% \text{ SiO}_2} = 0,29\% \text{ SiO}_2 = \text{relative Standardabweichung}$$

Wenn der Näherungswert s der Standardabweichung σ möglichst nahe
kommen soll, müssen zur Berechnung viele Meßwerte (30 oder mehr)
herangezogen werden. In dem besprochenen Beispiel für 40 SiO_2-
Bestimmungen stimmen s und σ ausreichend überein. Wenn weniger
Meßwerte zur Verfügung stehen, dann ist die zum Näherungswert s
gehörende Zahl von Freiheitsgraden anzugeben. Nur mit dieser
Ergänzung ist der Schätzwert der Standardabweichung s für weitere Aussagen verwendbar. Die Zahl der Freiheitsgrade, symboli-
siert durch den Buchstaben n, ist die Größe N-1, wobei N die
Anzahl der Einzelbestimmungen ist. Vereinfacht ausgedrückt ist
N-1 die Zahl der Kontrollwerte, die ein Ergebnis bestätigen sollen.

Neben der Gleichung (1) ist die folgende Gleichung (3) für den
Analytiker von besonderer Bedeutung in der Laborpraxis. Häufig
tritt nämlich der Fall auf, daß die Standardabweichung nicht
durch Messungen an nur einer, sondern durch Mehrfachbestimmungen
an m e h r e r e n Proben ermittelt werden soll. Beispielsweise wird in M Granitproben das SiO_2 nach einer bestimmten Analysenmethode ermittelt, wobei von jeder Probe N Mehrfachbestimmungen durchgeführt werden. Aus den Werten N läßt sich dann die
Standardabweichung in folgender Weise berechnen:

$$s = \sqrt{\frac{\Sigma(x_{i1} - \overline{x}_1)^2 + \Sigma(x_{i2} - \overline{x}_2)^2 + \ldots\ldots\Sigma(x_{iM} - \overline{x}_M)^2}{N_1 - 1 + N_2 - 1 + \ldots\ldots N_M - 1}} \qquad (3)$$

x_{i1} = einzelner Meßwert der ersten Granitprobe
x_{iM} = einzelner Meßwert der M-ten Granitprobe
$\overline{x}_1$ = arithmetischer Mittelwert aus allen Meßwerten der er-
       sten Granitprobe
$\overline{x}_M$ = arithmetischer Mittelwert aus allen Meßwerten der M-
       ten Granitprobe
N_1 = Zahl der Meßwerte für die erste Granitprobe
N_M = Zahl der Meßwerte für die M-te Granitprobe

<u>Ausreißer</u>

Bei Mehrfachbestimmungen weicht verschiedentlich ein Meßwert
(oder mehrere) stark nach der einen oder der anderen Seite von
den übrigen Resultaten ab, ohne daß im Verlauf des Analysenganges hierfür ein besonderer Grund sichtbar geworden ist. In solchen Fällen muß geklärt werden, ob es sich nur um einen zufällig besonders stark streuenden Meßwert handelt, oder ob ein
echter "Ausreißer" vorliegt, der vor der weiteren Bearbeitung
der Analysenresultate zu streichen ist.

4 s Schranke

Als ein Kriterium für die Aussonderung von Ausreißern kann bei
der Berechnung der Standardabweichung aus mindestens 10 Einzelwerten die sogenannte 4 s Schranke benutzt werden. Das heißt,

ein Meßwert wird als Ausreißer ausgesondert, wenn er außerhalb
des Bereichs $\bar{x} \pm 4\,s$ liegt. Der Mittelwert $\bar{x}$ und die Standardabweichung s wurden   v o r h e r   unter   W e g l a s s u n g
des ausreißerverdächtigen Wertes berechnet. Beim Vorliegen einer
Gaußverteilung umfaßt der 4 s Bereich 99,9% der Werte, bei be-
liebiger Verteilung noch 94% aller Resultate (z.B. EHRENBERGER
u. GORBACH, 1973).

<u>Beispiel 2:</u>

$$
\begin{aligned}
s &= 0,22\%\ SiO_2\ (N = 16\ \text{Meßwerte}) \\
\bar{x} &= 73,59\%\ SiO_2 \\
x_1 &= 72,60\%\ SiO_2 \\
\Delta\,x &= 0,99\%\ SiO_2 \\
4\,s &= 0,88
\end{aligned}
$$

4 s ist somit kleiner als Δ x. Der Meßwert x_1 ist demnach ein
Ausreißer und muß ausgesondert werden.

Q-Test bei weniger als 10 Meßwerten

Der Q-Test zur Aussonderung von Ausreißern aus nur wenigen Meßwerten wurde von DEAN u. DIXON (1951) vorgeschlagen.

Um Ausreißer herauszufinden, wird von der Spannweite oder Variationsbreite ausgegangen.

$$w = x_{max.} - x_{min.} \tag{4}$$

Die erhaltenen Meßwerte ordnet man nach ihrer Größe und bildet:

$$Q = \frac{|x_1 - x_2|}{w} \tag{5}$$

x_1 = ausreißerverdächtiger Wert
x_2 = benachbarter Wert
w = Spannweite

Die Größe Q wird dann mit den Zahlenwerten für Q(P,N) der Tabelle 8 verglichen. Ein Ausreißer liegt vor, wenn Q > Q(P,N)
ist. P ist die statistische Sicherheit von 95% oder 99%. N ist
die Anzahl der Einzelbestimmungen.

An dieser Stelle sollte folgendes bedacht werden: Auf S. 17-18
wurde auf den Zusammenhang zwischen den Integrationsgrenzen
k(P) · σ und der dazugehörigen statistischen Sicherheit hingewiesen. Bei der Benutzung des Näherungswertes s vermindert sich
die Sicherheit der Aussage. Diese geringere Sicherheit von s ist
abhängig von der mit s verbundenen Anzahl von Freiheitsgraden.
Wenn trotzdem über wenige Meßwerte mit einer Sicherheit von P =
95% oder 99% etwas ausgesagt werden soll, müssen die Integrationsgrenzen erweitert werden. Anstelle von k(P) tritt jetzt
eine von P und der Anzahl der Freiheitsgrade n abhängige Größe
t(P,n). Bei wenigen Meßwerten ist t(P,n) > k(P). Mit zunehmender Zahl von Freiheitsgraden (Meßwerten) nähert sich t(P,n) dem
Wert k(P). Oberhalb n = 30 wird der Unterschied unerheblich.
Das ist der Grund, warum sich erst bei 30 oder mehr Einzelbestimmungen σ und s nahe kommen (S. 20). In der Praxis rechnet
man meistens mit einer Sicherheit von P = 95% oder 99%.

Tabelle 8. Zahlenwerte für Q(P,N) für P = 95% und 99%. (Nach
DEAN u. DIXON, 1951 sowie PIERSON u. FAY, 1959, aus DOERFFEL,
1967)

N	P = 95%	P = 99%	N	P = 95%	P = 99%
3	0,97	0,99	7	0,59	0,68
4	0,84	0,93	8	0,54	0,63
5	0,73	0,82	9	0,51	0,60
6	0,64	0,74	10	0,49	0,57

Beispiel 3:

$74,30\%$ SiO_2
$73,60\%$ SiO_2
$73,73\%$ SiO_2
$73,54\%$ SiO_2
$73,65\%$ SiO_2

Es wird geprüft, ob der Wert $74,30\%$ SiO_2 ein Ausreißer ist.

$$Q = \frac{74,30\% - 73,60\%}{74,30\% - 73,54\%} = 0,92$$

Q(P,N) = 0,73 (P = 95%) nach Tabelle 8
Q(P,N) = 0,82 (P = 99%) nach Tabelle 8

Da Q mit 0,92 > Q(P,N) ist, muß der Wert $74,30\%$ SiO_2 als Ausreißer ausgesondert werden.

Streu-_und_Vertrauensbereich

Streubereich (Einzelwerte)

Häufig ist es wünschenswert, eine Information über den Fehler
von Einzelwerten in der Form x ± Δ x zu bekommen. Δ x wird als
Streubereich bezeichnet. In diesem Fall findet der sogenannte
t-Test (Student-Test[3]) Anwendung. Danach weicht ein gemessener
Wert x um weniger als ± t(P,n) · s vom wahren Wert der Probe ab,
wenn systematische Fehler abwesend sind. Die Fehlerangabe zu
e i n e m   E i n z e l m e ß w e r t kann berechnet werden
nach:

t(P,n) · s = Δ x   (6)

t ändert seine Größe mit der Anzahl der ausgeführten Bestimmungen
die zu s geführt haben sowie mit der geforderten statistischen
Sicherheit P (Tabelle 9). DOERFFEL (1967) weist darauf hin, daß
Δ x nicht den zum speziellen Einzelwert x gehörenden speziellen
Fehler Δ x darstellt. Δ x sagt nur, daß bei dem angewendeten Ana-

---

[3] Nach dem englischen Statistiker GOSSET, der unter dem Pseudo-
nym "Student" eine Arbeit "The probable error of a mean" in Biometrika 6, 1 (1908) geschrieben hat.

Tabelle 9. Grenzwerte zur t-Prüfung in Abhängigkeit von der statistischen Sicherheit P und der Zahl der Freiheitsgrade n (Werte aus GRAF, HENNING u. STANGE, 1966)

n	t(P,n)	
	P = 95%	P = 99%
1	12,706	63,657
2	4,303	9,925
3	3,182	5,841
4	2,776	4,604
5	2,571	4,032
6	2,447	3,707
7	2,365	3,499
8	2,306	3,355
9	2,262	3,250
10	2,228	3,169
11	2,201	3,106
12	2,179	3,055
13	2,160	3,012
14	2,145	2,977
15	2,131	2,947
16	2,120	2,921
17	2,110	2,898
18	2,101	2,878
19	2,093	2,861
20	2,086	2,845
21	2,080	2,831
22	2,074	2,819
23	2,069	2,807
24	2,064	2,797
25	2,060	2,787
26	2,056	2,779
27	2,052	2,771
28	2,048	2,763
29	2,045	2,756
30	2,042	2,750
40	2,021	2,704
50	2,009	2,678

lysenverfahren Fehler in dieser Größe mit bestimmter Häufigkeit auftreten. Die Möglichkeit, daß ein Einzelwert mit einem größeren Fehler behaftet ist, bleibt offen. Durch die Wahl der statistischen Sicherheit P = 95% oder 99% muß man dieses Risiko berücksichtigen.

Beispiel 4:

Aus den Werten der Tabelle 6 berechnet man mit Gleichung (1) die Standardabweichung zu s = 0,21% SiO_2. Die Zahl der Freiheitsgrade beträgt 39 (40 Meßwerte minus 1). Daraus ergibt sich der Streubereich für einen Einzelmeßwert und mit t(P,n) aus Tabelle 9 nach (6) bei 95% statistischer Sicherheit:

$$\Delta x = 2,023 \cdot 0,21\% = 0,42\% \ SiO_2$$

Ein nach dem angewendeten Analysenverfahren bestimmter Einzelwert weicht bei P = 95% um weniger als ± 0,42% SiO_2 vom Einzelwert ab.

Fälschlicherweise wird verschiedentlich die kleinere Standardabweichung als Fehler des Einzelwertes benutzt. Die Standardabweichung ist aber eine Gütekennzahl des Analysen v e r f a h -
r e n s , jedoch nicht für eine E i n z e l m e s s u n g .
Die Anwendung der Standardabweichung als Fehlerangabe für einen
einzelnen Meßwert ist mit einer möglichen Unterbewertung des
Meßwertfehlers verbunden. Vor allem dann, wenn die Standardabweichung nur aus wenigen Messungen ermittelt wurde. Diese Unterbewertung berücksichtigt der Student-Test.

Aus dem Streubereich lassen sich Angaben ableiten über die durchschnittlich zu erwartende Differenz z w e i e r beliebig gewonnener E i n z e l m e ß w e r t e :

$$|x_1 - x_2| < t(P,n) \cdot s\sqrt{2} \qquad\qquad (7)$$

Der berechnete Wert kann als Toleranz für die Streuung von Doppelbestimmungen angesehen werden. Er bietet eine Möglichkeit,
die Sauberkeit der analytischen Arbeit einer Prüfung zu unter-
ziehen.

Beispiel 5:
Aus den Werten der Tabelle 6 berechnet man mit Gleichung (1) die
Standardabweichung s = 0,21% SiO_2. Die Zahl der Freiheitsgrade
beträgt 39. Mit t(P,n) aus Tabelle 9 bei 95% statistischer Si-
cherheit ist die zu erwartende Toleranz für die Streuung einer
Doppelbestimmung:

$$2,023 \cdot 0,21\sqrt{2} = 0,60\% \; SiO_2.$$

Vertrauensbereich (Mittelwerte)

Eine der häufigsten Rechenoperationen im analytischen Labor ist
die Bildung von Mittelwerten aus Einzelmessungen. Normalerweise
wird das arithmetische Mittel gebildet. Liegt eine logarith-
mische Normalverteilung vor, muß das geometrische Mittel gewählt
werden. Für die Berechnung der Mittelwerte dürfen nur Werte aus
vergleichbaren Messungen miteinander kombiniert werden. Zwischen
den Standardabweichungen der Einzelwert- und der Mittelwertver-
teilung besteht die Beziehung:

$$s_M = \frac{s}{\sqrt{N}} \qquad\qquad (8)$$

s_M = Standardabweichung der Mittelwerte
s = Standardabweichung der Einzelwerte
N = Zahl der Parallelbestimmungen bzw. Anzahl der
       Bestimmungen von einer Probe

Die dem Streubereich des Einzelwertes analoge Größe wird beim
Mittelwert $\overline{x}$ als Vertrauensbereich ± Δ $\overline{x}$ bezeichnet. Unter Verwendung der Standardabweichung s errechnet sich der Vertrauens-
bereich aus:

$$\Delta \ \bar{X} = \frac{t(P,n) \cdot s}{\sqrt{N}} \tag{9}$$

Aus Gleichung (9) ist zu entnehmen, daß mit steigender Zahl an Parallelbestimmungen der Vertrauensbereich eines Mittelwertes verbessert wird, da im Nenner die Wurzel aus der Zahl der Bestimmungen steht. Daher wird beim Übergang von zwei auf drei Parallelbestimmungen die Schärfe der Aussage wesentlich erhöht (z.B. DOERFFEL, 1967). Bei einer noch größeren Anzahl von Parallelbestimmungen ist der Gewinn in der Aussage aber nur noch gering im Vergleich zum Arbeitsaufwand.

Kleinere oder größere Meßwerte dürfen aus den Berechnungen keinesfalls herausgenommen werden, wenn sie nicht in der beschriebenen Weise als Ausreißer kenntlich gemacht werden konnten.

Beispiel 6:

Aus den Werten der Tabelle 6 berechnet man mit Gleichung (1) die Standardabweichung zu s = 0,21% SiO_2. Der arithmetische Mittelwert von 3 Einzelmessungen beträgt 73,60% SiO_2. Die Zahl der Freiheitsgrade ist 39. Mit t(P,n) aus Tabelle 9 bei 95% statistischer Sicherheit ist nach (9)

$$\Delta \ \bar{X} = \frac{2,023 \cdot 0,21\%}{\sqrt{3}} = 0,25\% \ SiO_2 \ (absolut)$$

Der Vertrauensbereich des Mittelwertes beträgt 73,60 ± 0,25% SiO_2. Bei Doppelbestimmungen muß in die Gleichung (9) N = 2 eingesetzt werden.

Streu- und Vertrauensbereich können als Absolutfehler in der Maßeinheit des Analysenresultats oder als Relativfehler in Prozent des Ergebnisses angegeben werden. Das sollte bei der Fehlerangabe immer klar ersichtlich sein durch den Zusatz absolut oder relativ. Meßwert und Fehler sollen die gleiche vertretbare Zahl von Dezimalstellen haben.

Vergleich von Standardabweichungen

Im analytischen Laboratorium ist es vielfach notwendig, Standardabweichungen miteinander zu vergleichen und auf signifikante Unterschiede oder Veränderungen zu prüfen. Das kann in folgenden Fällen notwendig werden:

1. Es sind zwei verschiedene Analysenverfahren für die Bestimmung des gleichen Elementes mit Hilfe der Standardabweichungen zu beurteilen.

2. Zwei Meßreihen aus zwei verschiedenen Laboratorien oder von zwei verschiedenen Bearbeitern des gleichen Laboratoriums sind zu vergleichen.

Der Vergleich von zwei Standardabweichungen s, errechnet aus einer Vielzahl von Einzelmeßwerten mit Gaußverteilung, wird vielfach mit dem sogenannten F-Test vorgenommen. Man bildet zu diesem Zweck das Verhältnis

$$F = \frac{s_1^2}{s_2^2} \, , \text{ wobei } s_1 > s_2 \text{ ist.}$$ Die Anwendung des F-Tests einschließlich der erforderlichen Tabellen mit den Grenzwerten zur F-Prüfung ist z.B. in DOERFFEL (1967) enthalten.

Will man die Reproduzierbarkeit von mehr als zwei Verfahren gegenüberstellen, muß der sogenannte Bartlett-Test durchgeführt werden (s. ebenfalls z.B. DOERFFEL, 1967).

Im vorliegenden Text soll lediglich ein Schnelltest nach PILLAI u. BUENAVENTURA (1961) für z w e i Meßreihen mit nur wenigen Analysenwerten beschrieben werden (s. auch EHRENBERGER u. GORBACH, 1973).

Man geht aus von der Variationsbreite (Spannbreite) $w = x_{max.}-x_{min.}$, das heißt der Differenz zwischen dem größten und kleinsten Wert einer Meßreihe [s. auch (4)]. Ähnlich dem F-Test wird ein Verhältnis gebildet

$$F_W = \frac{w_1}{w_2}, \text{ wobei } w_1 > w_2 \text{ sein muß.} \tag{10}$$

Der Wert des Quotienten muß stets > 1 sein, so daß die größere Variationsbreite den Index 1 erhält und im Zähler des Bruches steht. Dann wird geprüft, ob der Quotient w_1/w_2 größer oder kleiner ist im Vergleich zu den in Tabelle 10 für N_1 und N_2 tabellierten Schranken. Ist der Quotient größer als die einer bestimmten Anzahl von Meßwerten entsprechende Signifikanzschranke in Tabelle 10, dann sind die Streuungen der beiden Standardabweichungen signifikant voneinander verschieden. Der Unterschied zwischen den Standardabweichungen s_1 und s_2 ist nicht beweiskräftig, wenn w_1/w_2 kleiner ist als die entsprechende Schranke in Tabelle 10.

Tabelle 10. Signifikanzschranken nach PILLAI u. BUENAVENTURA, basierend auf den Spannweiten der F-Verteilung mit einer statistischen Sicherheit von 98%. Aus EHRENBERGER u. GORBACH (1973)

N_2	N_1								
	2	3	4	5	6	7	8	9	10
2	63,66	95,49	116,1	131	143	153	161	168	174
3	7,37	10,00	11,64	12,97	13,96	14,79	15,52	16,13	16,60
4	3,73	4,79	5,50	6,01	6,44	6,80	7,09	7,31	7,51
5	2,66	3,33	3,75	4,09	4,36	4,57	4,73	4,89	5,00
6	2,17	2,66	2,98	3,23	3,42	3,58	3,71	3,81	3,88
7	1,89	2,29	2,57	2,75	2,90	3,03	3,13	3,24	3,33
8	1,70	2,05	2,27	2,44	2,55	2,67	2,76	2,84	2,91
9	1,57	1,89	2,07	2,22	2,32	2,43	2,50	2,56	2,63
10	1,47	1,77	1,92	2,06	2,16	2,26	2,33	2,38	2,44

Beispiel 7:

Zwei Analytiker haben bei der Analysierung der gleichen Granitprobe nach dem gleichen Analysenverfahren jeweils folgende 6 Meßwerte ermittelt:

Analytiker 1 mit w_1 Analytiker 2 mit w_2

$w_{max.}$ 73,90% SiO_2 $w_{min.}$ 73,20% SiO_2
             73,84% SiO_2 73,63% SiO_2
             73,58% SiO_2 $w_{max.}$ 73,70% SiO_2
             73,70% SiO_2 73,39% SiO_2
$w_{min.}$ 73,35% SiO_2 73,57% SiO_2
             73,63% SiO_2 73,47% SiO_2

$w_1 = 73,90 - 73,35 = 0,55$ $w_2 = 73,70 - 73,20 = 0,50$

$$F_w = \frac{0,55}{0,50} = 1,10$$

Aus Tabelle 10 wird für $N_1 = 6$ und $N_2 = 6$ ein Wert von 3,42 entnommen. Der gefundene Wert 1,10 ist kleiner als der Tabellenwert 3,42, somit sind die Streuungen nicht signifikant voneinander verschieden. Beide Analytiker arbeiten mit einer signifikant nicht unterschiedlichen Reproduzierbarkeit.

Vergleich von Mittelwerten

Ebenso wie der Vergleich von Standardabweichungen ist auch der
Vergleich von Mittelwerten im analytischen Labor häufig erforderlich. Beispielsweise werden Unterschiede zwischen den Mittel-
werten $\overline{x}_1$ und $\overline{x}_2$ von zwei Meßserien einer Probe festgestellt.
Die Meßreihen können sich entweder beziehen auf zwei verschie-
dene Analysenverfahren für das gleiche Element, zwei verschiedene Laboratorien oder zwei Analytiker des gleichen Laboratoriums. Prüfhypothese ist also $\mu_1 = \mu_2$.

Voraussetzung für die fehlerfreie Beurteilung eines gesicherten
Unterschiedes zweier Mittelwerte $\overline{x}_1$ und $\overline{x}_2$ ist die Prüfung zweier Standardabweichungen auf Verträglichkeit (vorheriger Ab-
schnitt). Zwei Mittelwerte lassen sich mit Hilfe des t-Tests in
folgender Weise vergleichen:

$$t = \frac{\left| \overline{x}_1 - \overline{x}_2 \right|}{\sqrt{\left[\frac{N_1 + N_2}{N_1 \cdot N_2}\right] \cdot \left[\frac{(N_1 - 1) \cdot s_1^2 + (N_2 - 1) \cdot s_2^2}{N_1 + N_2 - 2}\right]}} \qquad (11)$$

$N_1 + N_2 - 2 = n$ (Anzahl der Freiheitsgrade)
N_1 und N_2 sind die Anzahl der Meßwerte von Analytiker 1 und 2
s_1 und s_2 sind die zu den Meßreihen gehörenden Standardabweichungen

Überschreitet der berechnete Wert t den entsprechenden Wert in
Tabelle 9, so besteht ein statistisch gesicherter Unterschied
zwischen den beiden Mittelwerten $\overline{x}_1$ und $\overline{x}_2$.

Beispiel 8:

Es werden die beiden Meßreihen aus Beispiel 7 (S. 28) benutzt:

Analytiker 1   Analytiker 2

$\bar{x}_1$ = 73,67% SiO_2 $\bar{x}_2$ = 73,49% SiO_2
s_1 = 0,20% SiO_2 s_2 = 0,18% SiO_2

$$t = \frac{73,67 - 73,49}{\sqrt{\frac{6 + 6}{6 \cdot 6}} \cdot \left[\frac{(6 - 1) \cdot 0,20^2 + (6 - 1) \cdot 0,18^2}{6 + 6 - 2}\right]} = 1,64$$

Aus Tabelle 9 wird für n = 10 Freiheitsgrade und einer statistischen Sicherheit von P = 95% der Wert 2,23 entnommen. Da der
errechnete Wert 1,64 kleiner ist als der Wert 2,23 aus der Tabelle 9, besteht kein signifikanter Unterschied zwischen $\bar{x}_1$ und
$\bar{x}_2$. Es wäre daher zum Beispiel zulässig, einen gemeinsamen Mittelwert zu bilden.

Vergleich eines Mittelwertes mit einem vorgegebenen Wert

Bei der Erprobung oder Kontrolle eines Analysenverfahrens werden
Testsubstanzen mit einem bestimmten vorgegebenen Wert analysiert
(z.B. bei C- und CO_2-Bestimmungen den entsprechenden stöchiome-
trischen Werten für die Verbindung $CaCO_3$). Es soll dann die Übereinstimmung des Mittelwertes der einzelnen Meßergebnisse mit dem
vorgegebenen Wert für das betreffende Element geprüft werden.
Eine entsprechende Information kann man erhalten mit:

$$t = \frac{|\bar{x} - \mu_0|}{s} \cdot \sqrt{N} \tag{12}$$

μ_0 = vorgegebener Wert für ein Element der Analysensubstanz

Der berechnete Wert t wird wieder mit dem entsprechenden Wert
für den Freiheitsgrad n = N - 1 und P = 95% oder 99% aus Tabelle 9 verglichen. Ist die Größe t kleiner im Vergleich zum Tabellenwert, besteht kein signifikanter Unterschied zwischen dem gefundenen Mittelwert $\bar{x}$ und dem vorgegebenen Wert μ_0.

Beispiel 9:

Bei der Kohlenstoffbestimmung in $CaCO_3$ mit 12,00% C wurden folgende Meßwerte registriert:

        12,10% C
        12,08% C
        11,92% C
        12,15% C
        11,98% C
        11,94% C

$\bar{x}$ = 12,03% C
s = 0,09% C

$$t = \frac{12,03 - 12,00}{0,09} \cdot \sqrt{6} = 0,82$$

Für N - 1 = 5 Freiheitsgrade und P = 95% wird aus der Tabelle 9
der Wert 2,57 entnommen. Da die berechnete Größe t = 0,82 kleiner ist als der Tabellenwert 2,57, steht der gefundene Mittelwert $\bar{x}$ = 12,03% C in Übereinstimmung mit dem vorgegebenen Gehalt
μ_0 = 12,00% C im $CaCO_3$.

Kontrollkarten

Die Zuverlässigkeit eines Analysenverfahrens ist im täglichen
Laborbetrieb ständig zu überprüfen. Test- bzw. Referenzproben
müssen in regelmäßigen Abständen analysiert werden. Die dabei
erzielten Ergebnisse sind mit den bereits vorhandenen zu vergleichen. Das kann zweckmäßig mit Kontrollkarten erfolgen, die
jeder Analytiker für ein Verfahren oder (und) eine bestimmte
Apparatur anlegen sollte. DOERFFEL (1965) schlägt vor, zur Überwachung der Reproduzierbarkeit und der Richtigkeit von Analysenergebnissen zwei getrennte, aber parallel laufende Kontrollkarten anzulegen. Als Reproduzierbarkeitsmaßstab verwendet man die
Standardabweichung (s-Karte), und zur Richtigkeitsprüfung werden
Referenzproben[4] oder laborinterne Testsubstanzen mit bekannten
Elementkonzentrationen in bestimmten Abständen analysiert. Der
gefundene Wert $\bar{x}$ wird mit der vorgegebenen Konzentration μ auf
eine $\bar{x}$-Karte verglichen. Solange die Parallelbestimmungen innerhalb der festgelegten Kontrollgrenzen liegen (als statistische
Sicherheit wird vielfach P = 99,7% gewählt), befindet sich das
Verfahren "unter Kontrolle".

Die Herstellung von s- und $\bar{x}$-Kontrollkarten beschreibt DOERFFEL
(1965) für Doppelbestimmungen in folgender Weise: Zunächst sind
die unbekannten Größen s und μ (μ ist bei guten Gesteinsreferenzproben bekannt, aber mit einem s versehen!) zu bestimmen.
Für das betreffende Element werden 15 - 20 Doppelbestimmungen
ausgeführt. Dann wird die Spannweite w nach (4) von jeder Paral-
lelbestimmung berechnet. Da die Spannweite von der Zahl der
Mehrfachbestimmungen abhängt, müssen bei jeder Probe die gleiche
Anzahl von Analysen ausgeführt werden. In diesem Fall können
Mittelwerte aus den von verschiedenen Proben erhaltenen Spannweiten berechnet werden:

$$\bar{w} = \frac{\Sigma w}{M} \tag{13}$$

M = Anzahl der Proben bzw. Doppelbestimmungen einer Probe

Zwischen der mittleren Spannweite $\bar{w}$ und der Standardabweichung s
besteht die Beziehung:

$$\bar{w} = d_2 \cdot s \tag{14}$$

Die Kontrollgrenzen für die Standardabweichung ergeben sich mit
P = 99,7%:

$$G_s = \pm\, 3\, s = \pm\, \frac{3\, \bar{w}}{d_2} \tag{15}$$

---

[4] Die wertvollen Gesteins-Referenzproben sollten durch laborinterne Kontrollproben ersetzt werden (s. auch 2.4).

Tabelle 11. Werte für die Faktoren d_2 (aus DOERFFEL, 1965)

N	d_2	N	d_2	N	d_2
2	1,128	5	2,326	8	2,847
3	1,693	6	2,534	9	2,970
4	2,059	7	2,704	10	3,078

In vielen Laboratorien wird jede Probe zweimal analysiert. Die Differenz $\Delta_i = x_i^1 - x_i^2$ wird in der Reihenfolge der erhaltenen Werte berechnet. Das heißt, Δ_i hat ein positives oder negatives Vorzeichen. Wenn vorwiegend negative oder positive Werte vorkommen, lassen sich systematische Fehler erkennen oder Informationen über die Arbeitsweise zweier Analytiker erhalten. Bei der zweimaligen Analysierung jeder Probe wird die Kontrollgrenze G_s in folgender Weise berechnet (DOERFFEL, 1965):

$$G_s = \frac{3\,\overline{w}\,\sqrt{2}}{d_2} = \frac{3\Sigma|\Delta_i|\,\sqrt{2}}{d_2 \cdot M} \tag{16}$$

Zur Richtigkeitskontrolle der Analysenwerte wird in regelmäßigen Abständen eine Probe mit bekannter Konzentration μ mit Doppelbestimmungen analysiert. Die Kontrollgrenze errechnet sich nach:

$$G_{\overline{x}} = \mu \pm \frac{3 \cdot \overline{w}}{d_2 \cdot \sqrt{2}} \tag{17}$$

<u>Beispiel 10:</u>

Es wird eine Anleitung gegeben für die Herstellung von s- und $\overline{x}$-Kontrollkarten bei Doppelbestimmungen. Die Ausgangsdaten bestehen aus 20 SiO_2-Parallelbestimmungen an einer bestimmten Granitprobe (Tabelle 12). Der vorgegebene Gehalt μ beträgt 73,52% SiO_2, G_s und $G_{\overline{x}}$ wurden nach (16) und (17) berechnet.

$$\mu = \frac{\Sigma\,\overline{x}}{20} = \frac{1470,4}{20} = 73,52\% \; SiO_2$$

$$\overline{w} = \frac{3,540}{20} = 0,177\% \; SiO_2 \; \text{nach (13)}$$

$$G_s = \frac{3 \cdot 0,177 \cdot \sqrt{2}}{1,128} = 0,67\% \; SiO_2 \; \text{nach (16)}$$

$$G_{\overline{x}} = \mu \pm \frac{3 \cdot 0,177}{1,128 \cdot \sqrt{2}} = \mu \pm 0,33\% \; SiO_2 \; \text{nach (17)}$$

Die Kontrollgrenzen für $G_{\overline{x}}$ und G_s werden auf Millimeterpapier für eine $\overline{x}$-Karte zur Richtigkeitskontrolle und eine s-Karte zur Reproduzierbarkeitskontrolle eingetragen (Abb. 3 und 4). Die Meßwerte müssen auf ihre Häufigkeitsverteilung geprüft werden. Diese soll annähernd einer Gaußkurve entsprechen, sonst hat man das Verfahren noch nicht unter Kontrolle. Mehrere Maxima deuten auf systematische Fehler. Es empfiehlt sich, die Verteilung der Meßwerte graphisch mit passend gewählter Klassenbreite auf der

Tabelle 12. Daten für die Herstellung einer $\overline{x}$- und s-Kontroll-
karte für titrimetrische SiO_2-Doppelbestimmungen (Werte in %)

Nr.	x_i^1	x_i^2	$\overline{x}$	$\Delta_i = x_i^1 - x_i^2$
1	73,13	73,54	73,34	- 0,41
2	73,75	73,47	73,61	+ 0,28
3	73,54	73,51	73,53	+ 0,03
4	74,03	73,58	73,81	+ 0,45
5	73,31	73,45	73,38	- 0,14
6	73,59	73,66	73,62	- 0,07
7	73,72	73,50	73,61	+ 0,22
8	73,81	73,70	73,76	+ 0,11
9	73,56	73,89	73,73	- 0,33
10	73,49	73,47	73,48	+ 0,02
11	73,48	73,36	73,42	- 0,12
12	73,74	73,27	73,51	+ 0,47
13	73,31	73,07	73,19	+ 0,24
14	73,34	73,41	73,38	- 0,07
15	73,78	73,69	73,74	+ 0,09
16	73,33	73,29	73,31	- 0,04
17	73,60	73,74	73,67	- 0,14
18	73,24	73,18	73,21	+ 0,06
19	73,52	73,67	73,60	- 0,15
20	73,56	73,46	73,51	+ 0,10

linken Seite der Kontrollkarte aufzutragen. Sämtliche Meßresul-
tate müssen innerhalb der Kontrollgrenzen liegen. Liegen mehrere
Meßwerte außerhalb der Grenzen, sind in der Analysenmethode noch
Unregelmäßigkeiten enthalten. Die einzelnen eingezeichneten
Punkte sollen regellos um die Mittellinie streuen. Liegen sie
bei der Reproduzierbarkeitskontrolle vorwiegend unter oder über
dieser Mittellinie, sind die Werte der Doppelbestimmungen nicht
unter den gleichen Bedingungen entstanden. In der $\overline{x}$-Karte wird
ein konstanter Fehler beobachtet. Zeitlich abhängige systematische Fehler streuen auf der $\overline{x}$-Karte längs einer steigenden
oder fallenden Linie.

In die $\overline{x}$- und s-Karte der Abb. 3 und 4 wurden die Meßwerte der
Tabelle 12 gegen ein bestimmtes Datum eingetragen. Das soll nur
als Beispiel für die Anwendung der Karten in der täglichen Laborpraxis dienen. Durch die laufende Überwachung der analytischen Arbeit mit bestimmten Referenz- oder Testproben erhält
man für die letzteren im Laufe der Zeit mehr und mehr Meßwerte.
Diese sollten ständig zur Verbesserung der $G_{\overline{x}}$- und G_s-Kontroll-

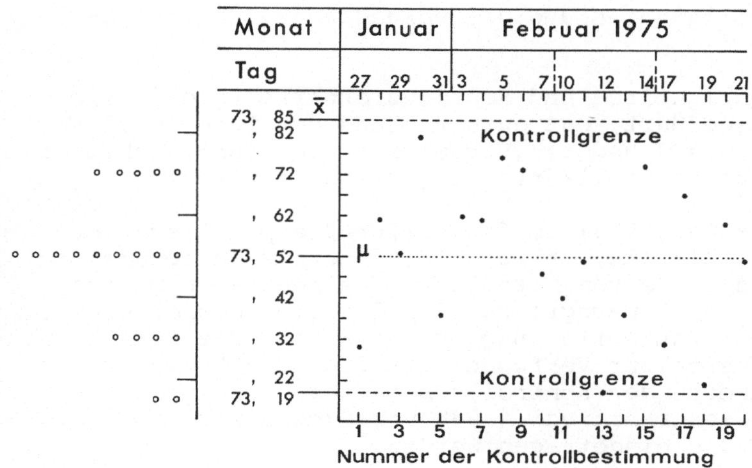

Abb. 3. $\bar{x}$-Karte für die Richtigkeitskontrolle. Probe: Granit. Methode: titrimetrische SiO_2-Bestimmung. $\mu = 73{,}52\%$ SiO_2; $G_{\bar{x}} = 0{,}33\%$ SiO_2

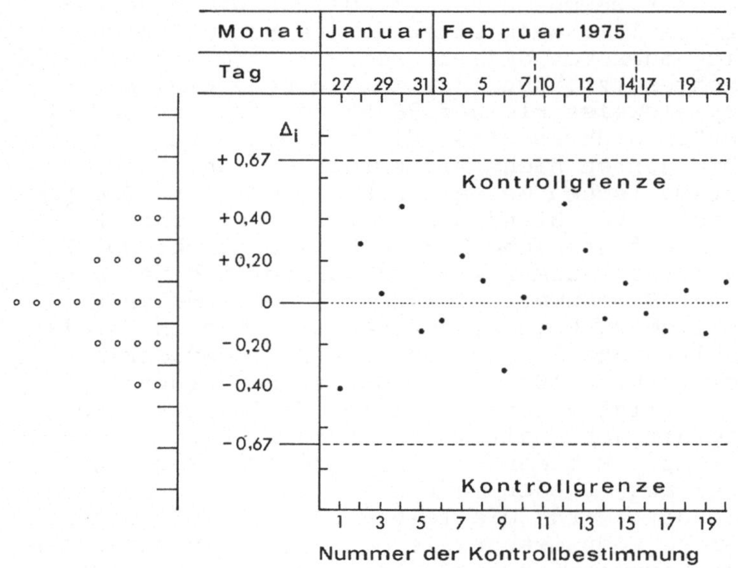

Abb. 4. s-Karte für die Reproduzierbarkeitskontrolle. Probe: Granit. Methode: titrimetrische SiO_2-Bestimmung $G_s = 0{,}67\%$ SiO_2

grenzen herangezogen werden. Man kann zu diesem Zweck immer eine neue Gruppe von Meßwerten in Tabelle 12 einfügen und $G_{\bar{x}}$ sowie G_s nach (16) und (17) erneut berechnen. Mit einem Rechenprogramm läßt sich aber auch jede neue Doppelbestimmung sofort in die bereits vorhandenen Werte einfügen und $G_{\bar{x}}$ sowie G_s ständig dem letzten Stand der Kontrollmessungen anpassen. Der Aufwand an Rechenarbeit ist in beiden Fällen gering im Vergleich zum Wert gut belegter Kontrollgrenzen und der vorgegebenen Konzentration μ[5].

Die praktische Richtigkeits- und Reproduzierbarkeitskontrolle wird einfach so ausgeführt, daß entsprechend der Tabelle 12 aus Doppelbestimmungen das $\bar{x}$ und Δ_i (Vorzeichen beachten!) gebildet und in die jeweilige Kontrollkarte eingezeichnet wird.

EHRENBERGER u. GORBACH (1973) empfehlen für die praktische Arbeit nur eine Kontrollkarte, in welche auf der Ordinate als Grenzlinien $\pm$ s und $\pm$ 2 s vom Mittelwert $\bar{x}$ eingetragen werden. $\bar{x} \pm$ s ist die sogenannte Warngrenze, $\bar{x} \pm$ 2 s die Kontrollgrenze. Beim Vorliegen einer Gaußverteilung, und wenn für die Ermittlung von s genügend Meßwerte zur Verfügung standen ($\geqq$ 30), sollten 95% aller Analysenwerte der Kontrollsubstanz zwischen $\bar{x} \pm$ 2 s liegen. Wenn eine Sicherheit von > 99% vorgezogen wird, muß als Kontrollgrenze $\bar{x} \pm$ 3 s eingetragen werden.

Sinngemäß lassen sich anstelle von Doppelbestimmungen natürlich auch Dreifachbestimmungen für eine Kontrollkarte auswerten.

Mit der Bestimmung von normalerweise 13 Hauptkomponenten ist ein Gestein meistens ausreichend analysiert, um eine Summation durchführen zu können. Die Summe soll zwischen einer unteren und oberen Grenze liegen, für welche unterschiedliche Werte vorgeschlagen werden (Tabelle 13). Nach einer verbreiteten Ansicht werden größere Abweichungen von diesen Grenzwerten mit fehlerhaftem Arbeiten gleichgesetzt. Zunächst ist zu bedenken, daß Summenwerte von beispielsweise kleiner 99,5% möglicherweise auf Nebenbestandteile zurückzuführen sind, die bei der Bestimmung der üblichen Hauptkomponenten nicht mit erfaßt wurden. So können in mafischen und ultramafischen Gesteinen bis 3000 oder 4000 ppm Cr und Ni enthalten sein. Vom Standpunkt der statistischen Beurteilung von Analysenverfahren und Meßergebnissen macht DOERFFEL (1965) mit Recht darauf aufmerksam, daß anstelle einer schematischen Kontrolle der Summenwerte für Gesteinsvollanalysen stets die Art der Analyse zu berücksichtigen ist. Die in Tabelle 13 angegebenen Fehlergrenzen bedeuten, daß die Reproduzierbarkeit der Analysenverfahren für die verschiedenen Hauptkomponenten besser als 0,5% relativ ist. In vielen Fällen wird diese Forderung, trotz sorgfältiger analytischer Arbeit, kaum zu erfüllen sein. Es ist immer zu bedenken, daß eine Toleranz von 100,0 $\pm$ 0,5% von einer aus 13 oder mehr Komponenten bestehenden Analysensubstanz gefordert wird. Die Toleranzgrenze muß in jedem Fall entsprechend der Reproduzierbarkeit bei den Analysenverfahren für die einzelnen Komponenten festgelegt werden. Die Werte der Tabelle 13 dürfen daher nicht als starres Schema angesehen werden.

---

[5] Es empfiehlt sich, für die tägliche Analysenarbeit geeignete Taschenrechner zu verwenden. Für die statistische Beurteilung von Analysenergebnissen ist z.B. der HP-45 oder HP-55 der Firma Hewlett-Packard und der SR 51 von Texas Instruments zu empfehlen, da in diesen Geräten die Berechnung von Mittelwerten und Standardabweichungen vorprogrammiert ist und durch zwei Tastendrucke ausgeführt werden kann.

Tabelle 13. Vorgeschlagene Grenzwerte für die Summe der Einzelkomponenten einer Gesteinsvollanalyse

Autor	unterer Grenz-wert in %	oberer Grenz-wert in %
GROVES (1951)	99,75	100,50
HILLEBRAND, LUNDELL et al. (1953)	99,75	100,50
JAKOB (1952)	99,80	100,40
PECK (1964)	99,50	100,25
WASHINGTON (1910, 1930)	99,50	100,75

Das gleiche gilt für Angaben der Übereinstimmung von Mehrfachbestimmungen bei den einzelnen Komponenten einer Silikatanalyse.
Beispielsweise sollte nach PECK (1964) folgende Übereinstimmung
für vorwiegend gravimetrische Verfahren angestrebt werden (Angaben in Prozent absolut): SiO_2: 0,1; Al_2O_3: 0,15; CaO und MgO:
0,05; Na_2O: 0,1; K_2O: 0,05; Σ Fe als Fe_2O_3: 0,1; FeO: 0,1; CO_2:
0,02. Zumindest für die gravimetrische SiO_2-Bestimmung erscheint
der Wert zu niedrig. Auch bei sorgfältiger Arbeit ist mit Abweichungen von wenigstens 0,3 - 0,4% SiO_2 bei Mehrfachbestimmungen
zu rechnen.

Unklarheit besteht über die Angabe der zweiten Dezimalstelle bei
einigen Elementen der Gesteinsanalyse (zu diesem Problem siehe
z.B. CHALMERS u. PAGE, 1957; CHAYES, 1953; MAXWELL, 1968). Grundsätzlich sollte berücksichtigt werden, daß trotz sorgfältiger
analytischer Arbeit beim SiO_2 sowie den mengenmäßig häufigeren
drei-, zwei- und einwertigen Elementen die zweite Dezimale unge-
nau ist, teilweise sogar die erste. Es wäre daher sinnvoll, mit
Hilfe der analytisch und rechnerisch ermittelten zweiten Dezimale die erste auf- bzw. abzurunden und dann nur noch eine Stelle hinter dem Komma anzugeben. Wenn schon die zweite Dezimale
zitiert wird, sollte diese klein und nach unten versetzt geschrieben werden. Die petrologischen und geochemischen Aussagen
einer Gesteinsanalyse würden bei diesem Verfahren normalerweise
nicht beeinträchtigt, ihr analytischer Wahrheitsgehalt aber beträchtlich erhöht. Leider hat sich diese Einsicht bei der Formulierung von Gesteinsanalysen noch nicht durchgesetzt, trotz
der Erfahrungen bei der Auswertung der von verschiedenen Laboratorien gelieferten Analysendaten für Referenzproben.

2.4 Verzeichnis einiger Gesteins-Referenzproben

Zur Ausarbeitung und Kontrolle der Analysenmethodik und Analy-
sendurchführung bei Gesteinsanalysen werden geochemische Referenzproben (Standardproben) benutzt. Es handelt sich hierbei um
Gesteine und Minerale, deren chemische Zusammensetzung hinsichtlich der Richtigkeit (accuracy) der Werte durch die statistische
Auswertung einer Vielzahl von Einzeldaten gut bekannt ist. Die
einzelnen Werte werden unabhängig voneinander in verschiedenen
Laboratorien nach unterschiedlichen Analysenmethoden ermittelt.

Tabelle 14. Auswahl an Gesteins-Referenzproben mit Angaben über
Bezugsquellen

Gestein	Bezeichnung der Proben	An-schrift	Literatur für Analysendaten (Hauptkomponenten, zum Teil Spurenelemente)
Andesit	USGS-AGV-1	1	FLANAGAN (1969, 1973, 1974b)
Basalt	USGS-BCR-1	1	FLANAGAN (1969, 1973, 1974b)
	CRPG-BR	2	ROUBAULT et al. (1966, 1968, 1970)
			DE LA ROCHE et GOVINDARAJU (1971)
	ZGI-BM	3	GRASSMANN (1966, 1972)
	GSJ-JB-1	4	ANDO et al. (1971)
Diorit	ANRT-DR-N	2	DE LA ROCHE et GOVINDARAJU (1969, 1971)
Dunit	USGS-DTS-1	1	FLANAGAN (1969, 1973, 1974b)
	NIM-D	5	RUSSELL et al. (1972)
Granit	USGS-G-2	1	FLANAGAN (1969, 1973, 1974b)
	CRPG-GA	2	ROUBAULT et al. (1966, 1968, 1970)
			DE LA ROCHE et GOVINDARAJU (1971)
	CRPG-GH	2	ROUBAULT et al. (1966, 1968, 1970)
			DE LA ROCHE et GOVINDARAJU (1971)
	ZGI-GM	3	GRASSMANN (1966, 1972)
	NIM-G	5	RUSSELL et al. (1972)
Grano-diorit	USGS-GSP-1	1	FLANAGAN (1969, 1973, 1974b)
	GSJ-JG-1	4	ANDO et al. (1971)
Kalkstein	ZGI-KH	3	GRASSMANN (1966, 1972)
Lujavrit	NIM-L	5	RUSSELL et al. (1972)
Norit	NIM-N	5	RUSSELL et al. (1972)
Peridotit	USGS-PCC-1	1	FLANAGAN (1969, 1973, 1974b)
Pyroxenit	NIM-P	5	RUSSELL et al. (1972)
Serpentin	ANRT-UB-N	2	DE LA ROCHE et GOVINDARAJU (1969, 1971)
Syenit	NIM-S	5	RUSSELL et al. (1972)
Ton-schiefer	ZGI-TB	3	GRASSMANN (1966, 1972)

1 USGS; U.S. Geological Survey (F.J. FLANAGAN), Reston, Virginia
  22092 (U.S.A.)
2 CRPG; Centre de Recherches Pétrographiques et Géochimiques,
  15, Rue N.-D. des Pauvres, Case Officielle N° 1, 54500-
  Vandoeuvre-lès-Nancy, France
  ANRT; Association Nationale de la Recherche Technique, 44, Rue
  Copernic, 75116 Paris, France

Bei der Ausführung von Gesteinsanalysen sind Kontrollproben in
regelmäßigen Abständen zwischen die Probeserien einzufügen. Die
wertvollen Gesteins-Referenzproben sollten aber nur in Zweifels-
fällen analysiert werden. Für den Routinebetrieb wird die Herstellung laborinterner Kontrollproben empfohlen.

Die in ihrer chemischen Zusammensetzung sehr unterschiedlichen
Referenzproben ermöglichen eine weitgehende Anpassung an die zu
analysierenden Gesteinsproben. Eine Übersicht über geochemische
Standards (Minerale, Gesteine, Erze) gibt FLANAGAN (1970, 1973,
1974a). Zur Information wurden in den Tabellen 14 und 15 Angaben über einige Gesteins-Referenzproben zusammengestellt, für
welche gut gesicherte Analysenwerte existieren und die zur Zeit
noch erhältlich sind. Es ist allerdings möglich, daß bereits
während des Erscheinens des vorliegenden Praktikumsbuches von
einigen Referenzproben nicht mehr genügend Substanz zur Verfügung steht. Das ist der Fall bei den ausgezeichnet untersuchten
"klassischen" Standardproben Granit USGS-G-1 und Diabas (Basalt)
USGS-W-1 vom U.S. Geological Survey. Beide Proben wurden trotzdem in die Tabelle 15 aufgenommen, da in älteren analytischen
Arbeiten häufig darauf Bezug genommen wird. Weitere Informationen über G-1 und W-1 siehe bei FAIRBAIRN et al. (1951), FLANA-
GAN (1973), FLEISCHER (1969), STEVENS et al. (1960).

Eine bekannte Informations- und Bezugsquelle für spezielle Referenzproben, unter anderem für bestimmte Elemente, Erze und
Sedimente, ist das National Bureau of Standards, Office of Standard Reference Materials, Washington D.C. 20234 (U.S.A.).

In den Analysentabellen der Referenzproben werden verschiedentlich folgende Angaben zitiert:

A. $O \equiv F$, $O = 2F$, $O = F + Cl$, Less O, Less $O = F + Cl + S$
Es handelt sich um die Sauerstoffkorrekturen für die Elemente
F, F + Cl oder auch F + Cl + S. Dieses Sauerstoff-Äquivalent
muß von dem Summenwert der Einzelkomponenten abgezogen werden.
Erst der korrigierte Endwert ist die Summe. Zum Beispiel $\dfrac{O}{2F} = 0{,}42$.

B. Loss on ignition: Glühveränderung einer Probe in % beim Erhitzen auf $\approx 1000^{\circ}C$ (siehe auch 6.14.1).

---

3 ZGI; Zentrales Geologisches Institut, DDR-104 Berlin, Invali-
  denstraße 44. Die Proben lassen sich käuflich erwerben über
  den Außenhandelsbetrieb "Intermed", DDR-102 Berlin, Schickler-
  straße 5-7, P.O.B. 17
4 Geological Survey of Japan, Geochemical Research Section
  (A. ANDO), 135 Hisamoto-cho, Takatsu, Kawasaki, Japan
5 NIM; National Institute for Metallurgy, Private Bag 7, Auck-
  land Park, Johannesburg, Transvaal, South Africa; South Afri-
  can Bureau of Standards, Private Bag X191, Pretoria, Transvaal, South Africa

Tabelle 15. Durchschnittswerte in Gew.% für die Hauptkomponenten einiger Gesteins-Referenzproben

Unterstrichene Daten = recommended values (empfohlene bzw. zur Zeit bestmögliche Durchschnittswerte)

Nicht unterstrichene Daten = arithmetische Mittelwerte

	Andesit	Basalt			Diabas	Diorit	Dunit	
	USGS-AGV-1	CRPG-BR	ZGI-BM	USGS-BCR-1	USGS-W-1	ANRT-DR-N	USGS-DTS-1	ZGI-GM
SiO_2	$59,0_0$	$38,2_0$	$49,6_0$	$54,5_0$	$52,6_4$	$52,6_5$	$40,5_0$	$73,5_5$
Al_2O_3	$17,2_5$	$10,2_0$	$16,2_0$	$13,6_1$	$15,0_0$	$17,4_2$	$0,2_4$	$13,5_0$
Fe_2O_3	$4,5_1$	$5,5_8$	$1,6_0$	$3,6_8$	$1,4_0$	$3,8_9$	$1,2_1$	$0,7_5$
FeO	$2,0_5$	$6,5_7$	$7,2_8$	$8,8_0$	$8,7_2$	$5,4_2$	$7,2_3$	$1,1_4$
CaO	$4,9_0$	$13,8_0$	$6,4_4$	$6,9_2$	$10,9_6$	$7,0_8$	$0,1_5$	$1,0_2$
MgO	$1,5_3$	$13,2_8$	$7,4_6$	$3,4_6$	$6,6_2$	$4,5_0$	$49,8_0$	$0,3_8$
Na_2O	$4,2_6$	$3,0_5$	$4,6_4$	$3,2_7$	$2,1_5$	$3,0_0$	$0,00_7$	$3,7_6$
K_2O	$2,8_9$	$1,4_0$	$0,2_0$	$1,7_0$	$0,6_4$	$1,7_0$	$0,001_2$	$4,7_4$
H_2O^+	$0,8_1$	$2,3_0$	$3,6_2$	$0,7_7$	$0,5_3$	$2,0_9$	$0,4_6$	$0,3_5$
H_2O^-	$1,0_3$	$0,5_0$	–	$0,8_0$	$0,1_6$	$0,2_3$	$0,0_6$	–
TiO_2	$1,0_4$	$2,6_0$	$1,1_4$	$2,2_0$	$1,0_7$	$1,1_1$	$0,01_3$	$0,2_1$
P_2O_5	$0,4_9$	$1,0_4$	$0,1_1$	$0,3_6$	$0,1_4$	$0,2_7$	$0,00_2$	$0,0_6$
MnO	$0,1_0$	$0,2_0$	$0,1_5$	$0,1_8$	$0,1_7$	$0,2_1$	$0,1_1$	$0,0_4$
CO_2	$0,0_5$	$0,8_6$	$1,3_4$	$0,0_3$	$0,0_6$	$0,1_3$	$0,0_8$	$0,2_8$
Summe[a]	$99,9_1$	$99,5_8$	$99,7_8$	$100,2_8$	$100,2_6$	$99,7_0$	$99,8_6$	$99,7_8$
Σ Fe als Fe_2O_3[b]	$6,7_9$	$12,8_8$	$9,6_9$	$13,4_6$	$11,0_9$	$9,9_1$	$9,2_4$	$2,0_2$
Σ Fe als Fe_2O_3[c]	$6,7_6$	$12,8_8$	$9,6_8$	$13,4_0$	$11,0_9$	$9,9_1$	$8,6_4$	$2,0_2$

a Summe = Addition der in dieser Tabelle angeführten Einzelwerte. Daher verschiedentlich Abweichungen zu FLANAGAN (1973), in dessen Summenwerten teilweise noch Fluor-Gehalte und Sauerstoffkorrekturen berücksichtigt sind.

b Berechnet aus den Werten für Fe_2O_3 und FeO.

c Nach FLANAGAN (1973), siehe auch FLANAGAN (1975).

Tabelle 15. (Fortsetzung)

Unterbrochene Striche= Größenordnungen

$\qquad$ - = Analysenwerte bezogen auf eine H_2O^--freie
Substanz

Die Zahlenwerte wurden der Zusammenstellung von FLANAGAN (1973) entnommen. Weitere Informationen bei ABBEY (1973, 1975); FLANAGAN (1975).

Granit				Grano-diorit	Kalk-stein	Peri-dotit	Serpen-tin	Ton-schiefer
USGS-G-1	USGS-G-2	CRPG-GA	CRPG-GH	USGS-GSP-1	ZGI-KH	USGS-PCC-1	ANRT-UB-N	ZGI-TB
$72{,}6_4$	$69{,}1_1$	$69{,}9_0$	$75{,}8_0$	$67{,}3_8$	$8{,}6_1$	$41{,}9_0$	$39{,}4_0$	$60{,}3_0$
$14{,}0_4$	$15{,}4_0$	$14{,}5_0$	$12{,}5_0$	$15{,}2_5$	$2{,}4_1$	$0{,}7_4$	$2{,}9_9$	$20{,}5_5$
$0{,}8_7$	$1{,}0_8$	$1{,}3_6$	$0{,}4_1$	$1{,}7_7$	$0{,}5_5$	$2{,}8_5$	$5{,}5_2$	$0{,}9_1$
$0{,}9_6$	$1{,}4_5$	$1{,}3_2$	$0{,}8_4$	$2{,}3_1$	$0{,}3_4$	$5{,}2_4$	$2{,}7_0$	$5{,}4_3$
$1{,}3_9$	$1{,}9_4$	$2{,}4_5$	$0{,}6_9$	$2{,}0_2$	$47{,}7_6$	$0{,}5_1$	$1{,}1_2$	$0{,}3_0$
$0{,}3_8$	$0{,}7_6$	$0{,}9_5$	$0{,}0_3$	$0{,}9_6$	$0{,}7_2$	$43{,}1_8$	$35{,}0_0$	$1{,}9_4$
$3{,}3_2$	$4{,}0_7$	$3{,}5_5$	$3{,}8_5$	$2{,}8_0$	$0{,}1_1$	$0{,}00_6$	$0{,}1_0$	$1{,}3_1$
$5{,}4_8$	$4{,}5_1$	$4{,}0_3$	$4{,}7_6$	$5{,}5_3$	$0{,}4_1$	$0{,}00_4$	$0{,}0_2$	$3{,}8_5$
$0{,}3_4$	$0{,}5_5$	$0{,}8_7$	$0{,}4_6$	$0{,}5_7$	$1{,}0_0$	$4{,}7_0$	$11{,}0_0$	$3{,}8_2$
$0{,}0_6$	$0{,}1_1$	$0{,}0_9$	$0{,}0_6$	$0{,}1_2$	-	$0{,}5_0$	$1{,}1_6$	-
$0{,}2_6$	$0{,}5_0$	$0{,}3_8$	$0{,}0_8$	$0{,}6_6$	$0{,}1_3$	$0{,}01_5$	$0{,}1_2$	$0{,}9_3$
$0{,}0_9$	$0{,}1_4$	$0{,}1_2$	$0{,}0_1$	$0{,}2_8$	$0{,}1_2$	$0{,}00_2$	$0{,}0_3$	$0{,}1_0$
$0{,}0_3$	$0{,}03_4$	$0{,}0_9$	$0{,}0_5$	$0{,}04_2$	$0{,}0_9$	$0{,}1_2$	$0{,}1_2$	$0{,}0_5$
$0{,}0_7$	$0{,}0_8$	$0{,}1_1$	$0{,}1_4$	$0{,}1_5$	$37{,}6_0$	$0{,}1_2$	$0{,}4_1$	$0{,}1_3$
$99{,}9_3$	$99{,}7_3$	$99{,}7_2$	$99{,}6_8$	$99{,}8_4$	$99{,}8_5$	$99{,}8_9$	$99{,}6_9$	$99{,}6_2$
$1{,}9_4$	$2{,}6_9$	$2{,}8_3$	$1{,}3_4$	$4{,}3_4$	$0{,}9_3$	$8{,}6_7$	$8{,}5_2$	$6{,}9_4$
$1{,}9_4$	$2{,}6_5$	$2{,}8_3$	$1{,}3_4$	$4{,}3_3$	$0{,}9_3$	$8{,}3_5$	$8{,}5_2$	$6{,}9_2$

2.5 Analysenprotokoll

Sämtliche mit einer Analyse zusammenhängenden Arbeitsgänge und Meßwerte sind während der Untersuchungen in übersichtlicher Form zu protokollieren. Hierzu gehören neben einer genauen Kennzeichnung der Analysensubstanz, dem Namen des Analytikers, dem Datum und einer kurzen Beschreibung des Analysenganges, vor allem Wägungen, Volumenmessungen, Berechnungen, Eichkurven (eventuell in das Protokollheft einkleben) und Angaben über die Meßbedingungen bei instrumentellen Methoden. Eine nachträgliche Anfertigung solcher Protokolle in Form sogenannter Reinschriften ist in der Praxis ausgeschlossen.

Tabelle 16. Registrierblatt für die Ergebnisse von Gesteinsanalysen (Hauptkomponenten)

Probe-Nr.:   Datum: Name des Analytikers:

Probebezeichnung: Institut oder analytisches Labor:

Ortsbezeichnung (Lokalität):

Gew.% Oxide	Gravimetrie, indirekte Methoden		Titrimetri- sche Metho- den		Spektral- photometrie		Flammen- photometrie		Atomab- sorptions- Spektralpho- tometrie		$\overline{x}$
SiO_2											
Al_2O_3											
Fe_2O_3											
FeO											
CaO											
MgO											
Na_2O											
K_2O											
H_2O^+											
H_2O^-											
TiO_2											
P_2O_5											
MnO											
Karbonat- C als CO_2											
Nichtkar- bonat-C											
Summe											
Σ Fe als Fe_2O_3											

Die Analysenprotokolle sollten in ein gebundenes Heft mit DIN-
Format (DIN A5 oder A4) geschrieben werden. Ungeeignet sind einzelne Blätter, auch wenn diese in Heftern aufbewahrt werden. Erfahrungsgemäß gehen bei dieser Arbeitsweise schnell Seiten verloren. Das Protokoll muß so angefertigt werden, daß auch noch
nach Jahren sofort der gesamte Analysengang mit sämtlichen Meßdaten und Resultaten durch andere Analytiker rekonstruiert werden kann (zu diesem Thema siehe auch BILTZ, BILTZ u. FISCHER,
1965; BRUNCK u. LISSNER, 1950).

Es ist zu empfehlen, alle Meßgeräte mit Druckern oder Schrei-
bern auszurüsten, einschließlich der Analysenwaage. Jedem Analytiker können visuell bedingte Ablesefehler unterlaufen, beispielsweise an der Analysenwaage etc. Eine unabhängig vom Analytiker erfolgende Registrierung aller Zwischenwerte bis zum
Endergebnis reduziert solche Fehlerquellen beträchtlich und ist
gleichzeitig ein einwandfreies Analysendokument.

Es ist von Vorteil, im Protokollheft jeweils die gegenüberlie-
gende Seite freizulassen, damit genügend Platz für spätere Ein-
tragungen vorhanden ist. Das Radieren und Herausreißen von Seiten ist zu unterlassen. Versehentlich falsch geschriebene Zahlen
oder ungültige Texte sind durchzustreichen. Bewährt hat sich
die Numerierung der einzelnen Seiten im Protokollheft. Es gibt
spezielle Laboratoriumsbücher mit einem besonderen Blatt für die
Durchschrift jeder Seite (z.B. die Laboratory Notebooks, Nr.
43-647, National Blank Book Company, Inc.,U.S.A.). Abgeschlossene
Hefte müssen durchlaufend numeriert und sorgfältig aufbewahrt
werden. Hinweise auf die zuverlässige Ausführung analytischer
Arbeiten ergeben sich unter anderem aus dem Zustand der Proto-
kollhefte!

Es ist zweckmäßig, die Ergebnisse jeder Gesteinsanalyse auf ein
gesondertes Blatt zu schreiben und dieses in eine Analysenkartei
einzuordnen. Die Einteilung auf den Karteiblättern wird den Ana-
lysenmöglichkeiten des Laborbetriebes angepaßt. Mit Tabelle 16
wird als Anregung ein Musterblatt abgebildet. Bei einer Vielzahl von Gesteinsanalysen können die Daten gespeichert und mittels spezieller Programme ausgewertet werden.

2.6 Reagenzien, Auffüllen und Aufbewahrung von Lösungen, Meß-geräte

In dem Praktikumsbuch wurde jedem Verfahren eine Zusammenstellung der erforderlichen Reagenzien und der wichtigsten Geräte
vorangestellt. Dieses Konzept ermöglicht dem Studenten eine
zeitsparende Information über das zur Analyse benötigte Material.
Bestimmte Wiederholungen ließen sich dabei allerdings nicht vermeiden. Es wurde jedoch angestrebt, diese auf ein Minimum zu
begrenzen. Der vorliegende Abschnitt enthält einige allgemeine
Hinweise, die zwar nicht bei jeder Methode gesondert erwähnt
sind, aber trotzdem beachtet werden müssen.

Reagenzien:

Die angegebenen Reagenzien haben den Reinheitsgrad "zur Analyse".
Andere Reinheiten wurden im Text vermerkt. Die Bestellnummern
für die benötigten Chemikalien können z.B. den Katalogen der
Firmen E. Merck (61 Darmstadt) und Riedel-de Haën AG (3016 Seelze-
Hannover) entnommen werden. Einzelne Positionen werden möglicherweise nur von einer Firma angeboten (z.B. 0,1 g und 1,0 g Lösungen für die Atomabsorption).

Filtrierpapiere:

Für quantitative Arbeiten müssen spezielle analytische Filtrierpapiere verwendet werden. Im Text sind die Selecta-Filtrierpa-
piere der Firma C. Schleicher & Schüll erwähnt. Man verwendet
für die verschiedenen Arten von Niederschlägen Filtrierpapiere
mit unterschiedlichen Filtrationszeiten, die bei Schleicher &
Schüll mit Farbstreifen gekennzeichnet sind. Normalerweise genügen drei verschiedene Sorten: Schwarzband (kurze Filtrationszeit) für Hydroxide der Eisengruppe; Weißband (mittlere Filtrationszeit) für SiO_2, Calciumoxalat, Magnesiumammoniumphosphat;
Blauband (lange Filtrationszeit) für feinkörnige Niederschläge
von Calciumoxalat, Magnesiumammoniumphosphat, Bariumsulfat.

Auffüllen von Lösungen in Meßkolben:

Entsprechend den Angaben bei den einzelnen Analysenverfahren
müssen Säureaufschlüsse, Meßlösungen für die Spektral- und Flammenphotometrie sowie die Atomabsorptions-Spektralphotometrie in
Meßkolben auf definierte Volumina aufgefüllt werden. Zur Vermeidung von Volumenfehlern bei schwankenden Zimmertemperaturen
wird eine Temperierung der Meßkolben mit den Lösungen im Thermo-
staten (30 - 60 Min. je nach Größe des Kolbens) bei $20^{O}C$ empfohlen. Der Meßkolben wird zunächst bis dicht unter die Eichmarke gefüllt, temperiert und dann das genaue Volumen eingestellt.
Voraussetzung für einwandfreie Volumenmessungen sind saubere
Meßgeräte, vor allem muß auf ein "fettfreies" Ablaufen der Lösungen an der Glaswand geachtet werden (7.2).

Die Elementgehalte der Stammlösungen, Zwischenverdünnungen,
Eich- und Meßlösungen werden in ppm angegeben. Wenn die Dichte
der Lösungen annähernd 1 ist, was auf die genannten Lösungen
zutrifft, ist es zulässig, die Angaben mg/1000 ml (ppm) gleich
mg/1000 mg zu setzen.

Aufbewahrung der Lösungen:

Als Aufbewahrungsgefäße für Lösungen (Säureaufschlüsse, Stammlösungen etc.) sind Enghals-Polyäthylenflaschen geeignet. Die
Flaschen, auch neue, müssen vor Gebrauch mit Salzsäure (über
Nacht stehen lassen) und dest. Wasser gereinigt und anschließend
staubfrei getrocknet werden. Auf keinen Fall die in Meßkolben
aufgefüllten Lösungen in Polyäthylenflaschen gießen, die noch
Feuchtigkeit enthalten. Es ist weiterhin darauf zu achten, daß
die Flaschen immer fest verschlossen sind (prüfen durch Zusam-
mendrücken mit der Hand).

Destilliertes Wasser:

Für die Analysenschritte muß grundsätzlich dest. Wasser verwendet werden, auch wenn im Text nicht ausdrücklich darauf hingewiesen wird. Falls spezielle Reinheitsgrade erforderlich sind (z.B. zweifach dest. Wasser), werden Hinweise an den betreffenden Stellen gegeben.

Meßgeräte:

Die einwandfreie Ausführung von Messungen setzt die Kenntnis der jeweiligen Geräte-Gebrauchsanweisungen voraus. Jeder Benutzer sollte sich daher gründlich mit den entsprechenden Anleitungen vertraut machen.

Für Informationen über die methodischen Grundlagen der instrumentellen Meßverfahren wird z.B. auf folgende Literatur verwiesen:
Spektralphotometrie - Analytikum (1974), KORTÜM (1962), SCHNEIDER u. KUTSCHER (1974);
Flammenphotometrie - Analytikum (1974), HERRMANN u. ALKEMADE (1963), MAVRODINEANU (1970);
Atomabsorptions-Spektralphotometrie - Analytikum (1974), ANGINO u. BILLINGS (1967), SCHLESER (1965), SLAVIN (1968);
Elektrochemische Titrationen - Analytikum (1974), JANDER et al. (1973), SCHNEIDER u. KUTSCHER (1974).

Von verschiedenen Firmen werden analysentechnische Berichte und Bulletins herausgegeben, in denen neue Verfahren beschrieben und über gerätetechnische Entwicklungen berichtet wird.

3. Analysenschema

Die Bestimmung von 13 Komponenten für die Vollanalyse eines silikatischen Gesteins erfordert normalerweise einen Schmelzaufschluß
(vor allem für SiO_2, aber auch ein Säureaufschluß unter Druck
ist für diese Komponente möglich) und wenigstens zwei Säureaufschlüsse, da für FeO in jedem Fall ein gesonderter Aufschluß
vorgenommen werden muß. Die H_2O- und CO_2-Gehalte können dagegen
direkt in der Probesubstanz bestimmt werden. Insgesamt benötigt
man für eine Vollanalyse etwa 5 - 6 g Substanz. Mikroverfahren
sind hierbei nicht berücksichtigt. Die dafür notwendigen Substanzmengen sind wesentlich geringer (z.B. GEILMANN u. TÖLG,
1962; TÖLG u. LORENZ, 1969; s. dort weitere Literatur). BLAN-
CHARD (in HELMKE et al., 1973) beschreibt eine Methode zur Bestimmung der Hauptkomponenten eines silikatischen Gesteins in
10 mg Probe mittels der Atomabsorptions-Spektralphotometrie.

In dem Schema der Tabelle 17 wurden die einzelnen Bestimmungs-
methoden den entsprechenden Aufschlußverfahren zugeordnet. Weiterhin ist angegeben, nach welchen Verfahren die jeweiligen Komponenten bestimmt werden und unter welcher Kennzahl des Inhalts-
verzeichnisses sie beschrieben sind. Diese Gliederung erlaubt
es, entsprechend der zur Verfügung stehenden Laboreinrichtung
leicht eine geeignete Analysenkombination für die Durchführung
von Gesteinsanalysen zusammenzustellen (z.B. auch LANGER, 1971;
MAXWELL, 1968).

Tabelle 17. Schema für die Kombination von Analysenverfahren

Schmelzaufschlüsse		Säureaufschlüsse		
Na_2CO_3 (5.2.1) — $\approx 0,5$ g	KOH (5.2.2) — $\approx 0,1$ g	$HF - H_2SO_4$ (5.3.3 und 5.3.4) — $\approx 0,2 - 0,5$ g	$HF - H_2SO_4 -$ HNO_3 (5.3.1) — $\approx 0,5 - 1,0$ g / $HF - HClO_4$ (5.3.2)	Analysensubstanz ohne Vorbehandlung — 3 - 4 g

Schmelzaufschlüsse

- SiO_2; gr. (6.1.1) evtl. kombiniert mit sp. (6.1.3)
- SiO; ti. (6.1.2)
- ΣFe_2O_3 gr. (6.2.1)
  - ti. (6.2.2.1)
  - ti. (6.2.2.2)
- Al_2O_3; gr. (Differenz) (6.4.1 bzw. 6.2.1)
- CaO; gr. (6.5.1)
- MgO; gr. (6.6.1)

$HF - H_2SO_4$ (5.3.3 und 5.3.4)

- ΣFe_2O_3, ti. (6.2.2.1)
- FeO; ti. (6.3.1)

$HF - H_2SO_4 - HNO_3$ (5.3.1)

- ΣFe_2O_3, ti. (6.2.2.2)
- ΣFe_2O_3, sp. (6.2.3)
- ΣFe_2O_3, aas. (6.2.4)
- Al_2O_3; ti. (6.4.2)
- Al_2O_3; aas. (6.4.3)
- CaO; ti. (6.5.2)
- CaO; aas. (6.5.3)
- MgO; ti. (6.6.2)
- MgO; aas. (6.6.3)

$HF - HClO_4$ (5.3.2)

- Na_2O; fl. (6.7.1)
- Na_2O; aas. (6.7.2)
- K_2O; fl. (6.8.1)
- K_2O; aas. (6.8.2)
- TiO_2; sp. (6.9.1)
- TiO_2; aas. (6.9.2)
- P_2O_5; gr. (6.10.1)
- P_2O_5; sp. (6.10.2)
- MnO; sp. (6.11.1)
- MnO; aas. (6.11.2)

Analysensubstanz ohne Vorbehandlung

- CO_2; gr. (6.12.1)
- CO_2; ti. (6.12.2)
- Gesamt-, Karbonat- und Nichtkarbonat-Kohlenstoff; coulometrisch (6.12.3)
- H_2O^-; gr. (Differenz) (6.13.1)
- Gesamt-H_2O und H_2O^+; gr. (Penfield) (6.14.1)
- H_2O^- und H_2O^+; ti. (6.14.2)
- Gesamt-H_2O; coulometrisch (6.14.3)

Abkürzungen

aas. = Atomabsorptions-Spektralphotometrie
fl. = Flammenphotometrie
gr. = Gravimetrie
sp. = Spektralphotometrie
ti. = Titration

4. Übersichtstabellen für verschiedene Analysenmethoden

Tabelle 18. Gravimetrie

	SiO_2 (6.1.1)	Fe für ΣFe_2O_3 (6.2.1)	Al_2O_3 (6.4.1, s. 6.2.1)	CaO (6.5.1)
Verfahren	Na_2CO_3-Aufschluß; SiO_2-Abscheidung in HCl-haltiger Lösung	Fällung	Fällung	Fällung
Niederschlag	SiO_2-Gel	Eisenhydroxid	Aluminiumhydroxid	Calciumoxalat
gewogene Verbindung	SiO_2	Fe_2O_3 mit den anderen Sesquioxiden	Al_2O_3 mit den anderen Sesquioxiden	$CaC_2O_4 \cdot H_2O$
direkte Bestimmung	+	+ (durch Titration)	−	+
indirekte Bestimmung	−	−	+ Differenz aus der Summe der Sesquioxide minus Fe_2O_3, TiO_2, P_2O_5 (eventuell MnO-Korrektur)	−

Tabelle 18. (Fortsetzung)

MgO (6.6.1)	P_2O_5 (6.10.1)	CO_2 (6.12.1)	H_2O^- (6.13.1)	Gesamt-H_2O und H_2O^+ (6.14.1)
Fällung	Fällung	Zersetzung des Karbonats mit Salzsäure	Trocknen bei 105°-110°C	Penfield-Methode
Magnesium ammonium-phosphat	Magnesium ammonium-phosphat	-	-	-
$Mg_2P_2O_7$	$Mg_2P_2O_7$	Bindung des CO_2 durch Natronasbest oder Natronkalk	-	H_2O
+	+	+ (Gewichtszunahme der U-Rohre entspricht CO_2)	-	+
-	-	-	+ (Gewichtsdifferenz der Probe vor und nach dem Trocknen)	-

Tabelle 19. Titrationen mit visueller Indikation des Äquivalenzpunktes

	SiO_2 (6.1.2)	Fe für Σ Fe_2O_3 (6.2.2.1)	Fe für FeO (6.3.1)
Reaktion	Neutralisation (direkte Titration)	Oxidation-Reduktion (direkte Titration)	Oxidation-Reduktion (direkte Titration)
Maßlösung	NaOH 0,1 N	$KMnO_4$ 0,02 N	$KMnO_4$ 0,02 N
Indikator	Phenolphthalein	–	–
Umschlag	farblos nach rosa	farblos nach rosa	farblos nach rosa
Prinzip	Schmelzaufschluß mit KOH, Fällung von K_2SiF_6, Hydrolyse von K_2SiF_6 in heißem Wasser	HF - H_2SO_4-Aufschluß, Reduktion von Fe im Cd-Reduktor	HF - H_2SO_4-Aufschluß, gesättigte Borsäure-Lösung und ortho-Phosphorsäure zur Aufschlußlösung geben; $5\ Fe^{2+} + MnO_4^- + 8\ H^+ \rightarrow 5\ Fe^{3+} + Mn^{2+} + 4\ H_2O$

Tabelle 19. (Fortsetzung)

Al_2O_3 (6.4.2)	CaO (6.5.2)	MgO (6.6.2)	CO_2 (6.12.2)
Komplexbildung	Komplexbildung	Komplexbildung	Neutralisation
(Rücktitration)	(direkte Titration)	(direkte Titration)	(Rücktitration)
ÄDTA (Titriplex III) und Zn 0,05 M	ÄDTA (Titriplex III) 0,01 M	ÄDTA (Titriplex III) 0,01 – 0,005 M	HCl 0,1 N
Xylenolorange	Calconcarbonsäure	Eriochromschwarz T	Thymolphthalein
gelb nach rot	rot nach blau	rot nach blau	blau nach farblos
Extraktion von Fe, Ti, Zr; Komplexierung von Al mit 0,05 M ÄTDA im Überschuß, Titration bei pH 4,5	Maskierung von Fe, Al, Mn, Ti; Fällung von $Mg(OH)_2$ mit NaOH, Titration bei pH 12	Maskierung von Fe, Al, Mn, Ti; Titration bei pH 10, Berechnung Mg als Differenz aus Ca+Mg	CO_2 in ein bestimmtes Volumen 0,1 N $Ba(OH)_2$-Lösung einleiten; anschließend den Überschuß an $Ba(OH)_2$ zurücktitrieren

Tabelle 20. Titrationen mit elektrochemischer Indikation des Äquivalenzpunktes[a]

	Fe für Σ Fe$_2$O$_3$ (6.2.2.1)		Fe für FeO (6.3.1	Al$_2$O$_3$ (6.4.2)
Reaktion	Oxidation – Reduktion (direkte Titration)		Oxidation-Reduktion (direkte Titration)	Komplexbildung (Rücktitration)
Maßlösung	KMnO$_4$ 0,02 N	K$_2$Cr$_2$O$_7$ 0,02 N	K$_2$Cr$_2$O$_7$ 0,02 N	ÄDTA (Titriplex III) und Zn 0,01 M
Indikation	potentiometrisch		potentiometrisch	potentiometrisch
Elektroden	Platinblech-Indikator – und Kalomel-Bezugselektrode		Platinblech-Indikator – und Kalomel-Bezugselektrode	Platinblech-Indikator- und Kalomel-Bezugselektrode
Bereich	0 – 750 mV	0 – 500 mV	0 – 250 bzw. 0 – 500 mV	0 – 500 mV
Stufenkompensation	+ 400 mV	+ 400 mV	+ 400 mV	-
Polarisationsstrom	-	-	-	-
Prinzip	H$_2$SO$_4$-haltige Aufschlußlösung, Cd-Reduktor $$5\ Fe^{2+} + MnO_4^- + 8\ H^+ \rightarrow 5\ Fe^{3+} + Mn^{2+} + 4\ H_2O$$	$$6\ Fe^{2+} + Cr_2O_7^{2-} + 14\ H^+ \rightarrow 6\ Fe^{3+} + 2\ Cr^{3+} + 7\ H_2O$$	HF – H$_2$SO$_4$-Aufschluß; gesättigte Borsäure-Lösung und ortho-Phosphorsäure zur Aufschlußlösung geben	Extraktion von Fe, Ti, Zr; Komplexierung von Al mit 0,01 M ÄDTA im Überschuß; Titration bei pH 4,5; $K_3[Fe(CN)_6]$ und $K_4[Fe(CN)_6]$ als Redoxindikator

a Für die Titrationen wurde der Potentiograph E 436 der Firma Metrohm AG benutzt. b Für die Messungen wurde der Coulomat 7012 der Firma Ströhlein u. Co. benutzt.

Tabelle 20. (Fortsetzung)

CaO (6.5.2)		MgO (6.6.2)		Gesamt-, Karbonat- und Nichtkarbonat-C[b] (6.12.3)
Komplexbildung (direkte Titration)		Komplexbildung (direkte Titration)		pH-Änderung
ÄGTA (Titriplex VI) 0,01 M		ÄDTA (Titriplex III) 0,01 - 0,05 M		$Ba(ClO_4)_2$ - Lösung
voltametrisch		voltametrisch		coulometrisch
amalgamierte Silber-elektrode (Anode) und Graphit-Elektrode (Kathode)	Doppel-platinblech-Elektrode (Tl_2O_3 auf Anode)	amalgamierte Silber-elektrode (Anode) und Graphit-Elektrode (Kathode)	Doppel-platin-blech-Elektrode (Tl_2O_3 auf Anode)	NaCl-gefüllte Einstab-meßkette
0 - 500 mV -	0 - 1 V -	0 - 500 mV -	0 - 1 V -	- -
+ 25 µA	+ 25 µA	+ 25 µA	+ 25 µA	-
Maskierung der Störele-mente; Titration bei pH 10	Extraktion der Störele-mente; Titration bei pH 10	Maskierung der Störele-mente; Titration bei pH 10; Berechnung Mg als Dif-ferenz aus Ca+Mg	Extraktion der Stör-elemente; Titration bei pH 10; Berechnung Mg als Dif-ferenz aus Ca+Mg	$Ba(ClO_4)_2 + CO_2 + H_2O \rightarrow BaCO_3\downarrow + 2\ HClO_4$

Tabelle 21. Spektralphotometrie[a]

	SiO_2 (6.1.3)	Fe für Σ Fe_2O_3 (6.2.3)	TiO_2 (6.9.1)	P_2O_5 (6.10.2)	MnO (6.11.1)
Reaktion	Reduktion des gelben Molybdosilicat-Komplexes zu Molybdänblau	Bildung eines orangerot gefärbten Komplexes von Fe(II) mit 1,10 Phenanthrolin	Komplex von Ti(IV) mit Brenzcatechindisulfonsäure-(3,5) Dinatriumsalz (Tiron)	Bildung einer Heteropolysäure durch Vanadat, Molybdat, Orthophosphat	Oxidation von Mn(II) zu Mn(VII) durch KJO_4
Farbe der Lösung	blau	orangerot	zitronengelb	gelb	violett
mögliche Störungen	Fe(III); Ti>3%; P>10% (MAXWELL, 1968)	Verdünnung bei Gehalten >10% Fe_2O_3	Fe(III); Cr(III); V (V)	Fe	Ionen mit Eigenfarbe (Fe,Cr); reduzierende Substanzen
Küvetten, Schichtlänge in cm	1, 2, 5	0,5, 1	1, 2	1, 2, 5	1, 2, 5
Konzentration der Vergleichslösungen; in Klammern Bereich Eichkurve	(0,125-5 ppm SiO_2)	5 ppm Fe_2O_3 (0,5-10 ppm Fe_2O_3)	2 ppm TiO_2 (0,5-4 ppm TiO_2)	6 ppm P_2O_5 (2 - 40 ppm P_2O_5)	4 ppm MnO (1 - 10 ppm MnO)
Blindlösungen	H_2O und Reaktionsreagenzien	H_2O und Reaktionsreagenzien	H_2O und Reaktionsreagenzien	H_2O und Reaktionsreagenzien	H_2O und Reaktionsreagenzien
Wellenlänge (nm) für Glühlampe, ohne Filter	650	510	430	430	525 oder 545
Spaltbreite (nm)	0,02 - 0,03	0,02 - 0,03	0,02 - 0,03	0,02 - 0,03	≈0,02
Bandbreite (nm)	1,5 - 2,5	0,8 - 1,2	0,5 - 0,8	0,5 - 0,8	0,9
Empfänger	Photozelle	PEV (Photoelektronen-Vervielfacher)	PEV	PEV	PEV

a Für die Messungen wurde ein Zeiss-Spektralphotometer PMQ II mit Quarzprisma-Monochromator M 4 Q III benutzt.

Tabelle 22. Flammenphotometrie[a]

	Na_2O (6.7.1)	K_2O (6.8.1
Wellenlänge (nm)	589	768
Spaltbreite (mm)	0,02 - 0,04	0,3 - 0,4
Bandbreite (nm)	1,25 - 2,5	35 - 45
Empfänger	PEV (Photoelektro- nenvervielfacher)	Photozelle
Empfindlichkeits- taste	1	10
Bereich Eichkurve in ppm Element	0,4 - 3,2	0,4 - 3,2
Zusätze zu Meßlösungen	5 ml einer 10%igen CsCl-Lösung und 10 ml alkalifreies Netzmittel auf 100 ml	
Blindlösung	2,5 ml einer 10%igen CsCl-Lösung und 5 ml alkalifreies Netzmittel auf 50 ml	

a Für die Messungen wurde ein Zeiss-Spektralphotometer PMQ II
mit Quarzprisma-Monochromator M 4 Q III und Flammenzusatz benutzt.

Tabelle 23. Atomabsorptions-Spektralphotometrie[a]

	Fe für Σ Fe$_2$O$_3$ (6.2.4.1)	(6.2.4.2)	Al$_2$O$_3$ (6.4.3)	CaO (6.5.3)	MgO (6.6.3)	Na$_2$O (6.7.2)	K$_2$O (6.8.2)	TiO$_2$ (6.9.2)	MnO 6.11.2)
Wellenlänge (Å)	2483	2483	3093	4227	2852	5890	7665	3643	2795 2798 2801
Wellenlängen-bereich	UV	UV	UV	VIS	UV	VIS	VIS	UV	UV
Bandbreite (Å) [b]	2	2	6,5	13	20	4	13	6,5	6,5
Spaltbreite (mm)	0,3	0,3	1	0,3 oder 1	3	0,3 oder 1	1	1	1
Lampenstrom (mA); Hohl-kathoden-lampen	30	30	25	10; 25	10	8	12	40	20
Brenngas	C$_2$H$_2$-Luft	C$_2$H$_2$-N$_2$O	C$_2$H$_2$-N$_2$O	C$_2$H$_2$-N$_2$O	C$_2$H$_2$-Luft	C$_2$H$_2$-Luft	C$_2$H$_2$-Luft	C$_2$H$_2$-N$_2$O	C$_2$H$_2$-Luft
Flamme	oxidie-rend	oxidie-rend	reduzie-rend (brenn-gas-reich)	oxidie-rend	oxidie-rend	oxidie-rend	oxidie-rend	reduzie-rend (brenngas-reich)	oxidierend
Schreiber Noise Suppression	1 - 2	2	2 - 3	3	1 - 2	2 - 3	2 - 3	3	1 oder 2 - 3
Schreiber Scale Expansion	1	1	1 oder 3	1	1	1	1	3	1 oder 3

Schreiber — Papiergeschwindigkeit (mm/min)	20	20	20	20	20	20	20	20	20
Schreiber — Meßbereich (mV)	10	10	10	10	10	10	10	10	10
Bereich Eichkurve in ppm Element	2 – 20	5 – 60	20 – 120 4 – 20	1 – 8	0,5 – 4	0,5 – 4	0,5 – 4	1,6 – 40	0,5 – 10 0,5 – 4
mögliche Interferenzen — Absorptionsänderung	–	Steigerung^d	Minderung	Minderung^d	Minderung^c	Steigerung^c	Steigerung^c	Steigerung^d	–
mögliche Interferenzen — Elemente	–	Al^d	Ca	Al, SO_4^{c}	Al, SO_4^{c}	andere Alkalielemente^c		Al, Fe^d	–
Zusatz zu Meßlösungen	–	50 ppm Al zu Eichlösungen	10 ppm Ca zu Eichlösungen; alle Lösungen 2000 ppm Cs	10 ppm Al zu Eichlösungen; alle Lösungen 1000 ppm Cs	4000 ppm La	1000 ppm Cs	1000 ppm Cs	80 bzw. 20 ppm Al zu Eichlösungen; alle Lösungen 2000 ppm Cs	–
Blindlösung	dest.H_2O oder 0,1 N H_2SO_4	dest. H_2O+ 50 ppm Al	dest.H_2O+ 10 ppm Ca+2000 ppm Cs	dest.H_2O+ 10 ppm Al + 1000 ppm Cs	dest.H_2O+ 4000 ppm La	dest.H_2O+ 1000 ppm Cs	dest.H_2O+ 1000 ppm Cs	dest.H_2O+ 80 ppm Al + 2000 ppm Cs + H_2SO_4	dest.H_2O
1% Absorption in ppm Element	≈0,16	≈ 0,5	≈ 1	≈ 0,04	≈ 0,01	≈ 0,025	≈ 0,03	≈ 0,7 (bei Scale Expansion 3)	≈ 0,12

Tabelle 23. (Fortsetzung)

10% Absorption in ppm Element								
≈ 2	≈ 6	≈ 14	$\approx 0{,}43$	$\approx 0{,}18$	$\approx 0{,}3$	$\approx 0{,}4$	$\approx 5{,}5$ (bei Scale Expansion 3)	≈ 1.4

a Für die Messungen wurde ein Perkin-Elmer-Zweistrahlgerät 303 benutzt. Bei der Verwendung anderer Hohlkathodenlampen und(oder) AAS-Geräte können verschiedene Angaben (z.B. Bereiche der Eichkurven, ppm für 1% oder 10% Absorption) etwas variieren.

b Reziproke Dispersion 6,5 Å/mm für Gitter im UV; 13 Å/mm für Gitter im sichtbaren Wellenlängenbereich.

c ALTHAUS (1966).

d LUECKE (1971).

UV = Ultraviolett
VIS = Sichtbarer Bereich

5. Aufschlußmethoden

5.1 Allgemeine Bemerkungen

Das zu analysierende Gestein muß durch einen Aufschluß in eine
Lösung überführt werden. Hierfür gibt es zwei Möglichkeiten:
1. Schmelzaufschlüsse mit sauren (Disulfate, Hydrogensulfate)
oder alkalischen (Hydroxide, Peroxide, Karbonate, Borate) Verbindungen. 2. Säureaufschlüsse mit Gemischen aus HF + H_2SO_4 +
HNO_3; HF + $HClO_4$ oder anderen Säuren (HCl, H_3PO_4, HBr) bei normalem Atmosphärendruck und bei höheren Drücken in Autoklaven.
Die richtige Wahl des Aufschlußverfahrens hängt ab von den anzu-
wendenden Analysenverfahren und auch von der Zusammensetzung
der Probe. Beispielsweise wird bei einer gravimetrischen SiO_2-
Bestimmung häufig ein Schmelzaufschluß ausgeführt. Mit jeder für
Schmelzaufschlüsse verwendeten Verbindung werden jedoch vor al-
lem Natrium, Kalium oder Bor in einem großen Überschuß der Analysensubstanz zugeführt. Das kann zu Störungen bei instrumentel-
len Verfahren führen, z.B. bei der Flammen- und Atomabsorptions-
Spektralphotometrie. In einem solchen Fall würde für eine SiO_2-
Bestimmung die Probe daher besser mit einem Säuregemisch unter
Druck aufgeschlossen und durch Zusatz von H_3BO_3 die Lösung sta-
bilisiert (Bildung von HBF_4, keine Ausscheidung von SiO_2, keine
SiO_2-Verunreinigungen aus Glasgefäßen).

Bei Säureaufschlüssen sind Störungen durch die mit dem Aufschlußmittel zugefügten Fremdionen weniger zu befürchten als bei
Schmelzaufschlüssen (Vorsicht aber mit SO_4). Säuren können mit
einem höheren Reinheitsgrad gekauft oder leichter gereinigt werden als die festen Verbindungen für die Schmelzaufschlüsse. Bei
der Auswahl eines geeigneten Aufschlußmittels ist, soweit möglich, die Mineralzusammensetzung der Probe zu berücksichtigen.
Minerale wie Quarz, Feldspäte, Glimmer, Augite und Hornblenden
sind mit Schmelzen und Säuren meistens leicht aufzuschließen
(Tabelle 24). In Autoklaven lassen sich unter höherem Druck verschiedene Minerale besser zersetzen als bei Atmosphärendruck.
LANGMYHR u. SVEEN (1965) weisen darauf hin, daß das Umrühren
bei Säureaufschlüssen unter Atmosphärendruck offensichtlich
keinen wesentlichen Einfluß auf die Zersetzung eines Minerals
hat (untersucht für Quarz, Staurolith, Epidot). Dagegen spielen
Aufschlußtemperatur und Teilchengröße der Analysensubstanz eine
Rolle. ITO (1962) sowie LANGMYHR u. SVEEN (1965) konnten ferner
zeigen, daß mit Flußsäure allein teilweise eine bessere Aufschlußwirkung erzielt wurde als bei Verwendung von Säuregemischen (HF +
H_2SO_4; HF + HCl). Ein weiterer Gesichtspunkt bei der Wahl des
Aufschlußverfahrens ist die Flüchtigkeit verschiedener Elemente
bzw. Elementverbindungen. Spezielle Hinweise werden bei der Beschreibung der verschiedenen Aufschlußmethoden gegeben. Allgemein läßt sich sagen, daß der Aufschluß unter Druck im Autokla-

Tabelle 24. Angaben über leichter und schwerer aufschließbare Minerale in Schmelzen und Säuregemischen (bei Atmosphärendruck und in Autoklaven). (Nach ITO, 1962[a]; JAKOB, 1952[b]; LANGMYHR u. SVEEN, 1965[c])

Minerale	Schmelze Na_2CO_3[b]	Säureaufschlüsse		
		1+1 konz. HF + $HClO_4$[c]		1+1 $HF+H_2SO_4$[a]
		100°C, 1 atm.	Autoklav ≈ 250°C	Autoklav 240°C
Albit	+	+	+	−
Andalusit	o	−	−	−
Andradit	−	+	+	−
Antophyllit	−	+	+	−
Apatit	−	+	+	−
Aragonit	−	+	+	−
Augit	+	−	−	−
Axinit	−	−	−	+
Baddeleyit	−	−	−	+
Beryll	−	o	+	−
Biotit	+	+	+	−
Chromit	−	−	−	+
Chrysoberyll	−	−	−	+
Columbit	−	−	−	+
Cordierit	−	+	+	−
Disthen	o	o	+	−
Enstatit	−	+	+	−
Epidot	−	+	+	−
Fluorit	−	+	+	−
Granat	o	−	−	−
Hornblende	+	+	+	−
Ilmenit	−	−	−	+
Kornerupin	−	−	−	+
Korund	−	−	−	+
Kupferkies (Chalkopyrit)	−	o	+	−
Magnesit	−	+	+	−
Magnetit	−	+	+	−
Magnetkies (Pyrrhotin)	−	o	+	−
Muskowit	+	+	+	−

Tabelle 24. (Fortsetzung)

Minerale	Schmelze Na_2CO_3[b]	Säureaufschlüsse		
		1+1 konz. HF + $HClO_4$[c]		1+1 $HF+H_2SO_4$[a]
		$100^{\circ}C$, 1 atm.	Autoklav $\approx 250^{\circ}C$	Autoklav $240^{\circ}C$
Nephelin	+	+	+	−
Olivin	o	+	+	−
Orthoklas	+	+	+	−
Plagioklas	+	+	+	−
Pyrit	−	o	+	−
Quarz	+	+	+	−
Rutil	−	−	−	+
Sillimanit	o	−	−	−
Staurolith	o	o	+	−
Talk	−	+	+	−
Tantalit	−	−	−	+
Titanit	o	−	−	−
Topas	o	Δ	Δ	−
Turmalin	−	−	−	+
Wollastonit	−	+	+	−
Zirkon	−	−	−	+

+ = gut aufschließbar

o = schwer aufschließbar

Δ = nicht aufschließbar

− = keine Angabe

ven die größere Sicherheit gegen Verluste besonders an leichtflüchtigen Elementen bietet. Bei den Hauptkomponenten eines Si-
likatgesteins ist die Gefahr einer Verflüchtigung bestimmter
Elemente mit Ausnahme von P (5.3.1, S. 64) und Mn (5.3.2, S. 65)
nicht gegeben.

Aufschlüsse dürfen nur in solchen Gefäßen ausgeführt werden,
deren Komponenten nicht in der Probe bestimmt werden sollen. Für
Schmelzaufschlüsse werden normalerweise Platin-, Silber-, Nickel-,
Eisen- oder Zirkonium-Tiegel verwendet, für Säureaufschlüsse
Reaktionsgefäße aus Platin oder Teflon.

5.2 Schmelzaufschlüsse

5.2.1 Natriumkarbonat-Aufschluß

Die SiO_2-haltige Probe wird mit wasserfreiem Natriumkarbonat auf-
geschlossen, wobei sich wasserlösliches Natriumsilikat bildet.
Die erkaltete Schmelze löst sich zum Teil bereits in Wasser, der
Rest vollständig in verdünnter Salzsäure.

Bei der quantitativen Gesteinsanalyse wird besser Natriumkarbonat
an Stelle von Kaliumkarbonat bzw. kein Gemisch aus Natrium- und
Kaliumkarbonat verwendet. Gelartige Niederschläge (SiO_2, Hydroxide) adsorbieren Kaliumionen stärker als Natriumionen.

         Reagenzien: Natriumkarbonat, wasserfrei
                      Natriumnitrat
                      Salzsäure, 36%ig, Verdünnung 1 Teil HCl +
                      1 Teil H_2O

         Geräte: Platintiegel, 20 - 30 ml Inhalt, mit Deckel
                      Platindreieck, Platinzange
                      Stativ, Stativring, Teclubrenner, Wägegläser
                      Becherglas, 400 ml, oder Becher aus Teflon in ent-
                      sprechender Größe
                      Glashaken, doppelt gebogen, passend für das Becher-
                      glas bzw. den Teflonbecher
                      Platinschale mit 250 ml Inhalt, (innen dunkel gla-
                      sierte Porzellanschalen sollten nicht verwendet
                      werden, da sich das darin abgeschiedene SiO_2 häu-
                      fig schwer entfernen läßt; Minusfehler sind die
                      Folge)
                      Glasstab (etwa 10 cm länger als der Ø der Schale)
                      Uhrgläser, Spritzflasche aus Glas

Arbeitsvorschrift:

1. Platintiegel:

Zunächst muß das genaue Gewicht des Platintiegels festgestellt
werden (glühen, abkühlen im Exsikkator). Tiegel und Deckel sind
einzeln zu wägen. Es muß kontrolliert werden, ob das Gewicht des
Tiegels sich nach dem Aufschluß überdurchschnittlich verändert
hat. In einem solchen Fall muß nach der Ursache gesucht werden
(eventuell Legierungsbildung).

2. Einwaage:

Für die Analyse werden mit der Analysenwaage in einem Wägeglas
normalerweise 0,45 - 0,55 g Probesubstanz, in einem zweiten
Wägeglas mittels einer Vorwaage die sechs- bis achtfache Menge
an Natriumkarbonat eingewogen. Für alle Fe(II)-führenden sowie
alle pyrithaltigen Proben müssen zusätzlich 150 - 200 mg ("Spa-
telspitze") Natriumnitrat zugemischt werden. Fe(II) wird zu Fe(III)
oxidiert und somit die Bildung einer Fe-Pt-Legierung verhindert
(7.1). Bei Gegenwart von Pyrit wird das Sulfid zu Sulfat oxidiert.

   Auf den ersten Blick erscheint es zeit- und arbeitssparend,
   die Einwaage nicht im Wägeglas, sondern direkt im Platintie-

gel vorzunehmen. Hierbei läßt sich aber nur mit Schwierigkeiten die Analysensubstanz gut unter das Aufschlußmittel mischen. Vor allem in einem länger benutzten Tiegel mit etwas gewölbtem Boden besteht die Gefahr, daß im Winkel zwischen Boden und Rand kleine Anteile der Analysensubstanz der Durchmischung entgehen und dadurch unaufgeschlossen bleiben.

3. Mischung der Analysensubstanz mit dem Natriumkarbonat:

Von dem abgewogenen Natriumkarbonat wird etwa ein Viertel auf dem Boden des Platintiegels gleichmäßig verteilt. Zwei Viertel werden vorsichtig in das Wägeglas mit der Probe gegeben und mit einem vorher durch die Gasflamme gezogenen Glasstab gemischt. Die Substanz wird dann quantitativ in den Platintiegel überführt. Das restliche Natriumkarbonat wird in kleinen Anteilen in das für die Analysensubstanz benutzte Wägeglas gegeben, mit dem Glasstab umgerührt und damit anschließend die Mischung Probe + Natriumkarbonat im Platintiegel abgedeckt.

4. Schmelzen der Aufschlußmischung:

Der Tiegel wird zunächst mit kleiner Flamme erhitzt und die Temperatur während der ersten 15 Min. langsam gesteigert, bis das Natriumkarbonat an den Rändern zu schmelzen beginnt. Mindestens 15 - 20 Min. diese Temperatur einhalten. Der Hauptanteil der Silikate wird hierbei aufgeschlossen. Erst danach die Temperatur erhöhen, bis der gesamte Tiegelinhalt vollständig geschmolzen ist. Nochmals 15 Min. diese Temperatur halten. Der Zeitbedarf für den Aufschluß beträgt also ungefähr eine Stunde. Anschließend den Tiegel im Platindreieck langsam erkalten lassen. Teilweise wird empfohlen, den Tiegel zum Erkalten der Schmelze schräg zu stellen. Durch leichtes Drücken der Tiegelwandung löst sich die erstarrte Schmelze dann praktisch vollständig ab.

Bei zu schneller Erhitzung auf hohe Temperaturen werden Teile des Tiegelinhalts bereits dünnflüssig, während noch CO_2-Entwicklung stattfindet. Dabei verspritzen Schmelzanteile, die am oberen Rand des Tiegels oder am Deckel erstarren. Es besteht die Gefahr, daß auf diese Weise Teile der Probe nicht oder nur unvollständig aufgeschlossen werden.

Das häufig empfohlene "Abschrecken" des Tiegels ist überflüssig. Die erstarrte Schmelze löst sich auch ohne diese Manipulation gut aus dem Tiegel.

Vielfach wird das Fe die Farbe der Schmelze bestimmen. In Gegenwart von $NaNO_3$ wird eine braune Färbung beobachtet, ohne diesen Zusatz eine schmutziggrüne bis braune Farbtönung. Auch Mn und Cr können charakteristische Färbungen verursachen. In Gegenwart von $NaNO_3$ gibt Mn eine tiefgrüne Färbung von Mn(VI), ohne diesen Zusatz dagegen blaue Farben der Alkaliverbindungen des Mn(V). $\approx$ 1% Mn ergibt eine intensiv tintenblaue Färbung. Cr bewirkt bei Gehalten < 0,1% eine hellgelbe Farbtönung von Na_2CrO_4. Da Fe aber niemals fehlt, wird sich das Vorhandensein der genannten Elemente nur durch eine mehr oder weniger starke Beeinflussung der Fe-Färbung bemerkbar machen.

5. Auflösen der Schmelze:

Nach dem Erkalten der Schmelze wird der Deckel des Platintiegels
abgenommen und mit der Innenseite nach oben in eine Platinschale
gelegt. Bei nur wenig angehobenem Uhrglas einige Tropfen verdünnter Salzsäure auf den Deckel geben, um daran befindliche
Spritzer der Schmelze zu lösen. Dann wird der Deckel mit dem
Glasstab an den Rand der Schale geschoben, gründlich mit heißem
Wasser abgespritzt, mit der Platinzange herausgenommen, nochmals
abgespritzt und zwischen zwei Uhrgläsern für die weitere Verwendung aufgehoben.

Der Tiegel mit der Schmelze wird mit der Öffnung nach unten an
den Glashaken in ein 400 ml-Becherglas oder einen Becher aus
Teflon gehängt und soviel heißes Wasser zugegeben, daß die erstarrte Schmelze gerade in das Wasser eintaucht. Es ist darauf
zu achten, daß keine Luftblase im Tiegel die Berührung zwischen
Wasser und erstarrter Schmelze verhindert. In der Regel ist der
Aufschluß nach einigen Stunden auch ohne Erwärmung zerfallen.
Die Lösung hat jetzt ein pH von ≈ 12. Bei pH 10 sind ≈ 33 mg
SiO_2 in 100 ml Wasser bei 25°C löslich (z.B. ILER, 1955).

Ein Cr-Gehalt (wenige ppm) macht sich an dieser Stelle durch
eine schwache Gelbfärbung der Lösung am Rand noch nicht gelöster
Schmelzanteile bemerkbar.

Nach dem Zerfall der Schmelze wird der Tiegel mit dem Glashaken
herausgenommen, über dem Becherglas von außen her mit heißem
dest. Wasser abgespült und auf ein Uhrglas gestellt. Er wird
mit warmer verdünnter Salzsäure gefüllt, um Reste der Schmelze
in Lösung zu bringen. Letztere wird in die Platinschale überführt
und der Tiegel über der Schale mit heißem Wasser ausgespült.
Tiegel und Deckel werden zur Gewichtskontrolle geglüht und gewogen (S. 60).

Anschließend muß der nicht wasserlösliche Anteil der Schmelze
im Becher gelöst werden. Unter seitlichem Anheben des Uhrglases
werden aus einer Pipette jeweils kleine Anteile von konzentrierter Salzsäure in das Becherglas gegeben (Vorsicht! Starke CO_2-
Entwicklung, deshalb Zugabe der Salzsäure nur in kleinen Anteilen). Das Ansaugen der Salzsäure mit der Pipette aus dem Vorratsgefäß darf nicht mit dem Mund erfolgen, sondern mit einem Peleusball bzw. einem speziellen Pipettierhelfer.

Es ist darauf zu achten, ob die Lösung anstelle der üblichen gelben Färbung eine rosa Mischfarbe aufweist. Diese entsteht durch
Disproportionierung des Mn(VI) zu Mn(VII) und Mn(II). In diesem
Fall muß vor der Weiterverarbeitung der Lösung durch Zusatz einiger Tropfen Äthylalkohol und leichtes Erwärmen das Mn(VII)
wieder reduziert werden.

Nach dem Auflösen der Schmelze wird die Lösung quantitativ in
die Platinschale überführt. Letztere darf nur bis etwa 1 cm unter
den oberen Rand mit Lösung gefüllt werden, da sonst beim Eindampfen die Gefahr des "Kriechens" besteht. Eventuell ist die Lösung
in mehreren Anteilen in die Schale zu geben. Unter den Kationen
überwiegt in der Lösung das Natrium des Aufschlußmittels ($\approx$ 0,1 M

an NaCl). Der Gehalt an $AlCl_3$, $MgCl_2$ etc. beträgt dagegen nur
$\leq$ 0,01 M.

Aus dem folgenden Grund wird die Schmelze zunächst nur mit
dest. Wasser und nicht sofort mit Säure behandelt: Da die
Löslichkeit von SiO_2 bei niedrigem pH relativ klein ist (Lös-
lichkeitsangaben am Ende dieses Abschnittes), wird sich in
einer stark sauren Lösung innerhalb der zerfallenden Schmelze
SiO_2-Gel abscheiden. Dabei können Teile der Schmelze umhüllt
und ihre Auflösung verzögert oder verhindert werden. Der zweite Nachteil betrifft Gesteine, die merklich manganhaltig sind.
Beim Lösen der Schmelze mit Säure kann sich über Zwischenstu-
fen Mn(II) und Cl_2 bilden. Das freiwerdende Chlor würde den
Platintiegel angreifen. Deshalb darf die Lösung erst mit HCl
versetzt werden, nachdem der Platintiegel herausgenommen ist.
Aus dem Platintiegel können dann die Reste der Schmelze unbe-
denklich mit Salzsäure herausgelöst werden. Die darin enthal-
tenen Mn-Konzentrationen sind zu gering, um noch eine merk-
bare Chlor-Entwicklung hervorzurufen. Vielfach wird empfohlen,
das Auflösen der Schmelze sofort in der Platinschale vorzunehmen. Das hat aber mehrere Nachteile. In die Schale kann
der Tiegel nur hineingelegt werden. Es entfallen somit alle
oben angeführten Vorteile des Hineinhängens. Weiterhin kann
das Ansäuern der Lösung bei der damit verbundenen starken
CO_2-Entwicklung in der flachen Schale mit der großen Oberfläche leicht zu Verlusten führen.

Beim Auflösen im Becherglas kann aus dem Glas durch die stark
alkalische Lösung, zumal beim Stehenlassen über Nacht, SiO_2
in wägbarer Menge herausgelöst werden. Auf alle Fälle sollte
nicht ein neues, sondern ein bereits länger in Gebrauch befindliches Becherglas aus Jenaer Glas benutzt werden. Die Gefahr des Herauslösens von SiO_2 aus dem Glas ist bei SiO_2-rei-
cheren Substanzen sicherlich geringer, da die Lösung dort bereits nahe an den Sättigungswert für SiO_2 herankommen wird.
Bei niedrigen SiO_2-Gehalten in der Analysensubstanz ist sie
dagegen groß, so daß hier die Verwendung eines Bechers aus
Teflon zu empfehlen ist.

Durch die Zugabe von Salzsäure hat die Lösung ein pH von $\approx$ 1
bekommen. SiO_2 ist hier viel weniger löslich als im alkalischen Bereich (bei pH 2 etwa 10 - 15 mg SiO_2 in 100 ml Wasser
bei 25°C; z.B. ALEXANDER et al., 1954; ILER, 1955). Deshalb
wird bei SiO_2-reichen Gesteinen bereits an dieser Stelle ein
Ausfallen von SiO_2 in Form weißer Flocken beobachtet.

5.2.2 Kaliumhydroxid-Aufschluß für die titrimetrische SiO_2-Be-stimmung

Die folgende Arbeitsanleitung bezieht sich auf die unter 6.1.2
beschriebene maßanalytische Bestimmung von SiO_2. Sie ist aber
auch allgemein für Alkalihydroxid-Aufschlüsse im Bereich der
Gesteinsanalyse anwendbar, eventuell mit kleinen Änderungen. In
der vorliegenden Beschreibung wird als Aufschlußmittel Kaliumhydroxid und nicht Natriumhydroxid verwendet, weil Na-Ionen die
Löslichkeit des für die SiO_2-Bestimmung erzeugten K_2SiF_6-Nieder-
schlages erhöhen (THIELICKE, 1970).

Reagenzien: Kaliumhydroxid (Plätzchen)

Geräte: Nickeltiegel, etwa 5 cm hoch und 5 cm oberer
             Durchmesser, mit Deckel; wahlweise kann ein Sil-
             bertiegel mit Deckel benutzt werden
             Stativ, Stativring, Tiegelzange
             Asbestpappe, etwa 3 mm stark

Arbeitsvorschrift:

2 g Kaliumhydroxid werden in einem Nickel- oder Silbertiegel
eingewogen. Nach dem Auflegen des Deckels den Tiegel zu einem
Drittel seiner Höhe in die Öffnung eines Stücks Asbestpappe stek-
ken und vorsichtig erhitzen, bis der Boden mit geschmolzenem KOH
gleichmäßig bedeckt ist. Dann abkühlen lassen. Etwa 0,1 g der
Probe einwiegen (Wägeschiffchen) und das Pulver vorsichtig auf
die erkaltete Schmelze geben (keine Substanz an die Tiegelwand
bringen). Langsam bis zur Dunkelrotglut erhitzen (Kaliumhydroxid spritzt leicht) und unter leichtem Schwenken des Tiegels die
Temperatur mindestens 20 Min. halten. Dann die Schmelze abkühlen
lassen. Ihre weitere Behandlung s. 6.1.2.

5.3 Säureaufschlüsse

5.3.1 Flußsäure - Schwefelsäure - Salpetersäure - Aufschluß

Beim Flußsäure-Schwefelsäure-Salpetersäure-Aufschluß lassen sich
Reste der Flußsäure leicht entfernen, die Säuremischung selbst
kann relativ gefahrlos gehandhabt werden. Als Nachteil ist die
mögliche Bildung schwerlöslicher Sulfate zu bezeichnen (z.B.
Calciumsulfat bei einem hohen CaO-Anteil in der Probe). Die normalerweise zu bestimmenden Hauptkomponenten des Gesteins sind
beim Abrauchen der Säuren unter den angegebenen Bedingungen mit
Ausnahme von Silizium und Phosphor nicht flüchtig (z.B. POHL,
1953; WAHLER, 1964). Bei zu starkem Abrauchen der Schwefelsäure
wird Phosphor flüchtig. Daher nur bis zum Auftreten der ersten
SO_3-Nebel erhitzen.

Reagenzien: Salpetersäure, 100%ig
            Schwefelsäure, 95 - 97%ig
            Flußsäure, 40%ig

Geräte: Platinschale mit einem Ø von 7 cm und 90 ml Inhalt
             Platinspatel, Platinzange
             Wasser- und Sandbad
             Meßkolben, 250, 500 ml

Arbeitsvorschrift:

1. Einwaage:

In die Platinschale werden 0,5 g, bei zusätzlicher komplexome-
trischer Ca- und Mg-Bestimmung 1 g Probe eingewogen. Wenn die
Elemente nur mittels der Flammenphotometrie oder Atomabsorptions-
Spektralphotometrie bestimmt werden sollen, genügen kleinere
Einwaagen (z.B. 100 mg, aufgefüllt auf 500 ml). Das hat den Vor-

teil, daß einige Zwischenverdünnungen entfallen. Keine Platin-
gefäße verwenden, in denen auch Natrium- bzw. Kaliumdisulfat-
oder Natriumkarbonat-Aufschlüsse ausgeführt werden. Mögliche
Fehler bei Alkalibestimmungen.

2. Aufschluß:

Zu einer 0,5 g-Probe werden in der Reihenfolge 15 ml Flußsäure,
5 ml Salpetersäure (Oxidation organischer Substanz) und 5 ml
Schwefelsäure hinzugefügt. Bei 1 g Einwaage die doppelten Volumina. Mit dem Platinspatel gut umrühren, die Platinschale auf
ein etwa 100°C heißes Sand- oder Wasserbad stellen, bis die Salpetersäure und Flußsäure verdampft sind. Dann auf einem etwa
300°C heißen Sandbad die Schwefelsäure bis zur Trockene abrauchen. Dieser ganze Vorgang wird noch zwei- bis dreimal wiederholt. In der Regel ist die Probe dann vollständig aufgeschlossen. Die bei den folgenden Bestimmungen störenden Flußsäure-Reste
sind entfernt. Nicht zu stark erhitzen, da sich sonst eventuell
Oxide bilden.

3. Lösen des Rückstandes:

Der trockene Rückstand wird mit 1 - 2 ml konzentrierter Schwefelsäure versetzt. Der H_2SO_4-Gehalt der Aufschlußlösung soll
nicht > 0,1 N sein, da sonst die Bestimmung verschiedener Elemente (z.B. Mg, 6.6.3) mittels der Atomabsorptions-Spektralphotometrie beeinflußt wird (ALTHAUS, 1966). Die Platinschale wird
bis 1 cm unter den oberen Rand mit dest. Wasser gefüllt und auf
ein etwa 100°C heißes Sandbad gestellt. Mit dem Platinspatel umrühren. Ein in der Schale verbleibender Bodenkörper kann entweder ein Rest nicht aufgeschlossener Substanz sein, oder es handelt sich um einen Konzentrationsniederschlag (z.B. Calciumsulfat, Magnesiumsulfat). Letzterer löst sich nach dem Überspülen
der Aufschlußlösung in den Meßkolben. Bei 0,5 g oder 1 g Einwaage wird die Lösung zweckmäßig in 250 ml- bzw. 500 ml-Meßkolben bis zur Eichmarke mit dest. Wasser aufgefüllt.

5.3.2 Flußsäure - Perchlorsäure - Aufschluß

Der HF-$HClO_4$-Aufschluß hat gegenüber dem HF-H_2SO_4-HNO_3-Aufschluß
den Vorteil, daß die Perchlorate mit Ausnahme der K-, Rb- und
Cs-Verbindungen leichter löslich sind. Allerdings ist beim Umgang mit dem Flußsäure-Perchlorsäure-Gemisch Vorsicht geboten.
Die Perchlorsäure darf weder in der Kälte noch in der Hitze mit
leicht oxidierbaren Substanzen in Berührung kommen. Falls die
Analysensubstanz bituminöse oder andere organische Bestandteile
enthält, müssen diese vor dem Aufschluß durch Erhitzen oxidiert
werden (5.3.3, S. 67). Beim Flußsäure-Perchlorsäure-Aufschluß
ist es schwieriger, durch Abrauchen die letzten Anteile an HF
zu entfernen (BOCK, 1972; HILLEBRAND et al., 1953; MAXWELL,
1968).

Mit Ausnahme von Silizium und Mangan sind die normalerweise zu
bestimmenden Hauptkomponenten eines Gesteins beim Abrauchen der
Säuren und beim Erhitzen des Rückstandes auf 150° - 200°C nicht
flüchtig (z.B. CHAPMAN et al., 1949; POHL bei WAHLER, 1964;
WAHLER, 1964). Mangan ist beim Verdampfen der Flußsäure und Perchlorsäure sowie beim Erhitzen des Rückstandes auf 200°C bis zu

3% flüchtig (CHAPMAN et al., 1949). Auch Verluste an Bor treten
auf. Angaben über die Flüchtigkeit von Metallverbindungen in
Aufschlußlösungen mit Perchlorsäure, Schwefelsäure, Salzsäure,
Bromwasserstoffsäure und Phosphorsäure bei 200°C s. bei SANDELL
(1959).

        Reagenzien: Flußsäure, 40%ig
                    Perchlorsäure, 70%ig
                    Salzsäure, 36%ig

        Geräte: s. 5.3.1 (S. 64)

Arbeitsvorschrift:

1. Einwaage: (s. 5.3.1)

2. Aufschluß:

Zu einer 0,5 g-Probe werden in der Reihenfolge 15 ml Flußsäure
und 5 ml Perchlorsäure hinzugefügt. Bei 1 g Einwaage die doppelten Volumina. Mit dem Platinspatel gut umrühren, die Platinschale auf ein etwa 100°C heißes Sand- oder Wasserbad stellen
und bis zur Entfernung der Flußsäure eindampfen. Dann die Platinschale vorsichtig auf 150° - 200°C erhitzen und den Rückstand
bis zur Trockene abrauchen. Dieser ganze Vorgang wird noch zweibis dreimal wiederholt. In der Regel ist die Probe dann vollständig aufgeschlossen. Die bei den folgenden Bestimmungen störenden Flußsäure-Reste sind entfernt.

3. Lösen des Rückstandes:

Der trockene Rückstand wird mit 3 ml konzentrierter Salzsäure
befeuchtet, die Platinschale bis 1 cm unter den oberen Rand mit
dest. Wasser gefüllt und auf ein etwa 100°C heißes Sandbad gestellt. Mit dem Platinspatel umrühren. Ein in der Schale verbleibender Bodenkörper kann ein Rest nicht aufgeschlossener Substanz sein, oder es handelt sich um einen Konzentrationsniederschlag. Letzterer löst sich nach dem Überspülen der Aufschlußlösung in den Meßkolben. Bei 0,5 g oder 1 g Einwaage wird die
Lösung zweckmäßig in 250 ml- bzw. 500 ml-Meßkolben bis zur Eichmarke mit dest. Wasser aufgefüllt.

5.3.3 Flußsäure - Schwefelsäure - Aufschluß für die Bestimmung
von Gesamteisen

        Reagenzien: Flußsäure, 40%ig
                    Schwefelsäure, 95 - 97%ig

        Geräte: Platinschale mit einem Ø von 7 cm und 90 ml In-
                    halt
                    Platinspatel, Platinzange, Sandbad

Arbeitsvorschrift:

Für die manganometrische Bestimmung von Gesamteisen mit visueller Indikation des Äquivalenzpunktes werden etwa 0,5 g Analysensubstanz in eine Platinschale eingewogen und in der Reihenfolge
15 ml Flußsäure und 5 ml konzentrierte Schwefelsäure hinzugefügt.

Bei potentiometrischer Indikation des Äquivalenzpunktes richtet
sich die Einwaage nach dem Volumen der verwendeten Kolbenbürette.
Wenn mit einer 10 ml Kolbenbürette gearbeitet wird, sind von
basaltischen Gesteinen $\approx$ 0,1 g, von Tonschiefern $\approx$ 0,1 - 0,2 g,
von granitischen Gesteinen $\approx$ 0,2 g einzuwiegen. Der Aufschluß
erfolgt auf einem Sandbad. Zunächst wird die Flußsäure bis zum
Auftreten der ersten SO_3-Nebel verdampft. Dann den Inhalt der
Platinschale abkühlen lassen, nochmals vorsichtig 5 ml Flußsäure
zusetzen, mit dem Spatel umrühren und erneut bis zum Auftreten
der SO_3-Nebel eindampfen. Prozedur eventuell ein drittes und
viertes Mal wiederholen. Zum Schluß die Schwefelsäure vollständig abrauchen. Die Platinschale abkühlen lassen, etwa 50 ml dest.
Wasser und 2 - 3 Tropfen konzentrierte Schwefelsäure zusetzen
und auf dem Sandbad unter Umrühren erwärmen, bis sich der Niederschlag gelöst hat. Konzentrationsniederschläge sind möglich
(5.3.1, S. 65). Wichtig ist ein vollständiges Abrauchen der
Flußsäure. Die weitere Behandlung der Aufschlußlösung ist unter
6.2.2.1 beschrieben.

<u>Mögliche Störungen:</u>

Falls das zu untersuchende Gestein organische Bestandteile enthält, müssen diese vor dem Aufschluß oxidiert und die leichtflüchtigen Komponenten durch Erhitzen entfernt werden. Zu diesem
Zweck wird die Platinschale mit der Probe 15 Min. bei 850°C in
einem Muffelofen (z.B. Simon-Müller-Ofen) erhitzt. Nach dem Abkühlen kann der Aufschluß wie beschrieben durchgeführt werden.

Organische Substanzen lassen sich durch Filtration nicht vollständig aus einer Säure-Aufschlußlösung entfernen. Sie laufen
dann auch durch den Cadmium-Reduktor, so daß bei der Titration
mit $KMnO_4$- oder $K_2Cr_2O_7$-Lösung außer dem Fe(II) auch noch andere Komponenten oxidiert werden. Auf diese Weise wird ein zu hoher Gehalt an Gesamteisen in der Probe vorgetäuscht.

<u>5.3.4 Flußsäure - Schwefelsäure - Aufschluß für die Bestimmung
von FeO</u>

Über eine mögliche Oxidation des in Gesteinen vorhandenen Fe(II)
bei der Zerkleinerung der Probe s. 2.2 (S.14). Für die Bestimmung von FeO in Gesteinen muß die Probe so aufgeschlossen werden,
daß dabei keine Oxidation des Fe(II) erfolgt. Es ist zu beachten,
daß die Oxidation von Fe(II) in Gegenwart von Luft katalytisch
durch Flußsäure beeinflußt wird (HILLEBRAND et al., 1953). Sauerstoff muß also bei dem Aufschluß von der Probe ferngehalten
werden. Das geschieht durch eine Wasserdampf-Schicht über der
Lösung im Aufschlußgefäß. ITO (1962) weist darauf hin, daß der
HF-H_2SO_4-Aufschluß bei normalem Druck nicht ausreicht zum Aufschluß von Mineralen wie Staurolith, Turmalin, Axinit, Korne-
rupin, Sapphirin, Ilmenit, Chromit, Spinell, Columbit, Tantalit,
Chrysoberyll. Es wird ein HF-H_2SO_4-Aufschluß unter Druck bei
240°C und 2 - 4 Std. Dauer empfohlen.

    Reagenzien: Flußsäure, 40%ig
                Schwefelsäure, 95 - 97%ig

Geräte: Platintiegel, 20 - 30 ml Inhalt mit Deckel
               (3,5 cm oberer Ø, 4 cm Höhe), Platinzange, Sand-
               bad

Arbeitsvorschrift für Aufschluß unter normalem Druck:

Der beschriebene Aufschluß und die FeO-Bestimmung (6.3) beruhen
im wesentlichen auf Angaben von PECK (1964). Das Verfahren wird
auch als "Pratt"-Methode bezeichnet.

Für die titrimetrische FeO-Bestimmung mit visueller Indikation
des Äquivalenzpunktes werden 0,2 - 0,5 g einer Gesteinsprobe in
einem Platintiegel eingewogen und mit einigen Tropfen dest. Wasser angefeuchtet. Bei potentiometrischer Indikation des Äquivalenzpunktes richtet sich die Einwaage nach dem Volumen der verwendeten Kolbenbürette. Wenn mit einer 10 ml Kolbenbürette gearbeitet wird, sind von basaltischen Gesteinen $\approx$ 0,1 g, von Tonschiefern $\approx$ 0,2 g und von granitischen Gesteinen $\approx$ 0,5 g einzuwiegen. Dann werden in einem Polyäthylen-Meßzylinder in der Reihenfolge 5 ml dest. Wasser, 5 ml Flußsäure und 5 ml konzentrierte Schwefelsäure vermischt. Die heiße Lösung wird über die Substanz in den Platintiegel gefüllt. Dann den Tiegel sofort bedek-
ken und auf ein etwa 100°C heißes Sandbad stellen. Die Lösung
darf nur schwach sieden. 10 - 15 Min. wird die Probe auf dem
Sandbad aufgeschlossen. Eine Verlängerung der Aufschlußzeit ist
nicht zu empfehlen, da es dann zur Oxidation von Fe(II) kommen
kann. Das kleine Luftvolumen in dem zu zwei Drittel mit Säure
gefüllten Tiegel wird schnell durch Wasserdampf verdrängt und
eine Oxidation des Fe(II) verhindert. Nach dem Aufschluß verbleibt häufig ein Rückstand im Tiegel. Dieser wird mit in den
Erlenmeyerkolben übergespült. Die weitere Behandlung der Aufschlußlösung sowie Angaben über Störungen beim Aufschluß und der
Titration s. 6.3.1.

5.4 Säureaufschlüsse in Autoklaven

Die unter 5.3.1, 5.3.2 und 5.3.4 beschriebenen Säureaufschlüsse
lassen sich auch bei Temperaturen von 110° - 200°C und Drücken
bis etwa 20 atm in Autoklaven mit Tefloneinsätzen ausführen
(z.B. BERNAS, 1968; BOCK, 1972; ITO, 1962; KOTZ et al., 1972;
LUECKE, 1971; WAHLER, 1964). Gegenüber Aufschlüssen unter Atmosphärendruck bestehen folgende Vorteile: 1. Die Aufschlußzeit
wird verkürzt, verschiedene Minerale werden besser gelöst. 2. Verluste an leichtflüchtigen Elementen wie Se, J, Hg und Be (KOTZ
et al., 1972) sowie von Verbindungen finden praktisch nicht statt.
3. Die Reaktionen erfolgen in einem abgeschlossenen Gefäß, so
daß vor allem bei der Bestimmung von Nebenbestandteilen keine
Verunreinigungen aus der Laborluft in die Probe gelangen können.

Für den Aufschluß silikatischer Minerale und Gesteine beschreibt
WAHLER (1964) einen Autoklaven. Das Druckgefäß besteht aus einer
Al-Cu-Mg-Pb-Legierung[6] und das Reaktionsgefäß aus Teflon (Poly-

---

[6]Eine solche Legierung ist beispielsweise unter dem Namen "Bon-
dur" im Handel. Bezugsquelle: Westdeutsche Max Cochius GmbH,
6 Frankfurt am Main, Kleyerstraße 70-72.

tetrafluoräthylen, PTFE). Teflon wird von den verwendeten Säuren
nicht angegriffen und ist temperaturbeständig bis 250°C. Allerdings wird das Material über 180°C bereits verformbar. Der Teflontiegel hat ein Volumen von 35 ml. Die Abmessungen des Teflon-
und Druckgefäßes können aus den Abb. 5, 6 und 7 entnommen werden.

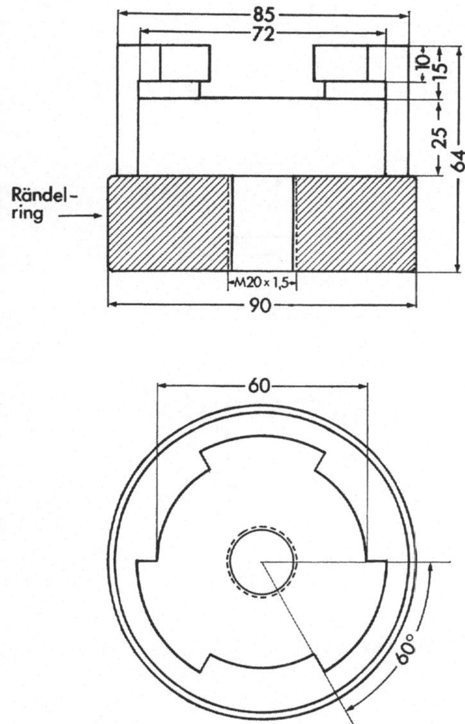

Abb. 5. Oberteil des Autoklaven

Der abgebildete Autoklav entspricht der Konstruktion von WAHLER
(1964)[7,8]. Der dort angegebene Bajonettverschluß zwischen Ober-
und Unterteil hat Vorteile, da Gewindeverschlüsse nach dem Erhitzen auf 200°C manchmal schwierig zu öffnen sind. Nach dem
Aufschluß muß der Autoklav auf Zimmertemperatur abgekühlt werden. Das geschieht mit Druckluft, welche aus einer speziellen
Kühlvorrichtung allseitig gegen den Autoklaven geblasen wird.
Die dabei erwärmte Luft kann nach oben und unten entweichen

----

[7] Angefertigt in der Werkstatt der Mineralogischen Anstalten
der Universität Göttingen, 34 Göttingen, Goldschmidtstr. 1.

[8] Beispielsweise stellen folgende Firmen Aufschlußapparate mit
Teflongefäßen her: Forschungsinstitut Berghof GmbH, 74 Tübingen-
Lustnau Berghof; Bodenseewerk Perkin-Elmer & Co. GmbH, 777 Über-
lingen.

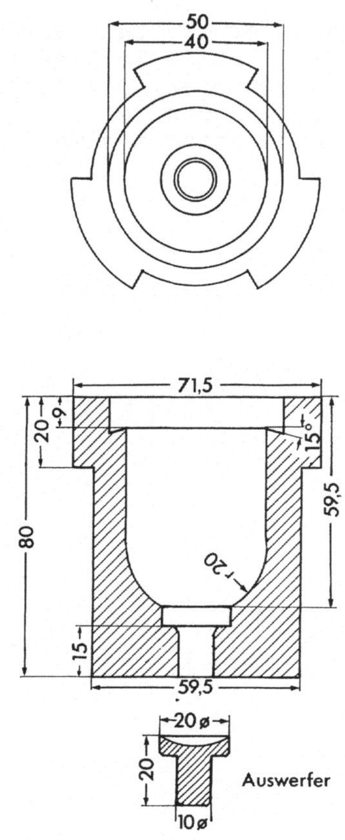

Material: Al-Cu-Mg-Pb-Legierung

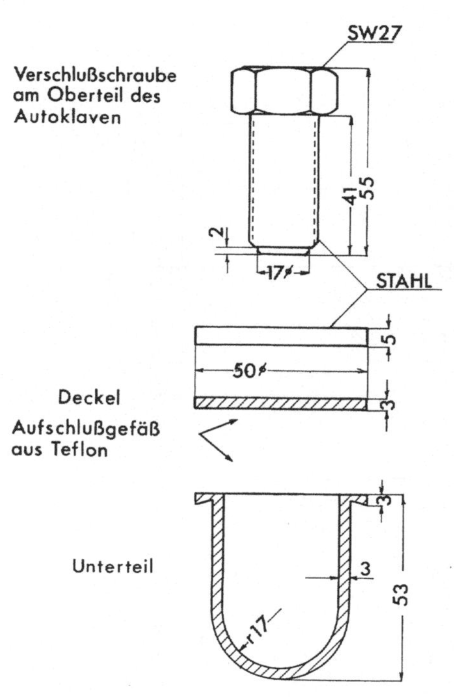

Abb. 7. Aufschlußgefäß aus Teflon

(Abb. 8)[9]. Das Abrauchen der Aufschlußlösung erfolgt in einem
Aluminiumblock, welcher durch eine Heizbank mit Thermostat auf
eine bestimmte Temperatur einreguliert werden kann[10]. Der von
uns verwendete Block ist auf Abb. 9 gezeigt und vermag nebeneinander 5 Teflontiegel aufzunehmen. In die hinter den Tiegelöff-
nungen befindlichen Bohrungen können Thermometer zur Temperatur-
kontrolle eingesetzt werden. Der Aluminiumblock wurde aus dem
gleichen Material gefertigt wie das Druckgefäß des Autoklaven.

---

[9] Angefertigt in der Werkstatt der Mineralogischen Anstalten der
Universität Göttingen, 34 Göttingen, Goldschmidtstr. 1.

[10] Eine geeignete und von uns benutzte Heizbank, 2000 Watt, Thermostat 50° - $300^\circ C$, $10^\circ C$ Einteilung, 60 cm lang, lieferte die
Firma F.K. Retsch, 5657 Haan, Neuer Markt 25.

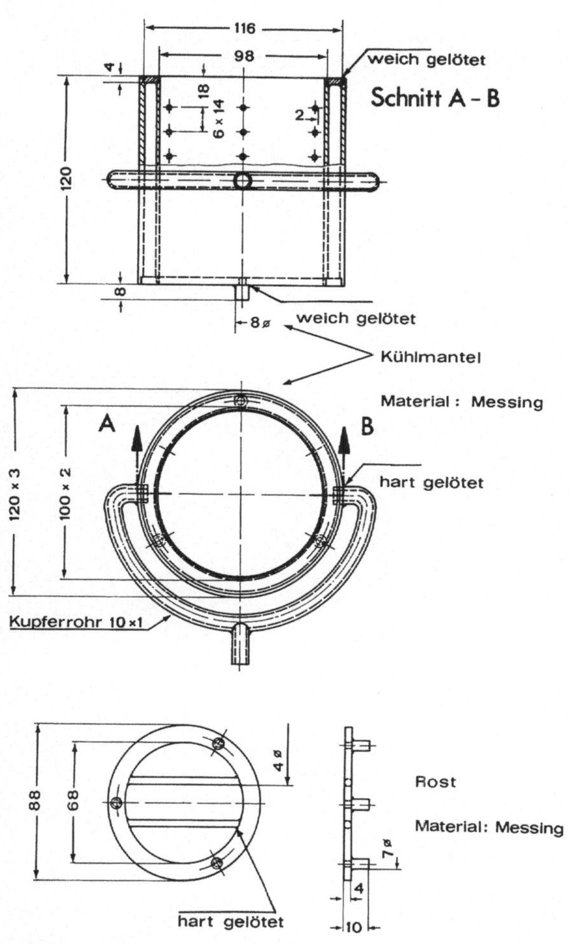

Abb. 8. Abkühlvorrichtung für Autoklaven

Arbeitsvorschrift:

In den Teflontiegeln können maximal 0,5 g Substanz aufgeschlossen werden. Entsprechend diesen Mengen sind die in 5.3.1, 5.3.2 und 5.3.4 angegebenen Säuren zuzusetzen. Nach dem Einfüllen der Probe und der Lösungen in das Teflongefäß wird dieses mit einem Teflondeckel abgedeckt und ein Metalldeckel darübergelegt. Das Oberteil des Autoklaven wird aufgesetzt und unter leichtem Anziehen der Schraube auf das Unterteil gepreßt. Dann wird der Autoklav bei 200°C in einen Trockenschrank gestellt, wobei ein Druck von etwa 20 atm auftritt (WAHLER, 1964). Der Teflondeckel dichtet den Teflontiegel ab auf Grund der gegenüber dem Aluminium größeren thermischen Ausdehnung von Teflon. Die Aufschlußzeit beträgt entsprechend der Mineralzusammensetzung der Probe 1 - 12 Std. (LUECKE, 1971),teilweise auch länger. Anschließend wird der Autoklav mit einer langen Tiegelzange aus dem Trockenschrank genommen und mit Druckluft auf Raumtemperatur abgekühlt. Dieser Arbeitsgang dauert etwa 10 - 15 Min. Nach dem Öffnen des Autoklavs läßt sich der Teflontiegel mittels des Auswerfers nach oben herausschieben. Der Teflondeckel wird dann durch seit-

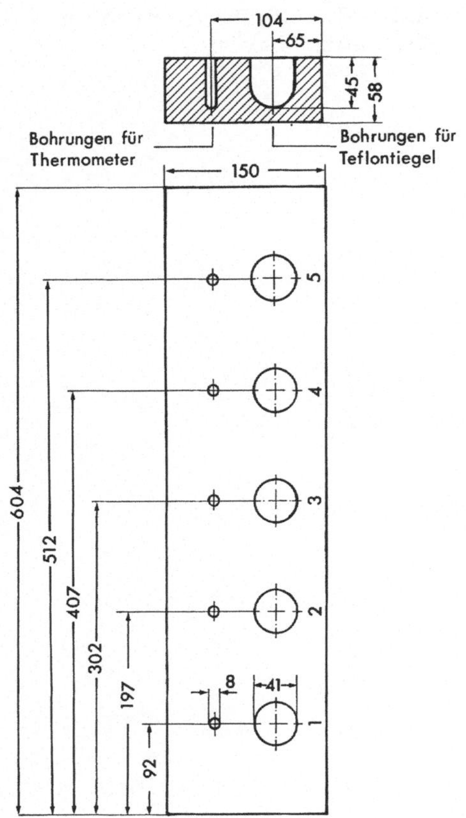

Abb. 9. Aluminiumblock zur
Aufnahme der Teflongefäße

lichen Druck mit dem Daumen vom Tiegel gelöst. Die an der Unter-
seite des Deckels befindliche Aufschlußlösung wird mit dest. Wasser in den Tiegel gespült. Anschließend wird das Teflongefäß
in den Aluminiumblock gestellt. Bei 160° - 170°C werden die
Säuren verdampft und abgeraucht. Dieser Arbeitsgang dauert etwa
6 - 8 Std.

Zur kontinuierlichen Durchführung von Aufschlüssen ist es daher
von Vorteil, wenn für jeden Autoklav zwei Teflontiegel verfüg-
bar sind. Wenn das Abrauchen länger dauert als der eigentliche
Aufschluß, stehen dann immer Teflontiegel mit neuen Proben zur
Beschickung des Aluminiumblocks bereit. Der Rückstand wird mit
dest. Wasser und Salzsäure aufgenommen und im Aluminiumblock erwärmt. Dabei den Teflontiegel mehrmals umschwenken, damit sich
der Bodenkörper löst. Eventuell verwendete Schwefelsäure wird
nicht abgeraucht. In diesem Fall ist die Menge an Schwefelsäure
vor dem Aufschluß so zu bemessen, daß nach dem Auffüllen der
Aufschlußlösung auf ein bestimmtes Volumen die Konzentration
0,1 N an H_2SO_4 nicht überschritten wird (5.3.1, S. 65). Über
eventuell auftretende Konzentrationsniederschläge gilt das unter
5.3.1 (S. 65) Gesagte.

Es muß darauf hingewiesen werden, daß die in Tabelle 24 bei normalem Druck als schwerlöslich bezeichneten Minerale auch unter

Druck manchmal schwierig aufschließbar sind. In diesem Fall ist
nochmals zu prüfen, ob die Korngröße der Analysensubstanz den
in 2.2 angegebenen Voraussetzungen genügt. Möglicherweise ist
auch die Durchmischung zwischen der festen Substanz und der Säure
beim Aufschluß nicht vollständig. Es kann versucht werden, nach
Abkühlung des Autoklavs diesen in verschlossenem Zustand umzuschwenken (nicht auf den Kopf stellen) und nochmals mehrere Stunden unter Druck den Aufschluß fortzusetzen. Wenn alle Versuche
fehlschlagen, muß ein Schmelzaufschluß ausgeführt werden.

5.5 Aufschluß von Karbonatgesteinen

5.5.1 Lösen des Karbonatanteils mit Salzsäure

Die Arbeitsvorschrift bezieht sich auf die Analyse des gesamten
Karbonatgesteins, also Karbonatanteil und säureunlösliche Kompo-
nenten. Die Analyse von Karbonatgesteinen ist ausführlich bei
MAXWELL (1968) beschrieben.

    Reagenzien: Salzsäure, 36%ig, daraus 6%ige Salzsäure herstel-
                  len (6 Teile HCl + 30 Teile H_2O)
                  Silbernitrat

    Geräte: Analysentrichter, Bechergläser, 250 ml
                  Filter (z.B. Blauband der Firma Schleicher & Schüll)
                  Meßkolben, 250, 500 ml
                  Platintiegel mit Deckel, Platindreieck, Platinzange
                  Stativ, Stativring, Muffelofen

Arbeitsvorschrift:

0,5 - 1,0 g der Analysensubstanz werden in einem 250 ml-Becherglas mit 6%iger Salzsäure behandelt. Die Salzsäure muß vorsichtig
und in kleinen Anteilen zugegeben werden (Uhrglas nicht vergessen). Nach Beendigung der starken CO_2-Entwicklung kurz aufkochen
und jedesmal warten, bis sich nichts mehr löst. Erst dann weiter
6%ige Salzsäure zugeben, zuletzt nur noch tropfenweise. Es ist
darauf zu achten, daß nach dem Auflösen der Karbonate möglichst
wenig überschüssige Salzsäure in der Lösung vorhanden ist. Nach
Beendigung des Auflösens wird der unlösliche Rückstand durch
ein Blaubandfilter filtriert (falls erforderlich Membranfilter
benutzen) und mit dest. Wasser chloridfrei gewaschen (mit Silbernitrat prüfen). Es kann vorkommen, daß beim Waschen mit dest.
Wasser aus dem Rückstand etwas Substanz kolloidal in Lösung geht.
In diesem Fall ist dem dest. Wasser ein wenig Salzsäure zuzusetzen. Das Becherglas mit der Lösung wird mit der Bezeichnung
"Filtrat" beschriftet.

Das Filter mit dem Rückstand wird in einem Platintiegel zunächst
bei niedriger Temperatur verascht und dann 15 Min. in einem Muffelofen bei 900° - 1000°C geglüht. Nach dem Abkühlen des Tiegels
im Exsikkator wird das Gewicht des Rückstandes bestimmt. Das Glühen ist bis zur Gewichtskonstanz zu wiederholen, falls ein entsprechender Zahlenwert für den Rückstand gewünscht wird. Zu beachten ist hierbei jedoch, daß beim Lösen des Karbonatanteils
mit verdünnter Salzsäure sich möglicherweise auch ein Teil der
Nichtkarbonate auflöst (5.5.2).

Sollen in dem Karbonatgestein das gesamte SiO_2, Fe_2O_3 usw. bestimmt werden, muß auch der Rückstand durch einen Schmelz- oder
Säureaufschluß in Lösung gebracht werden. Dieser Aufschluß wird
dann mit der als "Filtrat" bezeichneten Lösung vereinigt. Für
den Säureaufschluß kommt eine Flußsäure-Perchlorsäure-Mischung
in Betracht (5.3.2). Bei dem Flußsäure-Schwefelsäure-Salpetersäure-Aufschluß ist zu beachten, daß die als "Filtrat" bezeichnete Lösung viel Ca enthält. Es kann dann zur Fällung von Calciumsulfat kommen.

Die vereinigten Aufschlußlösungen werden in einem 250 ml- oder
500 ml-Meßkolben mit dest. Wasser bis zur Eichmarke aufgefüllt
und Teile davon für die Analyse verwendet.

5.5.2 Lösen des Karbonatanteils mit Chloressigsäure (Monochloressigsäure)

Bei der Behandlung einer karbonathaltigen Probe mit verdünnter
Salzsäure können außer den Karbonaten auch andere Bestandteile
des Gesteins gelöst oder zersetzt werden, z.B. Phosphate. Wenn
daher Wert gelegt wird auf eine vollständige und möglichst unveränderte Isolierung der Nichtkarbonat-Bestandteile (z.B. Tonminerale) aus einem Karbonatgestein, darf die Probe nicht mit
Salzsäure behandelt werden. In diesem Fall muß der Karbonatanteil der Probe in Essigsäure, Ameisensäure oder besser mit Chloressigsäure (Monochloressigsäure) aufgelöst werden (z.B. BECKMANN
bei FREUND, 1958; GAULT u. WEILER, 1955).

 Reagenzien: Chloressigsäure (Monochloressigsäure, $ClCH_2COOH$),
      krist., zur Synthese; daraus 4%ige wäßrige Lösung
      herstellen

 Geräte: Bechergläser, verschiedene Größen
      Filtrationsgerät für Membranfilter
      Saugtopf, Wasserstrahlpumpe
      Uhrgläser, Trockenschrank, Rührwerk
      Membranfilter, mittel (z.B. Firma Sartorius-Membranfilter GmbH, Göttingen)

Arbeitsvorschrift:

In einem 800 ml-Becherglas werden 15 - 30 g der gemahlenen Probe
mit 500 ml einer 4%igen Chloressigsäure-Lösung bei Zimmertemperatur ständig gerührt. Die Auflösung des Karbonats kann Stunden
bis mehrere Tage dauern, je nach Körnigkeit und Verkittung der
Einzelminerale mit Quarz etc. Dann läßt man die ungelösten Mineralfraktionen absitzen, dekantiert die darüberstehende Chloressigsäure vorsichtig ab und wiederholt den Lösungsvorgang mehrmals. Anschließend wird durch ein Membranfilter filtriert, zweibis dreimal mit dest. Wasser gewaschen und der Rückstand bei
50° - 60^oC getrocknet. Die Kalzit-, Aragonit- und Dolomit-Anteile
einer Probe gehen bei dieser Arbeitsweise in Lösung, zurück bleiben die praktisch unveränderten Nichtkarbonat-Mineralfraktionen
(z.B. ECHLE, 1961).

Für die selektive Auflösung von Karbonaten können auch Lösungen
der Äthylendiamintetraessigsäure (Äthylendinitrilotetraessig-

säure) angewendet werden. Die Nichtkarbonatfraktion bleibt nahezu unverändert, Kalzit und Dolomit lösen sich selektiv (z.B.
HILL u. RUNNELS, 1960).

5.5.3 Lösen von Sulfiden

In Gesteinen kommen verschiedentlich Sulfidminerale vor, welche
analytische Probleme verursachen (6.15.1, S. 180, 181). Es kann
notwendig sein, diese Sulfide selektiv aus dem Gestein herauszu-
lösen, wobei die Silikatminerale möglichst nicht oder nur wenig
angegriffen werden sollen. Unter den verschiedenen möglichen
Verfahren scheint eine von DOLEŽAL et al. (1968) vorgeschlagene
und von OLADE u. FLETCHER (1974) weiterentwickelte Methode besonders geeignet zu sein: 0,2 g des Gesteins werden mit einer
Mischung von 0,2 g $KClO_3$ und 2 ml konzentrierter Salzsäure 30
Min. bei Zimmertemperatur stehen gelassen, auf 10 ml mit dest.
Wasser verdünnt, umgerührt und zentrifugiert. OLADE u. FLETCHER
(1974) beschreiben die Auflösung von Kupferkies und Bornit aus
Granodioriten, außerdem werden von DOLEŽAL et al. (1968) Pyrit,
Arsenkies, Molybdänglanz und Zinnober als bevorzugt löslich in
$HCl-KClO_3$ angegeben.

6. Analytische Methoden für die Bestimmung der einzelnen Elemente

6.1 SiO$_2$

6.1.1 Gravimetrie

Die gravimetrische Bestimmung von SiO$_2$ erfolgt aus der nach dem
Natriumkarbonat-Aufschluß erhaltenen HCl-haltigen Lösung (5.2.1).
Dabei muß das SiO$_2$ möglichst vollständig und rein abgeschieden
und durch Filtration von den übrigen Bestandteilen der Lösung
abgetrennt werden. Ersteres erfolgt durch einen als "Härten" des
SiO$_2$ bezeichneten Arbeitsgang, wobei die HCl-haltige Lösung auf
einem Wasserbad bei $\approx$ 95°C vollständig zur Trockene eingedampft
wird. Auf zwei Punkte kommt es hierbei an, nämlich Teilchenver-
größerung zwecks einwandfreier Filtration des SiO$_2$ und eine Herabsetzung der Lösungsgeschwindigkeit. Beides ist an eine vollständige Dehydratisierung des Gels geknüpft. Die analytische
Schwierigkeit liegt darin, daß eine vollständige Entwässerung
des Gels bei $\approx$ 100°C nicht möglich ist. Das "zur Trockene" ein-
gedampfte Gel enthält immer noch mehrere Prozente Wasser (ILER,
1955). Diese lassen sich erst bei höherer Temperatur (bis Glühtemperatur) entfernen. Erhöht man beim "Härten" jedoch die Temperatur über 100°C, werden möglicherweise Verbindungen verschiedener drei- und vierwertiger Elemente schwerer löslich. Es besteht die Gefahr, daß diese sich dann zumindest teilweise nicht
mehr auflösen lassen. Weiterhin kann bereits wenig über 100°C
eine Neubildung von Silikaten einsetzen, besonders von Verbindungen mit Mg. Die relativ leichte Löslichkeit dieser Silikate
in verdünnter Salzsäure würde zu erneuten SiO$_2$-Verlusten führen.
Die Entwässerung kann daher nur in der Weise vorgenommen werden,
daß unerwünschte Neubildungen nicht eintreten. Häufig wird angegeben, daß 1 - 3% SiO$_2$ (bezogen auf das gesamte SiO$_2$) im Filtrat verbleiben. Nach P.M. SCHNEIDERHÖHN erscheint dieser Wert
aber zu hoch. Eine Versuchsreihe (etwa 30 Werte) ergab keine
Mengen, die wesentlich über 1% SiO$_2$ lagen. Als häufigster Wert
wurden $\approx$ 0,6% SiO$_2$ gefunden.

Die nach der ersten Abtrennung des SiO$_2$ (als SiO$_2$-1-Niederschlag
bezeichnet) im Filtrat befindlichen SiO$_2$-Anteile müssen durch
eine zweite "Härtung" abgeschieden und durch eine nachfolgende
Filtration ebenfalls abgetrennt werden (als SiO$_2$-2-Niederschlag
bezeichnet).

Etwa 0,01 - 0,1% des Gesamt-SiO$_2$-Gehaltes bleiben in Lösung. In
diesen Wert gehen einmal alle analytischen Fehler ein, mit denen
die gravimetrische Abscheidung einer mengenmäßig geringen Komponente aus einer um ein Vielfaches größeren Matrix zwangsläufig
behaftet ist. Wahrscheinlich ist der Fehler aus der Löslichkeit
des SiO$_2$ aber am größten. Da nämlich die Menge des Lösungsmittels

und die Zeitdauer der Einwirkung bei der zweiten Filtration nicht
wesentlich geringer sind als bei der ersten, wird in beiden Fällen praktisch die gleiche Gewichtsmenge an SiO_2 in Lösung gehen.
Während sie gegenüber der Menge des SiO_2-1-Niederschlages geringer ist, stellt sie gegenüber dem viel kleineren Gewicht an SiO_2-2
einen merklichen Prozentanteil dar. Es wäre deshalb auch sinnlos,
noch eine dritte "Härtung" des SiO_2 vorzunehmen. Die im Filtrat
des SiO_2-2-Niederschlages noch vorhandenen geringen SiO_2-Anteile
lassen sich v o r der Fällung der Hydroxide der dreiwertigen
Elemente (Sesquioxide) spektralphotometrisch bestimmen (6.1.3).
Es ist zu beachten, daß die gravimetrisch nicht abgeschiedenen
SiO_2-Anteile mit von den Hydroxiden erfaßt werden (6.2.1, S. 97).

Durch die Anwesenheit drei- und vierwertiger Elemente in der
Lösung ist der SiO_2-Niederschlag praktisch niemals quantitativ
rein. Das ist unter anderem auf Hydrolyseprozesse zurückzuführen.
Al, Fe sowie Ti und Zr werden in geringen Anteilen ausgefällt.
Der Gewichtsanteil dieser Komponenten beträgt normalerweise 0,01-
0,1%, bezogen auf das SiO_2. Der sich aus dem Glühen der SiO_2-1-
und SiO_2-2-Niederschläge sowie der als Oxide mitgewogenen "Verunreinigungen" ergebende SiO_2-Wert wird daher als "Roh"-SiO_2
bezeichnet. Es soll noch darauf hingewiesen werden, daß SiO_2-
Niederschläge infolge ihrer gelförmigen Beschaffenheit Lösungsgenossen (z.B. im Überschuß vorhandenes Natrium) adsorbieren
können. Die Erfahrung zeigt aber, daß diese nicht in merkbaren
Mengen in das "Roh"-SiO_2 gelangen.

        Reagenzien: Salzsäure, 36%ig, etwa 2 M Salzsäure als Dekan-
                    tier- und Waschflüssigkeit (ungefähr 500 ml)
                    Schwefelsäure, 95 - 97%ig, Verdünnung 1 Teil
                    H_2SO_4 + 1 Teil H_2O
                    Flußsäure, 40%ig
                    Salpetersäure, 65%ig, Verdünnung 1 Teil HNO_3 +
                    1 Teil H_2O
                    Silbernitrat

        Geräte: Analysentrichter, 7 cm oberer Ø; Pipette, 5 ml;
                    Filter, 11 cm Ø (z.B. Weißband der Firma Schlei-
                    cher & Schüll)
                    Becherglas, hohe Form, 800 ml
                    Uhrgläser, Stativ, Stativring, Gebläse
                    Platintiegel, 20 - 30 ml Inhalt, mit Deckel
                    Platindreieck, Platinzange, Glas-Spritzflasche
                    Wasser- und Sandbad

Arbeitsvorschrift:

1. Abscheidung und "Härten" des SiO_2:

Die Platinschale mit der HCl-haltigen Lösung des Natriumkarbonat-
Aufschlusses wird auf ein $\approx$ 95°C heißes Wasserbad gestellt und
die Lösung zur Trockene eingedampft. Der Rückstand muß solange
auf dem Wasserbad bleiben, bis er nicht mehr nach HCl riecht.
Erst dann ist die bestmögliche Entwässerung erreicht, eine der
wichtigsten Voraussetzungen für eine SiO_2-Bestimmung.

2. Filtration des SiO$_2$-1-Niederschlages:

Der Rückstand muß zunächst wieder in Lösung gebracht werden. Man
nimmt die Platinschale vom Wasserbad, bedeckt sie mit einem Uhrglas und läßt einige Minuten abkühlen. Dann das Uhrglas etwas
anheben und mit einer Pipette ringsum gleichmäßig auf den oberen
Rand des Rückstandes konzentrierte Salzsäure tropfen, bis dieser
vollständig durchfeuchtet ist. Es soll aber keine Salzsäure über
dem Rückstand stehen. Die HCl nicht mit dem Mund ansaugen (Peleusball oder speziellen Pipettierhelfer benutzen). Nach 1 - 2 Min.
100 ml heißes dest. Wasser ringsum auf den oberen Rand des Rückstandes geben und mit einem Glasstab gut umrühren. Wenn nötig,
vom Rand der Schale den Rückstand mit heißem Wasser herunter-
spritzen. Etwa 5 Min. bedeckt auf dem Wasserbad stehen lassen.
Der Rückstand ist dann vollständig gelöst und das SiO$_2$ in Form
weißer Flocken auf dem Boden der Schale sichtbar. Vor der Filtration ist der untere Rand des Ausgusses der Schale leicht ein-
zufetten. Das 11 cm-Weißbandfilter sollte inzwischen in den
Trichter eingelegt und mit Wasser befeuchtet worden sein.

Zuerst muß die Lösung dekantiert werden (Vorsicht, möglichst kein
SiO$_2$ auf das Filter bringen). Dann 50 - 100 ml der heißen etwa
2 M Waschsalzsäure aus einem kleinen Becherglas in die Schale
geben und unter vorsichtigem Aufwirbeln des SiO$_2$ umrühren. Auch
diese Lösung dekantieren. Mit weiterer Waschsalzsäure das Dekantieren ein drittes Mal wiederholen. In der Regel wird die Lösung
jetzt nahezu farblos sein. Wenn das nicht der Fall ist, muß noch
ein viertes Mal dekantiert werden.

> Durch das mehrfache Dekantieren soll der größte Teil der Kat-
> ionen durch das Filter laufen, bevor das SiO$_2$ die Poren ver-
> stopft und damit die Filtration verlangsamt. Wenn die Lösung
> langsam durch das SiO$_2$-Gel im Filter läuft, kann es leicht zu
> Hydrolyse-Verlusten an mehrwertigen Kationen kommen. Auch die
> Menge an wiederaufgelöstem SiO$_2$ kann sich vergrößern, weil
> die Dauer der Filtration (und damit die Berührung mit dem
> Lösungsmittel) verlängert wird. Die Anwesenheit von HCl in
> der Waschflüssigkeit wirkt der Hydrolyse und einer Dispersion
> des SiO$_2$ entgegen.

Nach dem Dekantieren muß das SiO$_2$ auf das Filter gebracht werden.
Zu diesem Zweck 50 - 100 ml heiße Waschsalzsäure in die Schale
geben und damit möglichst viel SiO$_2$ auf das Filter spülen. Diesen
Arbeitsgang solange wiederholen, bis praktisch der ganze Niederschlag auf dem Filter ist. Die Lösung wird in den meisten Fällen
bereits jetzt farblos ablaufen. Fe, im allgemeinen auch Al und
Ti, befinden sich im Filtrat. Daher kann jetzt heißes Wasser als
Waschflüssigkeit benutzt werden. Man verwendet einen 500 ml- oder
1000 ml-Glaskolben als Spritzflasche, bei welchem der Kolbenhals
mit einem Wärmeschutz (Holzgriff, Asbestschnur) versehen ist, um
die heiße Flasche anfassen zu können. Außerdem muß die Flasche
eine bewegliche Glasspitze haben, damit beim Auswaschen der
Wasserstrahl mit Zeige- und Mittelfinger gut dirigiert werden
kann. Zuerst wird die Reinigung der Platinschale vorgenommen.
Dazu hält man diese mit der linken Hand, wobei an einem quer
darüber gelegten Glasstab das Wasser in das Filter laufen soll.
Die Schale wird mit dest. Wasser ausgespritzt, insbesondere auch

der Rand. Das wird mehrmals sorgfältig wiederholt. Um die letzten
Anteile von SiO$_2$ aus der Schale auf das Filter zu bekommen, wird
als "Wischer" ein Stück Weißbandfilter benutzt. Damit wird die
Schale ausgerieben und das Filterstück zu dem Niederschlag in das
Filter gegeben. Das Waschen des Niederschlages wird wie folgt vorgenommen: Aus der Spritzflasche unter vorsichtigem Aufwirbeln
des SiO$_2$ soviel heißes Wasser zugeben, daß der Niederschlag gerade bedeckt ist. Dann vollständig ablaufen lassen. Das wird
sechsmal wiederholt. Danach von der ablaufenden Waschflüssigkeit
einige Tropfen in einem Reagenzglas auffangen, 2 ml dest. Wasser,
einige Tropfen verdünnte Salpetersäure und einige Tropfen Silber-
nitratlösung zugeben. Wenn diese Lösung nur noch eine geringe
Opaleszenz zeigt, ist der Waschvorgang beendet. Das feuchte (nicht
tropfnasse) Filter mit dem SiO$_2$-1-Niederschlag wird zusammengefaltet, mit der Spitze nach oben in den gewichtskonstant geglühten Platintiegel gesteckt und bis zur Abtrennung des SiO$_2$-2-
Niederschlages in den Exsikkator gestellt.

3. *Abtrennung des SiO$_2$-2-Niederschlages:*

Das Filtrat des SiO$_2$-1-Niederschlages einschließlich der Waschflüssigkeit wird quantitativ in die vorher benutzte Platinschale
überführt. In dieser Lösung befindet sich außer den anderen Ana-
lysenkomponenten auch noch ein geringer Anteil an SiO$_2$. Die Abscheidung dieser SiO$_2$-Mengen (SiO$_2$-2-Niederschlag) geschieht prin-
zipiell auf genau die gleiche Weise wie bei der Abscheidung des
SiO$_2$-1-Niederschlages. Lediglich die Tatsache, daß der SiO$_2$-An-
teil gegenüber den anderen Bestandteilen der Lösung jetzt sehr
klein ist, bewirkt einige Unterschiede. Die bestmögliche Entwässerung auf dem Wasserbad wird allgemein bereits nach kürzerer
Zeit erreicht. Nach dem Durchfeuchten mit konzentrierter Salzsäure und der Zugabe von heißem dest. Wasser ist eine SiO$_2$-Ab-
scheidung in der Schale wegen der geringen Mengen normalerweise
nicht zu erkennen. Häufig wird bereits nach dem ersten Dekantieren die Lösung farblos ablaufen. Wegen des geringen Niederschlages kann das Filter kleiner (etwa 9 cm Ø) sein als bei der Filtration des SiO$_2$-1-Niederschlages. Auch dieses Filter wird nach
dem Waschen (chloridfrei) zusammengefaltet und mit der Spitze
nach oben in den Platintiegel gesteckt, in dem sich bereits der
SiO$_2$-1-Niederschlag befindet.

Das 800 ml-Becherglas mit Filtrat einschließlich Waschflüssigkeit
wird beschriftet, mit einem Uhrglas bedeckt und für die Fällung
der Hydroxide beiseite gestellt (6.2.1).

4. *Veraschen und Glühen der SiO$_2$-Niederschläge ("Roh"-SiO$_2$):*

Zwischen dem oberen Rand des Brenners und dem unteren Teil des
Platintiegels soll ein Abstand von etwa 15 cm bestehen. Das Stativ wird am zweckmäßigsten neben dem Gebläse aufgebaut, damit
nach dem Abschluß des Veraschens ohne weitere Veränderung der
Teclubrenner durch das Gebläse ersetzt werden kann. Der Platintiegel wird ohne Deckel schräg auf das Dreieck gestellt und zunächst nur mit kleiner Flamme (nicht mit leuchtender) erwärmt, um
die an den Filtern haftende Feuchtigkeit zu entfernen. Nach dem
Trocknen wird die Temperatur erhöht, bis die Verkohlung der Filter einsetzt. Auch das soll langsam erfolgen. Das Filter darf
nicht zu brennen anfangen. Geschieht das doch, ist der Deckel des

Tiegels sofort mit einer Platinzange anzufassen, auf den Tiegel
zu decken und die Flamme zu ersticken. Um ein Anbrennen des Fil-
ters zu vermeiden, wird der Brenner unter den hinteren Teil des
schräggestellten Tiegels gestellt.

Das Schrägstellen des Tiegels hat folgenden Grund: Über einem
aufrecht stehenden Tiegel bildet sich gleichmäßig eine Hülle
heißer Verbrennungsgase. Bei einem schräggestellten Tiegel
strömen dagegen die heißen Verbrennungsgase am oberen Tiegel-
rand nach oben ab, es entsteht eine Zirkulation, wodurch von
unten frische Luft in den Tiegel einströmt. Der nötige Sauerstoff zur Oxidation des Kohlenstoffs wird also dauernd nach-
geliefert. Der schräggestellte Tiegel bietet auch im folgenden Fall größere Sicherheit: Wird wirklich einmal ein ver-
aschtes Filterteilchen hochgewirbelt, kann es bei geradeste-
hendem Tiegel wegfliegen, bei schrägstehendem wird es von der
oberen Tiegelwand aufgefangen.

Zur Verbrennung der Filterkohle wird die Temperatur abermals gesteigert. Wenn im Tiegel nur noch vereinzelte schwarze Stellen
zu sehen sind, muß der Tiegel vorsichtig gedreht werden, um auch
diesen Kohlenstoff wegzubrennen. Am Ende der vollständigen Veraschung darf im Tiegel nur das weiße SiO$_2$ enthalten sein.

An dieser Stelle soll auf eine Eigenschaft des gefällten SiO$_2$
hingewiesen werden, die bereits während der Veraschung und
bei allen nachfolgenden Operationen beachtet werden muß. Der
Niederschlag ist leicht. Schon durch einen kleinen Luftzug
(vom Brenner, Zugluft von einem offenen Fenster oder einer
sich öffnenden Tür, hastige Bewegungen mit dem Tiegel während
des Hantierens) kann bereits etwas vom Niederschlag verloren
gehen.

Nach abgeschlossener Veraschung wird der Teclubrenner weggenommen,
der Tiegel aufrecht gestellt und mit dem Platindeckel bedeckt.
Nun wird das SiO$_2$ geglüht unter Benutzung eines Gebläses oder
elektrischen Ofens. Die Temperatur wird bis auf etwa 1000°C erhöht. Etwa 30 Min. wird bei dieser Temperatur geglüht. Dabei
gibt das SiO$_2$ die letzten Anteile Wasser ab.

Das hochgeglühte SiO$_2$ ist immer noch im röntgenamorphen Zustand.
Es gibt keinerlei definierte Interferenzen. Nur teilweise zeigen Diffraktometeraufnahmen eine breitgezogene flache Aufwöl-
bung, die ihr Maximum an der Stelle des stärksten Cristobalit-
Peaks hat. In dem Niederschlag haben sich also höchstens an
einigen Stellen Bereiche mit gittermäßiger Ordnung gebildet.
Solche Erscheinungen haben wahrscheinlich (vor allem bei der
damals viel weniger guten Aufnahmetechnik) JAKOB u. BRANDEN-
BERGER (1948) zu der Angabe veranlaßt, daß das geglühte SiO$_2$
Cristobalitstruktur aufweist. Es kann aber kein Zweifel daran
bestehen, daß das in der Regel nicht der Fall ist, sondern
daß das geglühte SiO$_2$ entweder völlig oder überwiegend rönt-
genamorph ist.

Nach Beendigung des Glühens wird der Tiegel bedeckt in den Exsikkator gestellt und auch bedeckt gewogen.

Das Glühen wird je 15 Min. bis zur Gewichtskonstanz wiederholt.

$$\frac{\text{mg Auswaage} \cdot 100}{\text{mg Einwaage}} = \% \text{ SiO}_2 \, (\text{"Roh"-SiO}_2)$$

5. Bestimmung des "Rein"-SiO$_2$:

In dem "Roh"-SiO$_2$ befindet sich meistens ein kleiner Anteil an
Fe-, Al- und Ti-Oxiden. Zur Bestimmung des "Rein"-SiO$_2$ wird daher das SiO$_2$ in die flüchtige Verbindung SiF$_4$ überführt. Die
"Verunreinigungen" bleiben als nichtflüchtige Verbindungen zurück
und müssen nach Beendigung des Arbeitsganges als Oxide vorliegen.
Dann ist das Gewicht des "Roh"-SiO$_2$ minus Gewicht Rückstand gleich
dem Gewicht des "Rein"-SiO$_2$.

Die einzelnen Schritte und die dabei auftretenden analytischen
Probleme sind folgende: Der gewogene Niederschlag des "Roh"-SiO$_2$
wird unter Zugabe von Schwefelsäure im Platintiegel mit einem
Überschuß von Flußsäure behandelt:

$$\text{SiO}_2 + 4 \text{ HF} \rightleftharpoons \text{SiF}_4\uparrow + 2 \text{ H}_2\text{O}$$

Durch das bei der Reaktion entstehende Wasser würde jedoch ein
Teil des Siliziumtetrafluorids in HF und SiO$_2$ zurückgebildet werden. Die Schwefelsäure wirkt als wasserentziehendes Mittel und
verschiebt das Reaktionsgleichgewicht nach rechts. Ohne Schwefelsäure würden ferner die Elemente der "Verunreinigungen" nach
dem Abrauchen des SiO$_2$ als Fluoride vorliegen. Die Fluoride der
drei- und vierwertigen Elemente lassen sich jedoch durch Glühen
nicht in Oxide verwandeln. Außerdem sind sie bei Glühtemperatur
in merklicher Weise flüchtig (Titan). Letzteres ergäbe für das
Gewicht des Rückstandes einen Minusfehler, ersteres aber einen
Plusfehler, denn die Atommasse von O beträgt 16, von 2 F aber
38. Durch die Schwefelsäure werden die Fluoride zunächst in Sulfate überführt, beim darauffolgenden Glühen in Oxide.

An dieser Stelle soll auch begründet werden, warum das quantitative Auswaschen der Alkali-Ionen aus dem SiO$_2$-Niederschlag von
Bedeutung ist. Enthalten die "Verunreinigungen" auch Alkalielemente, bilden sich im Rückstand Alkalisulfate. Aus diesen kann,
im Gegensatz zu denen der höherwertigen Elemente, das SO$_3$ durch
Glühen nicht entfernt werden. Sie schmelzen unzersetzt und werden
als Sulfate gewogen. Im SiO$_2$-Niederschlag waren die Alkalien als
Chloride vorhanden. Wurden sie nach dem Glühen des "Roh"-SiO$_2$
als Chloride gewogen, so ist der Fehler durchaus merklich: Die
Atommasse von 2 Cl beträgt 71, die Molekülmasse von SO$_4$ aber 96.
Plusfehler im Rückstand bewirken zu niedrige, Minusfehler zu
hohe SiO$_2$-Werte.

Das geglühte "Roh"-SiO$_2$ im Platintiegel wird durch 10 - 20 Tropfen dest. Wasser aus einer kleinen Pipette vorsichtig angefeuchtet. Dann mit einer Pipette 10 - 15 Tropfen 1 + 1 verdünnte
Schwefelsäure hinzufügen, den Tiegel zu zwei Drittel mit Flußsäure füllen und auf ein $\approx$ 95°C heißes Wasser- oder Sandbad stellen. Solange erhitzen, bis SiF$_4$ und die überschüssige Flußsäure
verdampft sind. Auf dem Boden des Tiegels befindet sich dann nur

noch ein kleiner Anteil der dunkel und dickflüssig erscheinenden
Schwefelsäure, die erst bei 338°C siedet.

Diese Schwefelsäure wird auf einem Sandbad abgeraucht. Die Temperatur zunächst soweit erhöhen, bis die ersten weißen SO_3-Nebel
auftreten. Zu hohe Temperaturen können zu einem Verspritzen der
Schwefelsäure führen. Die Reste der Schwefelsäure werden unter
vorsichtiger Steigerung der Temperatur abgeraucht. Zu diesem
Zweck wird der Tiegel ein Stück in den Sand gesteckt. Vorsicht,
damit kein Sand in den Tiegel fällt. Anschließend wird der Tiegel eine Viertelstunde geglüht. Hierbei werden die Sulfate zersetzt. Den Tiegel nochmals 15 Min. mit dem Gebläse oder in einem
elektrischen Ofen auf 1000°C erhitzen. Die drei- und vierwertigen Elemente des Rückstandes sind jetzt mit Sicherheit in Oxide
überführt worden. Durch Wiederholen des viertelstündigen Glühens
vor dem Gebläse bzw. im elektrischen Ofen wird auf Gewichtskonstanz geprüft. Der Rückstand muß erdig-pulvrig aussehen und ist
meistens durch Fe(III) gelblich gefärbt. Porzellanartige Tropfen
auf dem Boden des Tiegels würden von geschmolzenen Alkalisulfa-
ten herrühren, also eine fehlerhafte Bestimmung des SiO_2 anzeigen[11].

Der Anteil des "Rückstandes" am "Roh"-SiO_2 beträgt meistens
0,01 - 0,1%. Am häufigsten bestimmt der Titangehalt die Menge
des Rückstandes.

<u>Berechnung</u>:

$$\frac{(\text{mg "Roh"-}SiO_2 - \text{mg Rückstand}) \cdot 100}{\text{mg Einwaage}} = \% \; SiO_2 \; (\text{"Rein"-}SiO_2)$$

Umrechnungsfaktoren: $SiO_2 \cdot 0,4674 = Si$
Si $\cdot$ 2,139 $= SiO_2$

<u>6.1.2 Titration</u>

Nach dem Aufschluß der Analysensubstanz mit Kaliumhydroxid wird
aus der Lösung das SiO_2 mit Natriumfluorid als schwerlösliches
K_2SiF_6 (Kaliumhexafluorosilikat) gefällt, der Niederschlag abfiltriert und die Säure quantitativ ausgewaschen. Die in heißem
dest. Wasser durch Hydrolyse von K_2SiF_6 freigesetzte Flußsäure
wird mit 0,1 N Natriumhydroxid-Lösung titriert. Diese Methode
wurde z.B. von KORDON (1945), McLAUGHLIN u. BISKUPSKI (1965),
SAJO (1955) sowie THIELICKE (1970) zur Bestimmung von SiO_2 in
Stählen, Erzen und Silikaten angewendet.

Reagenzien: Natriumfluorid
Kaliumchlorid
Salzsäure, 36%ig
Salpetersäure, 65%ig

---

[11] Bei zu starkem Abrauchen der Schwefelsäure kann etwas Phosphor verflüchtigt werden (S. 64). Das führt zu Minusfehlern bei
Al_2O_3 und Plusfehlern bei SiO_2. P_2O_5 wird aus einem gesonderten
Säureaufschluß bestimmt (6.10).

                    Calciumchlorid (CaCl$_2 \cdot$2H$_2$O)
                    Natriumhydroxid-Lösung, 0,1 N
                    Phenolphthalein (100 mg in 10 ml iso-Propylalko-
                    hol)
                    Propanol-(2)(iso-Propylalkohol), mindestens 99%
                    Waschlösung: 165 g KCl in 1000 ml dest. Wasser
                    lösen, 1000 ml iso-Propylalkohol hinzufügen, Lö-
                    sung über einem KCl-Bodenkörper aufbewahren
                    Selecta Filterflockenmasse, quantitativ, Weiß-
                    bandfilter (z.B. Firma Schleicher & Schüll)
                    Paraffin, Erstarrungspunkt 69° - 73°C

    Geräte: Bechergläser, 400 ml
                    Becher aus Polypropylen, 400 ml
                    Pulvertrichter aus Polypropylen
                    Erlenmeyerkolben, Weithals, 1000 ml
                    Glasstäbe, Teflonstäbe, Gummiwischer, Magnet-
                    rührer
                    Filtrationsgerät (z.B. Stefi-Filtrationsgeräte
                    der Sartorius-Membranfiltergesellschaft, Göttingen)
                    mit 3 - 4 cm Durchmesser der Filteroberfläche
                    Bürette, 50 ml
                    Wasserbad

Arbeitsvorschrift:

1. Lösen der Aufschluß-Schmelze:

Zu der abgekühlten Schmelze (5.2.2, S. 63) in den Tiegel 10 ml
dest. Wasser geben, den Deckel auflegen und 10 Min. auf einem
Wasserbad bei $\approx$ 95°C erwärmen. Inzwischen in ein 400 ml-Becherglas 5 ml konzentrierte Salzsäure und 10 ml dest. Wasser geben.
Nach dem Lösen der Schmelze zunächst den Deckel des Aufschlußge-
fäßes in das Becherglas legen, um eventuell am Deckel befindliche Kaliumhydroxid-Spritzer in Lösung zu bringen. Nach einigen
Minuten den Deckel herausnehmen und gut mit dest. Wasser abspülen. Dann den Inhalt des Tiegels mit dest. Wasser in das Becherglas überspülen. Zum Herauslösen der letzten Schmelzreste 5 ml
konzentrierte Salzsäure und 5 ml dest. Wasser in das Aufschlußgefäß geben, den Deckel auflegen und nochmals 5 Min. auf dem
Wasserbad erwärmen. Anschließend den Inhalt des Tiegels ebenfalls
in das 400 ml-Becherglas spülen. Zu der gelösten Schmelze werden
noch je 5 ml konzentrierte Salzsäure und Salpetersäure hinzugefügt. 2 Min. kochen (Becherglas mit Uhrglas bedecken, mehrmals
umschwenken) und nach dem Abkühlen auf Zimmertemperatur mit dest.
Wasser in einen 400 ml-Becher aus Polypropylen überspülen. Die
Lösung muß nach dem Kochen völlig klar sein und sofort weiter
behandelt werden. Nicht über Nacht stehen lassen, da dann die
Gefahr einer teilweisen SiO$_2$-Abscheidung besteht. Das Gesamtvolumen der Lösung sollte 100 - 150 ml nicht überschreiten, damit
die Ausfällung des K$_2$SiF$_6$ nicht zu langsam erfolgt.

2. Fällung des K$_2$SiF$_6$:

Vor der Fällung sollte ein möglicher Störeffekt bei der Analyse
durch Al und Ti (Fluoridbildung) bedacht werden. THIELICKE (1970)
empfiehlt die Zugabe von 5 ml einer 20%igen Calciumchlorid-Lösung,
wenn das Verhältnis SiO$_2$: Al$_2$O$_3$ < 1,9 und SiO$_2$: TiO$_2$ < 2,1 ist.

Der Becher aus Polypropylen wird auf einen Magnetrührer gestellt
und unter starkem Rühren zunächst 1 g festes Natriumfluorid zugesetzt. Nach dem Auflösen desselben feingepulvertes Kaliumchlorid bis zur Sättigung der Lösung hinzufügen. Zwei Min. weiter
rühren. Nach THIELICKE (1970) soll die Zeit zwischen der Zugabe
von NaF und der Filtration acht Min. nicht überschreiten.

3. Filtration des K$_2$SiF$_6$:

Die Filtration erfolgt mit einem speziellen Filtrationsgerät
(z.B. Stefi-Gerät). Dessen Oberteil wird in geschmolzenes Paraffin getaucht und auf diese Weise mit einer Schutzschicht überzogen. Besser ist die Anfertigung des Oberteils aus Kunststoff.
Dann entfällt der Überzug aus Paraffin. Das gesamte Filtrationsgerät wird auf einen Saugtopf gesetzt und über eine Woulffsche
Flasche mit einer Wasserstrahlpumpe verbunden. Auf die Glasfritte
des Filtrationsgerätes wird ein Stück Weißbandfilter gelegt,
darauf eine Aufschlämmung von Filterflockenmasse bis zu einer
Höhe von 3 - 5 mm aufgesaugt. Dann zunächst 5 - 10 ml der iso-
Propylalkohol-Waschlösung durchsaugen. Anschließend wird der
K$_2$SiF$_6$-Niederschlag auf die Filtermasse filtriert. Teflonstab
und Gummiwischer verwenden. Mit der iso-Propylalkohol-Kalium-
chlorid-Waschlösung (Spritzflasche) wird der Niederschlag bis zur
Entfernung sämtlicher Säurereste gewaschen (Prüfung mit Indika-
torpapier). K$_2$SiF$_6$-Verluste wurden selbst nach mehrmaligem Waschen nicht beobachtet (THIELICKE, 1970).

4. Titration

In einem 1000 ml-Weithals-Erlenmeyerkolben etwa 500 ml dest.
Wasser kochen, 10 Tropfen einer 1%igen Phenolphthalein-Lösung
und 0,1 N Natriumhydroxid-Lösung bis zur schwachen Rosafärbung
zusetzen. Auf diesen Farbton ist zu titrieren.

Den abfiltrierten und gewaschenen Niederschlag samt Filterflok-
kenmasse und Weißbandfilter über einen Pulvertrichter aus Polypropylen in den Erlenmeyerkolben geben, Filtrationsgerät mit
dest. Wasser abspülen, einen Pfropfen Filterflockenmasse durch
das Oberteil des Filtrationsgerätes ziehen, 2 Min. mit dem Magnetrührer bis zur völligen Hydrolyse intensiv rühren (K$_2$SiF$_6$ +
3 H$_2$O $\longrightarrow$ 4 HF + 2 KF + H$_2$SiO$_3$) und dann die noch heiße Lösung
mit 0,1 N Natriumhydroxid-Lösung bis zur Rosafärbung titrieren.
Falls die Analysensubstanz größere Mengen Rb oder Ba enthält,
kann sich auch Rubidium- oder Barium-Silicofluorid bilden. Beide
Verbindungen hydrolysieren langsamer als das K$_2$SiF$_6$. Trotz in-
tensiver Behandlung mit iso-Propylalkohol läßt sich der zwischen
den Außenkanten des Filtrationsaufsatzes klemmende Teil des Fil-
ters nicht völlig säurefrei waschen, da er nicht ausreichend mit
der Waschlösung in Berührung kommt. Durch Blindversuche wurde ermittelt, daß bei der angegebenen Arbeitsweise diese Säuremenge
$\approx$ 0,05 ml (2 Tropfen) der 0,1 N NaOH-Lösung äquivalent ist. Dieser Blindwert ist vom Verbrauch an 0,1 N NaOH-Lösung abzuziehen.
Selbstverständlich muß der Blindwert entsprechend den Arbeitsbe-
dingungen immer neu ermittelt werden.

Berechnung:

1 ml 0,1 N NaOH-Lösung = 1,5021 mg SiO_2

$$\frac{(\text{ml } 0{,}1 \text{ N NaOH-Lsg.} \cdot F_{NaOH} - \text{ml Blindwert} \cdot F_{NaOH}) \cdot 1{,}5021 \text{ mg} \cdot 100}{\text{mg Einwaage}}$$

$= \% \, SiO_2$

F_{NaOH} = Faktor der 0,1 N NaOH-Lösung

Umrechnungsfaktoren für Si und SiO_2 s. 6.1.1 (S. 82).

6.1.3 Spektralphotometrie

Die vorliegende Arbeitsanleitung bezieht sich auf die Bestimmung
der nach der gravimetrischen SiO_2-Abscheidung in Lösung verblie-
benen geringen SiO_2-Gehalte (JEFFEREY u. WILSON, 1960; s. auch
6.2.1, S. 91,'97). Das Rest-SiO_2 kann spektralphotometrisch bestimmt werden durch die Reduktion des gelben Molybdosilicat-Komplexes zu Molybdänblau (FRIESE u. GRASSMANN, 1967; JEFFEREY u.
WILSON, 1960; SHAPIRO u. BRANNOCK, 1956, 1962). In ähnlicher
Weise läßt sich auch das gesamte SiO_2 einer Gesteinsprobe spektralphotometrisch nach einem Alkalihydroxid-Aufschluß (z.B. mit
NaOH) bestimmen (MAXWELL, 1968; SHAPIRO u. BRANNOCK, 1956, 1962).

Reagenzien: 0,1 g Si-Lösung für die Atomabsorption, oder SiO_2
(z.B. "Specpure" der Firma Johnson Matthey Chemi-
cals Limited, London)
Ammoniumheptamolybdat
Schwefelsäure, 95 - 97%ig, Verdünnung 1 Teil
H_2SO_4 + 1 Teil H_2O
Natriumsulfit, wasserfrei
1-Amino-2-hydroxynaphthalinsulfonsäure-(4)
Natriumkarbonat, wasserfrei
Weinsäure
Salzsäure, 36%ig, Verdünnung 1 Teil HCl + 1 Teil
H_2O
Lösungen:
Ammoniummolybdat-Lösung (7,5 g Ammoniumheptamo-
lybdat in 75 ml dest. Wasser lösen, 25 ml 1 + 1
verdünnte kalte Schwefelsäure hinzufügen)
Weinsäure-Lösung (10 g Weinsäure in 100 ml dest.
Wasser lösen)
Reduktionslösung A (0,7 g Natriumsulfit in 10 ml
dest. Wasser lösen, dazu 0,15 g 1-Amino-2-hydroxy-
naphthalinsulfonsäure-(4), schütteln bis alles ge-
löst ist). Lösung B (9 g Natriumsulfit in 90 ml
Wasser lösen. Die Lösungen A und B werden gemischt.
Die Mischung ist 3 Tage haltbar und muß dunkel
aufbewahrt werden.

Geräte: Bechergläser, 100, 600 ml
Meßkolben, 100, 500, 1000 ml
Pipetten verschiedener Größe
Platintiegel, Platinzange, Platindreieck
Stativ, Stativring

Herstellung der Si- bzw. SiO_2-Lösungen:

1. Aus 0,1 g Si-Lösung:

Stammlösung (Stl.) mit 100 ppm Si: 0,1 g Si im 1000 ml-Meßkolben
  mit dest. Wasser auffüllen.

Zwischenverdünnung 1 (Zwv.1) mit 10 ppm Si: 50 ml der Stammlösung
  im 500 ml-Meßkolben mit dest. Wasser auffüllen.

Zwischenverdünnung 2 (Zwv.2) mit 1 ppm Si: 50 ml der Zwischenverdünnung 1 im 500-ml Meßkolben mit dest. Wasser auffüllen.
  1 ppm Si = 2,14 ppm SiO_2.

2. Aus SiO_2:

Stammlösung (Stl.) mit 50 ppm SiO :
  In einem Platintiegel werden 50 mg SiO_2 eingewogen und 0,5 g
  Natriumkarbonat dazugegeben. Dann bei aufgelegtem Platindeckel
  vorsichtig erhitzen, anschließend Temperatur bis zur Schmelze
  steigern und diese etwa 10 Min. einhalten. Nach dem Abkühlen
  des Tiegels die erstarrte Schmelze in einem 600 ml-Becherglas
  mit heißem Wasser herauslösen. Nach dem Abspülen des Platintiegels diesen mit 1 + 1 verdünnter Salzsäure füllen (höchstens 20 ml), einige Minuten stehen lassen, dann die Salzsäure
  in das Becherglas mit dem Hauptteil der Schmelze überspülen.
  Auch auf den Tiegeldeckel einige Tropfen Salzsäure geben, um
  eventuell dort haftende Schmelzreste zu entfernen. Die Aufschlußlösung muß sauer reagieren. Sie wird in einen 1000 ml-
  Meßkolben übergespült und mit dest. Wasser aufgefüllt. 50 ppm
  SiO_2 = 23,37 ppm Si.

Zwischenverdünnung (Zwv.) mit 2,5 ppm SiO_2: 50 ml der Stammlösung
  im 1000 ml-Meßkolben mit dest. Wasser auffüllen. 2,5 ppm
  SiO_2 = 1,17 ppm Si.

Eichlösungen:

Die Angaben beziehen sich auf die Stammlösung mit 50 ppm SiO_2
und die Zwischenverdünnung mit 2,5 ppm SiO_2.

    0,125 ppm SiO_2: 5 ml Zwv. + Reagenzien + H_2O auf 100 ml
    0,5   ppm SiO_2: 20 ml Zwv. + Reagenzien + H_2O auf 100 ml
    1,0   ppm SiO_2: 40 ml Zwv. + Reagenzien + H_2O auf 100 ml
    2,5   ppm SiO_2: 5 ml Stl. + Reagenzien + H_2O auf 100 ml
    5,0   ppm SiO_2: 10 ml Stl. + Reagenzien + H_2O auf 100 ml

Arbeitsvorschrift:

Mit Eichkurve:

In 100 ml-Bechergläser werden zunächst die Lösungen für die
Eichkurve und 40 ml dest. Wasser für die Blindlösung pipettiert.
In zwei gesonderte Bechergläser je 40 ml der nach der gravime-
trischen SiO_2-Abscheidung auf 250 ml oder 500 ml aufgefüllten
Analysenlösung (6.2.1, S. 97) pipettieren.

Alle Lösungen dann mit je 2 ml der Ammoniummolybdatlösung versetzen. Erwärmen auf etwa 50°C (nicht kochen), um die quantitative Bildung des gelben Molybdosilicat-Komplexes zu gewährlei-
sten. Nach JEFFEREY u. WILSON (1960) ist hierzu ein pH von 0,8 -
1,7 notwendig. Vom quantitativen Ablauf der Reaktion hängt die
Qualität der SiO$_2$-Bestimmung ab. Nach dem Abkühlen die Lösungen
in 100 ml-Meßkolben überspülen, je 4 ml Weinsäurelösung hinzufügen, umschütteln, je 1 ml Reduktionslösung zugeben, wieder
schütteln, bis zur Eichmarke auf 100 ml mit dest. Wasser auffüllen und nochmals die Lösungen gut durchmischen.

Nach 30 Min. kann bei einer Wellenlänge von 650 nm und 0,02 -
0,03 mm Spaltbreite gegen die Blindlösung gemessen werden.
Schichtlänge der Küvetten: 1, 2 oder 5 cm, entsprechend den
SiO$_2$-Gehalten in den Analysenlösungen. Meßdaten s. auch Tab. 21.

Die Meßwerte sollen in dem Extinktionsbereich 0,2 - 0,7 (Durch-
laßgrad 60 - 20%) liegen.

Die Eichkurve zweckmäßigerweise für jede Meßserie überprüfen.
Falls die SiO$_2$-Gehalte der Analysenlösungen bevorzugt in einem
bestimmten Bereich der Eichkurve liegen, müssen die Eichlösungen
sinngemäß weiter abgestuft werden als oben angegeben.

Mögliche Störungen:

Bei TiO$_2$-Gehalten > 5% bildet Ti mit dem Ammoniummolybdat Niederschläge. Bei Phosphorgehalten > 10% ist die spektralphotometrische SiO$_2$-Bestimmungsmethode nicht mehr anwendbar. Übersteigen Fe 20% und Ti 8% in der Probe, sollten beide Elemente entfernt werden (z.B. durch Extraktion mit Kupferron; MAXWELL,
1968).

Berechnung (m i t   E i c h k u r v e):

Aus den Meßwerten für die Eichlösungen muß zunächst eine Eichgerade bzw. -kurve gezeichnet werden. Auf Millimeterpapier oder
Doppel-Logarithmenpapier wird die Extinktion auf der Ordinate
gegen die Element- bzw. Oxidkonzentration auf der Abszisse aufgetragen. Es empfiehlt sich, für jeden Punkt mehrere Meßwerte
zu ermitteln und diese auf mögliche Ausreißer zu testen (2.3,
S. 21 - 23).

Wegen der einfacheren Handhabung wird man immer bemüht sein,
durch geeignete Koordinatentransformationen einen linearen Zusammenhang zwischen der Extinktion, Absorption etc. und der Konzentration herzustellen. DOERFFEL (1965, 1967) beschreibt außer
den üblichen Einfach- oder Doppel-Logarithmenpapieren auch spezielle projektiv verzerrte Funktionspapiere nach J. FISCHER.

Die Meßwerte für die Probelösungen werden mittels der Eichkurve
in Konzentrationsangaben umgewandelt. Die Berechnung von % Element oder Oxid aus diesen Konzentrationsangaben erfolgt nach
folgender Gleichung:

$$K \cdot \frac{V}{ml} \cdot \frac{V_A}{1000} \cdot f_1 \cdot \frac{1}{G} \cdot 100 =$$

$$K \cdot \frac{V}{ml} \cdot \frac{V_A}{G} \cdot f_1 \cdot 0{,}1 = \%$$

Darin bedeuten:

K = Aus der Eichkurve abgelesene Konzentration des zu bestimmenden Elementes oder Oxides in ppm

V = Volumen der Meßlösung

V_A = Gesamtvolumen der Aufschlußlösung

V_1 = Gesamtvolumen einer Zwischenverdünnung, hergestellt
aus V_A

ml = Teilvolumen der zur Herstellung der Meßlösung V verwendeten Aufschlußlösung. Dieses Teilvolumen kann direkt
aus V_A oder einer Zwischenverdünnung V_1 entnommen sein

ml_1 = Teilvolumen der zur Herstellung der Zwischenverdünnung
V_1 aus V_A entnommenen Aufschlußlösung

f_1 = $\frac{V_1}{ml_1}$ · Wenn keine Zwischenverdünnung V_1 hergestellt wird,
ist $V_1 = ml_1$. Das heißt, $f_1 = 1$

G = Die für den Aufschluß verwendete Probemenge in mg

100 = Umrechnung in Gew.%

Zum Verständnis der Gleichung muß man sich folgendes klarmachen:

1. Aus der Eichkurve wird die Konzentration K des Elementes bzw.
Oxides in ppm abgelesen.

2. Im nächsten Schritt wird berücksichtigt, daß das Volumen V
der Meßlösung nur ein für die Messung verdünntes Teilvolumen
V_A oder der Zwischenverdünnung V_1 enthält. Die aus der Eichkurve entnommenen ppm werden daher umgerechnet auf ppm in
einer "unverdünnten" Meßlösung: $K \cdot \frac{V}{ml}$.

3. Die Angabe ppm bedeutet mg/1000 ml = mg/1000 mg, wenn die
Dichte der Lösung annähernd 1 ist. Bei stark verdünnten Lösungen ist das praktisch der Fall. Das Gesamtvolumen der Aufschlußlösung V_A mit der Probemenge G beträgt aber normalerweise nicht 1000 ml, sondern nur 250 ml oder 500 ml. Die Konzentration des zu bestimmenden Elementes in mg in dem Gesamtvolumen der Aufschlußlösung V_A wird ermittelt durch das Verhältnis $\frac{V_A}{1000}$.

4. Verschiedentlich kann ein Teil der Aufschlußlösung V_A dann
nicht direkt in eine Meßlösung V überführt werden, wenn die
Konzentration des zu bestimmenden Elementes sehr hoch ist
im Vergleich zu dem günstigsten Meßbereich des Analysenverfahrens. In diesem Fall muß eine Zwischenverdünnung V_1 hergestellt werden. Das Verhältnis zwischen dem Gesamtvolumen der
Zwischenverdünnung V_1 und dem zu seiner Herstellung verwendeten Teilvolumen ml_1 der Aufschlußlösung V_A wird als f_1 bezeichnet und berücksichtigt in der Gleichung den Verdünnungs-

schritt. Falls erforderlich, kann man aus V_1 in entsprechender Weise weitere Zwischenverdünnungen V_2, V_3....V_x mit f_2, f_3... f_x herstellen.

5. Die bisher auf ein Volumen bezogene Konzentration des Elementes bzw. Oxides muß auf das Gewicht der Probemenge G umgerechnet werden: $\frac{1}{G}$.

6. Als letzter Schritt wird die Umrechnung auf Gew.% vorgenommen, das heißt mit 100 multipliziert.

Beispiel ohne Zwischenverdünnung V_1:

Es werden 0,4 ppm SiO_2 für die Meßlösung V aus der Eichkurve abgelesen. Diese Konzentration ist auf eine Einwaage von 450 mg Analysensubstanz zu beziehen, welche sich in 500 ml Gesamtvolumen V_A gelöst befindet. Es ist der SiO_2-Gehalt in % anzugeben.

$$
\begin{aligned}
K &= 0,4 \text{ ppm } SiO_2 \\
V &= 100 \text{ ml} \\
V_A &= 500 \text{ ml} \\
V_1 &= \text{es wurde keine Zwischenverdünnung hergestellt} \\
ml &= 40 \text{ ml aus } V_A \\
ml_1 &= \text{es wurde keine Zwischenverdünnung hergestellt} \\
f_1 &= 1 \\
G &= 450 \text{ mg}
\end{aligned}
$$

$$0,4 \text{ ppm } SiO_2 \cdot \frac{100 \text{ ml}}{40 \text{ ml}} \cdot \frac{500 \text{ ml}}{450 \text{ mg}} \cdot 0,1 = \underline{\underline{0,11\% \ SiO_2}}$$

Im vorliegenden Beispiel entsprechen diese 0,11% SiO_2 dem gravimetrisch nicht erfaßten SiO_2. Dieser Wert muß daher zu dem "Rein"-SiO_2 addiert werden.

Umrechnungsfaktoren für Si und SiO_2 s. 6.1.1 (S. 82).

Beispiel mit Zwischenverdünnung V_1:

Gegenüber dem Rechenbeispiel ohne Zwischenverdünnung ist die Aufschlußlösung im Verhältnis 1 Teil V_A + 4 Teile H_2O verdünnt worden. In der Meßlösung V wurden aber wieder 0,4 ppm SiO_2 bestimmt.

$$
\begin{aligned}
K &= 0,4 \text{ ppm } SiO_2 \\
V &= 100 \text{ ml} \\
V_A &= 500 \text{ ml} \\
V_1 &= 250 \text{ ml} \\
ml &= 40 \text{ ml aus } V_1 \\
ml_1 &= 50 \text{ ml aus } V_A \\
f_1 &= \frac{250 \text{ ml}}{50 \text{ ml}} = 5 \\
G &= 450 \text{ mg}
\end{aligned}
$$

$$0,4 \text{ ppm } SiO_2 \cdot \frac{100 \text{ ml}}{40 \text{ ml}} \cdot \frac{500 \text{ ml}}{450 \text{ mg}} \cdot 5 \cdot 0,1 = \underline{\underline{0,56\% \ SiO_2}}$$

Da in der Meßlösung V trotz zusätzlicher fünffacher Verdünnung der gleiche Gehalt an SiO_2 bestimmt wurde wie in dem Rechenbei-

spiel ohne Zwischenverdünnung, muß in dem Beispiel mit Zwischenverdünnung fünfmal mehr SiO$_2$ gefunden werden.

In einfacher Weise kann auch berechnet werden, welche Menge eines Elementes oder Oxides in 1000 ml Analysenlösung (z.B. Wasser)
gelöst ist.

K   = Aus der Eichkurve abgelesene Konzentration des zu be-
      stimmenden Elementes oder Oxides in ppm
V   = Volumen der Meßlösung
V$_1$ = Gesamtvolumen einer aus der Analysenlösung hergestell-
      ten Zwischenverdünnung
ml = Teilvolumen der zur Herstellung der Meßlösung V verwen-
      deten Analysenlösung. Dieses Teilvolumen kann direkt
      von der Analysenlösung entnommen sein, oder es handelt
      sich um einen Teil der Zwischenverdünnung V$_1$
ml$_1$ = Teilvolumen der Analysenlösung, welches zur Herstellung
      der Zwischenverdünnung V$_1$ verwendet wurde
f$_1$ = $\frac{V_1}{ml_1}$. Wenn keine Zwischenverdünnung V$_1$ hergestellt wird,
      ist V$_1$ = ml$_1$. Das heißt, f$_1$ = 1

K   · $\frac{V}{ml}$ · f$_1$ = ppm

Beispiel für die Bestimmung von SiO$_2$ in Flußwasser:

K   = 0,3 ppm SiO$_2$
V   = 100 ml
V$_1$ = 250 ml
ml =   40 ml aus V$_1$
ml$_1$ =   50 ml aus V$_A$
f$_1$ = $\frac{250 \text{ ml}}{50 \text{ ml}}$ = 5

0,3 ppm · $\frac{100 \text{ ml}}{40 \text{ ml}}$ · 5 = <u>3,8 ppm SiO$_2$ im Flußwasser</u>

6.2 Gesamteisen

6.2.1 Gravimetrie (Sesquioxide)[12]

Aufschluß des Rückstandes nach der Bestimmung des "Rein"-SiO$_2$:

Die Eisen- (Gesamteisen) und Aluminium-Bestimmung erfolgt aus
dem Filtrat der SiO$_2$-Bestimmung und dem Rückstand, der nach der
Feststellung des "Rein"-SiO$_2$ im Platintiegel verblieben ist
(6.1.1). Der Rückstand wird mit einer Mischung aus 5 Teilen Natriumkarbonat und 1 Teil di-Natriumtetraborat (Borax)[13] oder
mit Kaliumdisulfat (Hydroxide adsorbieren K) aufgeschlossen.

---

[12] Sesqui (lat.) = ein- und einhalb. Es handelt sich hier um
Oxide, bei denen 1 1/2 Sauerstoff auf ein Kation kommen. Bezeichnung für Elemente, die bei der gravimetrischen Silikatanalyse
mit NH$_4$OH-Lösung gefällt werden.
[13] s. Fußnote S. 91.

Etwa 1 g Aufschlußmittel zu dem Rückstand in den Platintiegel
geben, bis zum Schmelzen erhitzen und diese Temperatur 15 Min.
einhalten. Dann die Schmelze erkalten lassen, diese in einigen
ml verdünnter Salzsäure lösen und zu dem Filtrat der SiO_2-Be-
stimmung hinzufügen. Die Schmelze darf nicht zuerst mit Wasser
behandelt werden, da sonst die Gefahr der Hydrolyse (vor allem
Ti) besteht.

Das gravimetrisch nicht erfaßte SiO_2 kann an dieser Stelle spektralphotometrisch bestimmt werden (6.1.3). Zu diesem Zweck wird
die Aufschlußlösung (Filtrat + gelöste Schmelze) in einem 250 ml-
oder 500 ml-Meßkolben mit dest. Wasser bis zur Eichmarke aufgefüllt. Die HCl-Konzentration soll dann 0,5 N sein.

<u>Allgemeines zur gravimetrischen Bestimmung der Sesquioxide:</u>

Zweck der Fällung mit Ammoniaklösung ist die Trennung der drei-
(und höher) wertigen von den zwei- (und niedriger) wertigen Elementen. Die mengenmäßig wichtigen dreiwertigen Elemente sind
Eisen und Aluminium. Bestimmt wird hierbei das Gesamteisen, da
das im Gestein ursprünglich vorhandene Fe(II) bereits beim Natriumkarbonat-Aufschluß oxidiert wurde. Die Bestimmung von Fe(II)
ist unter 6.3 beschrieben. Fast immer ist Titan in bestimmbaren
Mengen vorhanden.

Die Phosphate von Al und Fe(III) sind in neutraler bzw. alkalischer Lösung schwer löslich. In silikatischen Gesteinen ist
normalerweise wenig $P_2O_5 (\leq 1\%)$ neben viel Fe und Al ($\approx$ 20 - 30%
als Oxide) enthalten. Phosphor wird deshalb mit den Hydroxiden
ausgefällt. Bei Gesteinen mit P_2O_5-Gehalten von mehreren Prozen-
ten besteht die Gefahr, daß Eisen und Aluminium nicht ausreichen,
um Phosphat quantitativ mit den Hydroxiden auszufällen. Das restliche Phosphat würde in einem solchen Fall Verbindungen mit den
Erdalkalien, vor allem Calcium, eingehen und neben den Hydroxiden ausfallen. Eine einwandfreie Trennung der Sesquioxide von
den Erdalkalien wird dann unmöglich. JAKOB (1952) schlägt vor,
bei einem solchen Problem der Lösung eine genau bekannte und für
die Phosphatfällung ausreichende Menge an Fe(III) hinzuzufügen.
Dieser Eisenanteil muß bei der Berechnung des in der Probe tatsächlich vorhandenen Fe_2O_3 natürlich berücksichtigt werden.

Wie bereits ausgeführt (6.1.1), gehen auch die letzten Anteile
an SiO_2 in den Hydroxid-Niederschlag. Weiterhin werden vor allem
Cr(III), Zr(IV), V(V), die Lanthaniden und Be(II) mitgefällt.
Diese Elemente sind jedoch normalerweise in so geringen Konzentrationen vorhanden, daß sie keine Rolle spielen (Ausnahme Cr
in Peridotiten etc.).

Die gravimetrische Analyse beschränkt sich in der Regel auf folgendes: Es wird das Gewicht der geglühten Sesquioxide ermittelt.
In diesen wird das Gesamteisen bestimmt. Dieser Wert sowie die

---

[13] Geschmolzenes di-Natriumtetraborat greift den Platintiegel an.
Daher Borax mit Natriumkarbonat vermischen. Erst nach der Er-
starrung der Schmelze diese in verdünnter Salzsäure lösen.

aus einem gesonderten Säureaufschluß bestimmten Gehalte an TiO_2
(6.9), P_2O_5 (6.10) und ± MnO (6.11) werden von dem Summenwert
der Sesquioxide abgezogen. Die Differenz ist Al_2O_3. Alle Fehler
gehen also in das als Differenz bestimmte Aluminium.

Das Mn ist in den meisten magmatischen, metamorphen und sedimentären Gesteinen in Mengen zwischen 0,1 - 1% MnO vorhanden. Aus-
nahmen bilden Gesteine mit Mineralen wie Spessartin, Rhodonit
und Braunit. MnO-Gehalte > 1% können innerhalb des gravimetrischen Trennungsganges bei den Sesquioxiden, Ca (6.5.1, S. 126)
und Mg (6.6.1, S. 137) auftreten. In jedem Fall ist eine gesonderte MnO-Bestimmung aus dem Säureaufschluß notwendig. Im Filtrat des SiO_2 liegt das Mn in zweiwertiger Form vor. Es sollte
also quantitativ in das Filtrat des Hydroxid-Niederschlages gehen. Wenn Fällung und Filtration lange dauern, kann ein Teil des
Mn(II) zu Mn(IV) oxidiert und im Hydroxidniederschlag fixiert
werden. Eine Korrektur dieses Fehlers ist möglich, wenn die im
Filtrat der Hydroxide befindlichen und zusammen mit Ca und Mg
ausgefällten Mn-Anteile bestimmt werden. Ein hier nachgewiesener
Mn-Wert wird von dem aus dem Säureaufschluß bestimmten Mn-Gehalt
abgezogen (6.11). Die Differenz muß dann das Mn sein, welches
zusammen mit den Sesquioxiden erfaßt wurde. Die vielfach empfohlene Oxidierung des Mn(II) vor der Ammoniakfällung führt nicht
mit Sicherheit zu einer quantitativen Fällung von Mn bei den
Hydroxiden. Bei der Bestimmung der Sesquioxide muß berücksichtigt
werden, daß ebenfalls Ca und Mg in der Lösung sind. Ca kann in
wäßriger Lösung mit NH_4OH nicht gefällt werden. Seine Abtrennung
bietet also keine Schwierigkeiten. Anders liegen die Verhältnisse
bei Mg und Mn. Beide werden durch Ammoniak teilweise ausgefällt.
Um das zu verhindern, muß die Lösung durch Zugabe von Ammoniumchlorid gepuffert sein. Außerdem begünstigt ein Ammoniumchlorid-
gehalt der Lösung auch das Zusammenballen des Hydroxid-Niederschlages und trägt zur besseren Filtrierbarkeit bei. Ammoniumchlorid wirkt außerdem der Oxidation des Mn(II) entgegen.

Die Fällung der Hydroxide muß in heißer Lösung erfolgen. Allerdings darf der bereits ausgefällte Niederschlag nicht mehr aufge-
kocht werden, da er sonst schleimig und schwer filtrierbar wird.
Die noch heiße Lösung ist vom Niederschlag abzufiltrieren. Die
ganze Operation des Fällens und Filtrierens muß hintereinander
und so rasch wie möglich vorgenommen werden.

Ti- und Fe(III)-Hydroxide sind in alkalischer Lösung schwer löslich. Ein Überschuß an Ammoniaklösung stört bei ihrer Fällung
nicht. Dagegen gehen bei pH 8 analytisch merkliche Mengen Al wieder in Lösung. Nach Beendigung der Fällung muß das pH der Lösung
zwischen 6,5 und 7 liegen. Der Endpunkt muß so erfaßt werden,
daß nicht mehr als einige Tropfen verdünnter Ammoniaklösung als
Überschuß in der Lösung sind. Natürlich darf auch die Zugabe nicht
zu langsam erfolgen, da sonst die Lösung zu stark abkühlt. Die
für die Fällung verwendete Ammoniaklösung muß CO_2- und SiO_2-frei
sein.

Reagenzien: Ammoniaklösung, 25%ig, Verdünnung 1 Teil NH_4OH +
            1 Teil H_2O

                    Wasserstoffperoxidlösung, 30%ig, Verdünnung 1 Teil
                    H_2O_2 + 1 Teil H_2O
                    Ammoniumchlorid, 2%ige Ammoniumchloridlösung
                    Ammoniumnitrat, 2%ige Ammoniumnitratlösung
                    Salzsäure, 36%ig, Verdünnung 1 Teil HCl + 1 Teil
                    H_2O
                    Natriumkarbonat, wasserfrei
                    di-Natriumtetraborat (Borax)
                    Schwefelsäure, 10%ig
                    Methylrot, Silbernitrat
                    Salpetersäure, 65%ig, Verdünnung 1 Teil HNO_3 +
                    1 Teil H_2O

     Geräte: Bechergläser, 400, 600, 800 ml
                    Uhrgläser
                    Pipette, 20 oder 30 ml
                    Analysentrichter, 7 cm oberer Ø
                    Filter, 11 oder 12,5 cm Ø (z.B. Schwarzband der
                    Firma Schleicher & Schüll)
                    Meßkolben, 250 ml, Porzellanschale, 16 - 18 cm Ø
                    (innen dunkel glasiert), Spritzflasche

Arbeitsvorschrift:

1. Fällung der Hydroxide:

Die Fällung der Hydroxide erfolgt in einem 800 ml-Becherglas.
Das Volumen der Lösung soll etwa 500 ml betragen. Fe wird durch
Zugabe einiger Tropfen H_2O_2 oxidiert, der Überschuß verkocht.
Nach Zugabe von 3 g festem Ammoniumchlorid zu der Lösung wird
diese bis zum beginnenden Sieden erhitzt, die Flamme unter dem
Becherglas weggenommen und aus einer Pipette 1 + 1 verdünnte
Ammoniaklösung (nicht mit dem Mund ansaugen) zu der Analysenlösung
gegeben. Keine konzentrierte Ammoniaklösung zu der heißen Analysenlösung hinzugeben. Die Zugabe der Ammoniaklösung erfolgt unter
ständigem Umrühren und wird bis zum Auftreten der ersten Trübung
fortgesetzt. Wenn die Flockenbildung eingetreten ist, nur noch
einige Tropfen Ammoniaklösung als Überschuß zugeben. Nochmals umrühren und warten, bis sich die Flocken zusammenballen. Die über
dem Niederschlag stehende Lösung muß völlig klar sein.

2. Filtration (Filtrat 1):

Der Niederschlag wird durch ein Schwarzband-Filter mit 11 oder
12,5 cm Durchmesser sofort nach der Fällung abfiltriert. Auf keinen Fall den Niederschlag länger stehen lassen. Zuerst nur die
klare, über dem Niederschlag stehende Lösung, ohne abzusetzen, durch
das Filter gießen. Auch wenn der Niederschlag mit in das Filter
kommt, so zügig wie möglich filtrieren. Auf keinen Fall das Filter
leer laufen lassen, da der Niederschlag dann sofort zu "altern"
beginnt, und das Filtrieren nur noch langsam geht. Die letzten
Reste des im Becherglas haftenden Niederschlages müssen nicht
quantitativ auf das Filter gebracht werden, da beim Umfällen der
Niederschlag wieder in das gleiche Becherglas zurückgelöst wird.
Als Waschflüssigkeit dient eine 2%ige Ammoniumchloridlösung (nach
Zusatz von Methylrot mit einigen Tropfen verdünnter Ammoniaklösung
neutralisieren). Mit dieser Waschflüssigkeit den Niederschlag im
Filter dreimal auswaschen. Die Waschflüssigkeit soll gesondert in

einem kleinen Becherglas aufgefangen werden. Falls nämlich trotz
des Ammoniumchlorid-Zusatzes zum Waschwasser ein Teil des Niederschlages kolloidal in Lösung geht, braucht dieser dann nur aus
dem geringen Volumen des an anderen Ionen freien Waschwassers neu
gefällt zu werden. Wenn die Waschflüssigkeit klar abgelaufen ist,
wird sie mit dem Filtrat vereinigt und die Lösung als "Filtrat 1"
bezeichnet. Letzteres enthält die größte Menge der übrigen Bestandteile, insbesondere das noch aus dieser Lösung zu bestimmende Calcium und Magnesium.

3. Umfällung der Hydroxide:

Der Niederschlag im Filter muß sofort wieder gelöst werden, da er
sonst "altert". Man gibt das Filter in das für die 1. Fällung benutzte Becherglas unter Zugabe einiger ml konzentrierter Salzsäure. Bei gelindem Erwärmen lösen sich die Hydroxide, und das Filter zerfällt. Die Filterfasern begünstigen die Filtration nach
der 2. Fällung. Nach dem völligen Auflösen des Niederschlages
wird das Volumen der Lösung mit Wasser auf 500 ml vergrößert. Es
werden 2 - 3 g Ammoniumchlorid zugesetzt, bis zum beginnenden
Sieden erhitzt und, wie bereits beschrieben, erneut die Hydroxide
gefällt.

4. Filtration (Filtrat 2):

Der Niederschlag wird unter Beachtung der bei der 1. Fällung und
Filtration angegebenen Hinweise abfiltriert. Diesmal müssen auch
die letzten Spuren des Niederschlages auf das Filter gebracht werden. Zu diesem Zweck werden nach weitestgehender Überführung des
Niederschlages auf das Filter 2 - 3 ml heiße verdünnte Salzsäure
in das Becherglas gegeben. Das Glas wird so weit wie möglich
schräg gehalten und gegen einen an der Glaswandung anliegenden
Glasstab gedreht. Auf diese Weise wird die gesamte Innenseite des
Becherglases mit Salzsäure benetzt und alle Niederschlagreste
aufgelöst. Anschließend wird die Lösung ammoniakalisch gemacht
und durch das Filter mit der Hauptmenge des Niederschlages filtriert. Hierbei ist zu beachten, daß die Lösung wirklich ammoniakalisch reagiert. Sonst wird ein Teil des Hauptniederschlages
wieder aufgelöst. Um diesen möglichen Fehler zu vermeiden, kann
die salzsaure Lösung aus dem Becherglas mit heißem Wasser zu dem
Filtrat 1 gespült werden. Dort erfolgt dann die Abscheidung kleiner Hydroxid-Reste wie unter Punkt 5 auf S. 95 beschrieben.

Der Niederschlag wird dreimal mit der 2%igen Ammoniumchloridlösung und dann noch dreimal mit der 2%igen Ammoniumnitratlösung
ausgewaschen. Letztere ebenfalls wie die Ammoniumchloridlösung
mit Ammoniaklösung (Methylrot) neutralisieren. Waschflüssigkeit
wieder im gesonderten Becherglas auffangen. Das Becherglas mit
dem Filtrat und der Waschflüssigkeit der zweiten Fällung mit
"Filtrat 2" beschriften. Es enthält außer den zugegebenen Ammoniumverbindungen nur die geringen Elementgehalte, die von dem
Niederschlag der 1. Fällung mitgerissen worden sind.

Das Filter mit dem Niederschlag nicht im Trichter völlig trocknen
lassen. Es können dabei nämlich Elemente teilweise kolloidal in
Lösung gehen. Das läßt sich daraus schließen, daß eine Kruste
von Ammoniumverbindungen am unteren Ende des Trichterrohres durch
Eisen schwach gelb gefärbt ist, wenn das Filter lange im Trichter

bleibt. Das Filter mit dem Niederschlag wird in noch feuchtem
Zustand zur Veraschung in den gewogenen Platintiegel gebracht.
Mit der Weiterbehandlung muß allerdings gewartet werden, bis auch
die letzten Hydroxid-Anteile aus den Filtraten 1 und 2 abgeschieden wurden.

5. Abscheidung der Hydroxid-Reste aus den Filtraten 1 und 2:

Die Filtrate 1 und 2 werden nicht vereinigt, sondern jedes für
sich auf einem Heizgerät eingeengt (nicht kochen). Vorher zu je-
dem Filtrat einige ml konzentrierte Ammoniaklösung hinzufügen.
Wenn sich nach einiger Zeit der richtige pH-Wert eingestellt hat,
bilden sich häufig kleine weiße Flöckchen von Aluminiumhydroxid.
Gelegentlich können diese durch Eisen auch gelblich gefärbt sein.
Sie müssen durch ein kleines Filter abfiltriert werden. Zunächst
wird der Restniederschlag aus Filtrat 1 abfiltriert, dann der
Niederschlag aus Filtrat 2 durch das gleiche Filter. Da sich im
Filtrat 2 nur geringe Anteile an Ca und Mg befinden, wirkt diese
Lösung als "Waschflüssigkeit" für den Niederschlag aus Filtrat 1.
Zum Schluß muß nur noch ein- bis zweimal mit Ammoniumchlorid- und
Ammoniumnitrat-Waschlösung gewaschen werden.

Das Filter mit dem Restniederschlag wird zu dem Filter mit dem
Hauptniederschlag in den Platintiegel gegeben. Anschließend die
beiden Filtrate mit Salzsäure versetzen, bis die Lösung schwach
sauer reagiert. Dann nach eventuell weiterem Einengen die Filtrate 1 und 2 in einem 400 ml-Becherglas vereinigen.

6. Veraschen, Glühen und Wägen des Niederschlages:

Die Filter im Platintiegel müssen jetzt verascht und geglüht werden unter Beachtung der im Abschnitt 6.1.1 beim Veraschen des
SiO_2-Niederschlages gegebenen Hinweise. Folgendes ist zusätzlich
zu berücksichtigen: Die Hauptbestandteile des Niederschlages sind
Eisen(III)- und Aluminiumhydroxid. Beim Glühen von Eisen(III)-
hydroxid besteht die Gefahr, daß ein Teil des Fe(III) reduziert
wird und sich Anteile von Fe_3O_4 bilden. Das kann verhindert werden durch Glühen des unbedeckten Tiegels und nicht höher als bei
Teclubrenner-Temperatur. Das Aluminiumhydroxid sollte dagegen
möglichst hoch erhitzt werden, da es erst bei Temperaturen > 1000°C
in das nicht hygroskopische α-Oxid übergeht (z.B. BILTZ et al.,
1965). Das heißt jedoch, beim Glühen des Hydroxid-Niederschlages
zwei gegenläufige Forderungen gleichzeitig zu erfüllen. Durch
einen Kompromiß muß versucht werden, den Fehler so klein wie möglich zu halten. Erfahrungsgemäß ist die Neigung des Eisen(III)-
oxids zur Reduktion bei Gegenwart von Aluminiumoxid nicht so hoch
wie bei Eisen(III)-oxid allein. Bei viel Eisen neben wenig Aluminium ist der Fehler durch die hygroskopischen Eigenschaften
einer Modifikation des Aluminiumoxides nur klein, so daß in diesem Fall nach der Vorschrift für das Eisen gearbeitet werden kann.
Umgekehrt ist bei sehr niedrigem Eisengehalt die Reduktionsgefahr
zu vernachlässigen. Bei mittleren Gehalten an beiden Oxiden (der
häufigste Fall) ist ein unnötig langes Glühen zu vermeiden. Der
Glührückstand besteht vorwiegend aus Fe_2O_3 und Al_2O_3. Das Gewicht
der Sesquioxide ist festzustellen und auf Gewichtskonstanz zu
prüfen.

Berechnung:

$$\frac{\text{mg Sesquioxide} \cdot 100}{\text{mg Einwaage}} = \% \text{ Sesquioxide } (Fe_2O_3 + Al_2O_3 + TiO_2 + P_2O_5 \pm MnO)$$

7. Aufschluß der Sesquioxide:

Die Oxide werden im Platintiegel mit 2 g einer aus 5 Teilen Natriumkarbonat und einem Teil Borax bestehenden Mischung oder mit Kaliumdisulfat ($K_2S_2O_7$) etwa 20 Min. aufgeschlossen. Die schweren Oxide können sich am Boden des Platintiegels sammeln. Es besteht dann die Gefahr, daß ein Teil unaufgeschlossen bleibt. Es wird empfohlen, den Tiegel mit der Schmelze vorsichtig umzuschwenken. Nach dem vollständigen Erkalten der Schmelze wird diese entweder in Salzsäure für die Eisenbestimmung nach Reinhardt-Zimmermann oder in einer kalten 10%igen Schwefelsäure (Eisenbestimmung in H_2SO_4-haltiger Lösung; 6.2.2.1) gelöst und in ein 400 ml-Becherglas gespült. Keinesfalls darf die Schmelze nur in Wasser ohne Zusatz von Salzsäure oder Schwefelsäure gelöst werden. In diesem Fall besteht beim Erhitzen der Lösung die Gefahr einer Hydrolyse des Titans. Eine Erwärmung des Tiegelinhalts ist dann notwendig, wenn sich die Schmelze nicht vollständig in der kalten Säure löst. Aus der Lösung kann Fe_2O_3 (Punkte 8a und 8b) sowie TiO_2 (6.9) und P_2O_5 (6.10) bestimmt werden.

8. Möglichkeiten zur Eisenbestimmung:

a) Aus H_2SO_4-haltiger Lösung: Die Eisenbestimmung in der H_2SO_4-haltigen Lösung kann maßanalytisch nach 6.2.2.1 unter Verwendung eines Cadmium-Reduktors erfolgen. Nach dem Auffüllen der Aufschlußlösung mit dest. Wasser in einem 250 ml-Meßkolben wird ein Anteil der Lösung für die Eisenbestimmung verwendet. Es ist zu empfehlen, den Verbrauch an $KMnO_4$ für einen bestimmten Eisengehalt in der Probe überschlagsmäßig zu berechnen.

b) Aus HCl-haltiger Lösung nach Reinhardt-Zimmermann (6.2.2.2): Wie unter Punkt 7 beschrieben, wird die erstarrte Schmelze direkt in Salzsäure gelöst. Nach dem Auffüllen der Aufschlußlösung auf 250 ml muß die HCl-Konzentration < 4 N sein. Die in silikatischen Gesteinen normalerweise vorkommenden TiO_2-Gehalte (6.9.1) stören die Reinhardt-Zimmermann-Titration nicht.

9. Berechnung des Al_2O_3:

Für die Berechnung des Al_2O_3-Gehaltes werden von der Summe der geglühten Sesquioxide einfach die Anteile an Fe_2O_3, TiO_2 und P_2O_5 abgezogen. Auch eine MnO-Korrektur ist anzubringen. Der Rest ist dann Al_2O_3.

Umrechnungsfaktoren: Al_2O_3 · 0,5293 = Al
                      Al · 1,889 = Al_2O_3

10. Entfernung der Ammoniumsalze aus dem Filtrat der Hydroxidfällung:

Die vor der Hydroxidfällung zugesetzten und jetzt im Filtrat befindlichen Ammoniumverbindungen müssen vor der Calcium-Bestimmung entfernt werden. Die vereinigten Filtrate 1 und 2 (schwach sauer) im Becherglas auf einem Wasserbad bis zur Salzabscheidung

einengen, dann das Becherglas mit einem Uhrglas bedecken und
etwa 30 ml konzentrierte Salpetersäure zugeben. Nach Beendigung
der Gasentwicklung die Lösung in eine dunkel glasierte Porzellanschale überspülen und auf einem Heizgerät unter ständigem Rühren
bis zur Trockene eindampfen. Durch weiteres Erhitzen wird ein
Großteil der Ammoniumsalze abgeraucht. Die weitere Behandlung
des Rückstandes s. 6.5.1.

11. Bestimmung der gravimetrisch nicht erfaßten SiO$_2$-Anteile:

Nach der Arbeitsanleitung für die gravimetrische SiO$_2$-Bestimmung
(6.1.1) wird das restliche noch in Lösung befindliche SiO$_2$ (etwa
0,1% des Gesamt-SiO$_2$ der Probe) von den Hydroxiden mitgefällt.
Bei einem Gestein mit 80% SiO$_2$ und 500 mg Einwaage sind das 0,4 mg
SiO$_2$. Man muß sich also darüber im klaren sein, daß die SiO$_2$-
Werte bei der gravimetrischen Bestimmung normalerweise etwas zu
niedrig ausfallen. Die Resultate lassen sich aber verbessern
durch eine Erfassung des restlichen SiO$_2$. Das kann in folgender
Weise geschehen:

a) Das Filtrat der SiO$_2$-Bestimmung (Hauptfiltrat und aufgeschlossener Oxid-Rückstand nach der "Rein"-SiO$_2$-Bestimmung) wird im
Meßkolben auf 250 ml oder 500 ml aufgefüllt, ein Teil abpipettiert und das darin noch befindliche SiO$_2$ spektralphotometrisch
bestimmt (6.1.3). Selbstverständlich ist die entnommene Substanzmenge bei der späteren Berechnung der Sesquioxid- und Erdalkali-
oxid-Gehalte zu berücksichtigen.

b) Nach dem Auflösen der Kaliumdisulfat- oder Natriumkarbonat-
Borax-Schmelze mit den Sesquioxiden wird die HCl- oder H$_2$SO$_4$-
haltige Lösung eingeengt, wobei sich das restliche SiO$_2$ in einigen Flocken abscheiden soll. Nach der Filtration, dem Glühen und
der Wägung (1. Wägung) muß durch Abrauchen mit Flußsäure und Schwefelsäure geprüft werden, ob es sich wirklich um SiO$_2$ handelte.
Ein hierbei zurückbleibender Rest ist von der 1. Wägung abzuziehen (s. auch PECK, 1964).

c) Die konstant gewogene Summe der Sesquioxide wird mit Flußsäure
und Schwefelsäure abgeraucht, die gebildeten Sulfate wieder zu
Oxiden geglüht und der Rückstand erneut gewogen. Die Differenz
der Wägung ist das SiO$_2$. Das Verfahren liefert nur ungefähre
Werte.

6.2.2 Titration

6.2.2.1 H$_2$SO$_4$-haltige Lösung (Cadmium-Reduktor)

Das nach dem Flußsäure-Schwefelsäure-Aufschluß (5.3.3) in der
Lösung befindliche Eisen wird in einem Cadmium-Reduktor reduziert
und mit KMnO$_4$- oder K$_2$Cr$_2$O$_7$-Lösung titriert. Nach der Reduzierung
des Eisens und vor der Titration wird durch Hydrolyse aus der
Lösung Titandioxid abgeschieden. Eine Oxidation von Fe(II) findet in der H$_2$SO$_4$-haltigen Lösung nicht statt.

    Reagenzien (für visuelle und potentiometrische Indikation):
           Cadmium, grob gepulvert, zur Füllung von Reduktoren
           KMnO$_4$- oder K$_2$Cr$_2$O$_7$-Lösung, 0,02 N

Schwefelsäure, 95 - 97%ig, Verdünnung 1 Teil
H_2SO_4 + 4 Teile H_2O
Eisen (z.B. "Specpure" der Firma Johnson Matthey
Chemicals Limited, London)
Oxalsäure-Lösung, 0,1 N

Geräte (für visuelle und potentiometrische Indikation):
Platinblech-Indikatorelektrode, Kalomel-Bezugs-
system
Cadmium-Reduktor
Erlenmeyer-Kolben, Weithals, 500 ml
Bechergläser, breite Form, 250 ml, und hohe Form,
150 ml
Meßkolben, 100, 200 ml
Bürette, 50 ml
Pipetten

Aufbau (Abb. 10) und Gebrauch des Cadmium-Reduktors:

In den unteren Teil des Glasrohres wird eine 5 cm hohe Schicht
Glaswolle eingelegt. Dann die Säule zu etwa einem Drittel mit
kalter Schwefelsäure (1 + 4 verdünnt, gut umrühren) füllen und
eine 12 cm hohe Cadmium-Schicht in die Säule einbringen. Für eine
Füllung werden bei einem Rohrdurchmesser von 3 cm etwa 250 g Cad-
mium benötigt. Bei Nichtgebrauch (auch über Nacht) ist die in der
Säule befindliche Schwefelsäure durch dest. Wasser zu ersetzen.

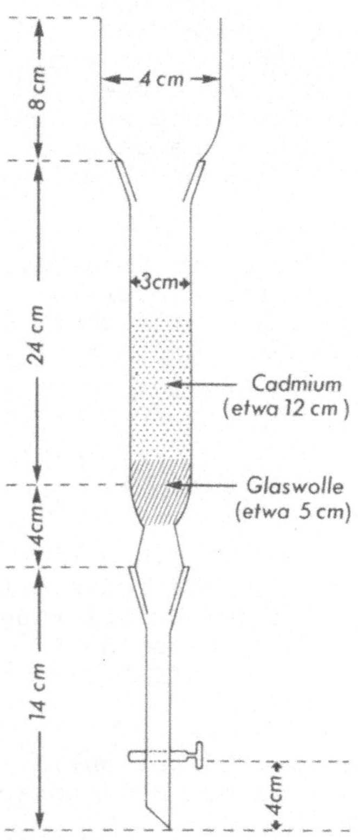

Abb. 10. Cadmium-Reduktor

Bei einer Neufüllung oder Benutzung nach längerem Nichtgebrauch
zwei- bis dreimal je 50 ml 1 + 4 verdünnte Schwefelsäure durch
die Säule tropfen lassen.

<u>Arbeitsvorschrift:</u>

1. Reduktion:

Die Aufschlußlösung (5.3.3) wird in ein 250 ml-Becherglas gespült und in mehreren Anteilen in den Cadmium-Reduktor gegeben.
Die Lösung soll langsam durch den Reduktor tropfen (etwa 1 Tropfen in der Sekunde). Aufgefangen wird die Lösung in einem 500 ml-
Erlenmeyerkolben für die visuelle und in einem 250 ml-Becherglas
für die potentiometrische Indikation. Dann vier- bis fünfmal mit
je 25 ml 1 + 4 verdünnter Schwefelsäure die Analysenlösung aus
dem Reduktor spülen.

2. Abscheidung von TiO₂.aq.:

Die Lösung etwa 30 Min. auf $\approx$ 90°C erhitzen, wobei zur Vermeidung eines Siedeverzuges in den Erlenmeyerkolben oder das Becherglas ein Siedestäbchen gestellt oder ein mit Teflon überzogenes
Magnet-Rührstäbchen gelegt wird. Dest. Wasser zugeben, wenn die
Lösung zu stark eingeengt ist. Auf Zimmertemperatur abkühlen
lassen.

3. Titration:

I. Visuelle Indikation:

Titriert wird mit einer 0,02 N $KMnO_4$-Lösung bis zur ersten einige Sekunden bleibenden Rosafärbung.

II. Potentiometrische Indikation:

Mit $KMnO_4$-Lösung:

Die auf etwa 125 ml eingeengte Aufschlußlösung wird mit einer
0,02 N $KMnO_4$-Lösung unter Verwendung einer Platinblech-Indikatorelektrode und einem Kalomel-Bezugssystem titriert. Wichtig ist
eine saubere Oberfläche der Platinelektrode. Ein kurzes Beizen
in Königswasser (einige Sekunden) oder einer Salzsäure-Wasserstoffperoxid-Mischung ist zu empfehlen. Bei Meßserien ist die
Elektrode täglich in der genannten Weise zu reinigen. Vor Beginn
der Titration ist ein eventuell vorhandenes "Spiel" des Kolben- und
Papiervorschubs zu beseitigen. Die hierbei an der Bürettenspitze
austretende Titrierlösung ist gesondert aufzufangen. Die Analysenlösung wird während der Titration mit einem Magnetrührer unter Vermeidung von Luftblasenbildung gerührt. Die Bürettenspitze
muß etwas entfernt vom Becherglasrand und bis dicht über das
Rührstäbchen in die Lösung eintauchen. Für die Titration mit dem
Metrohm-Potentiographen E 436 wurde ein Bereich von 0 - 750 mV
und eine Stufenkompensation von + 400 mV gewählt (Tabelle 20).
Zweckmäßig wird bei automatisch geregelter Titriergeschwindigkeit registriert.

Nach dem Abschalten des Magnetrührers (keinesfalls vorher, sonst
Beschädigung der Elektroden möglich) wird das Becherglas mit der
Analysenlösung vom Titrierstand genommen. Elektroden mit dest.

Wasser abspülen. Die Ermittlung des Wendepunktes der Kurve
(Äquivalenzpunkt) erfolgt graphisch nach Abb. 11.

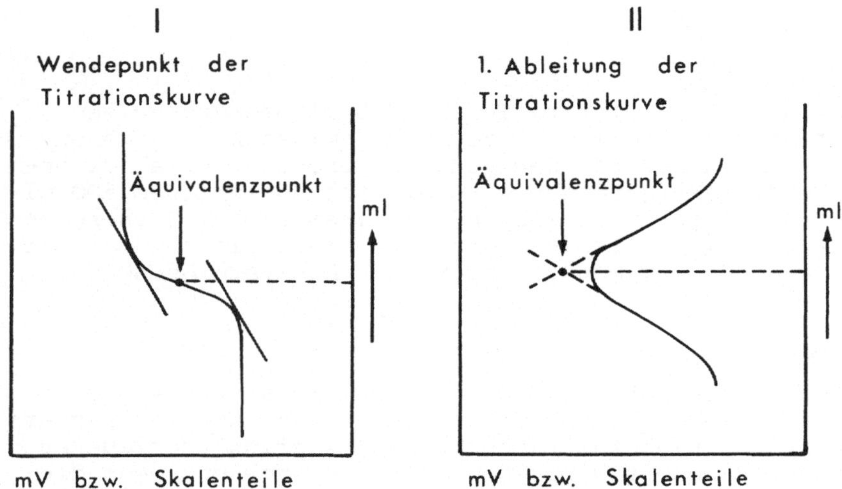

Abb. 11. Graphische Ermittlung des Äquivalenzpunktes

Der Wendepunkt gibt die für die Titration verbrauchten ml 0,02 N
KMnO$_4$-Lösung. Es kann auch die 1. Ableitung geschrieben werden
und die Auswertung mittels eines "Peaks" erfolgen.

Mit K$_2$Cr$_2$O$_7$-Lösung:

Die potentiometrische Indikation des Äquivalenzpunktes mit 0,02 N
K$_2$Cr$_2$O$_7$-Lösung erfolgt ebenfalls mit einer Platinblech-Indikatorelektrode und dem Kalomel-Bezugssystem. Für die Titration mit
dem Metrohm-Potentiographen wurde ein Bereich von 0 - 500 mV
und einer Stufenkompensation von + 400 mV gewählt (Tabelle 20).

Bestimmung des Faktors der KMnO$_4$- und K$_2$Cr$_2$O$_7$-Lösungen:

I. Visuelle Indikation:

Die Bestimmung des Faktors der KMnO$_4$-Lösung erfolgt in bekannter
Weise mit einer Oxalsäure-Lösung bestimmter Normalität.

II. Potentiometrische Indikation:

Für die Bestimmung des Faktors der KMnO$_4$- und K$_2$Cr$_2$O$_7$-Lösungen
werden 80 bzw. 160 mg Eisen (z.B. "Specpure") mit einigen ml
verdünnter Schwefelsäure in einem hohen 150 ml Becherglas unter
leichtem Erwärmen gelöst (Becherglas mit Uhrglas bedecken). Bei
vorsichtiger Arbeitsweise findet in der H$_2$SO$_4$-haltigen Lösung
keine Oxidation von Eisen statt, da der beim Auflösen entstehende Wasserstoff als Reduktionsmittel wirkt.

Die Lösung wird dann in einem 100 ml- bzw. 200 ml-Meßkolben übergespült und bis zur Eichmarke mit dest. Wasser aufgefüllt. Davon

vier- oder fünfmal je 10 ml in 250 ml-Bechergläser pipettieren,
100 ml 1 + 4 verdünnte Schwefelsäure zugeben, mit dest. Wasser
auf etwa 125 ml verdünnen und in der oben beschriebenen Weise
titrieren.

Berechnung:

1 ml 0,02 N KMnO$_4$- oder K$_2$Cr$_2$O$_7$-Lösung = 1,117 mg Fe
 = 1,597 mg Fe$_2$O$_3$

Aus dem Verbrauch an diesen Lösungen läßt sich der Element- bzw.
Oxidgehalt einer Probe in folgender Weise berechnen:

$$V_{KMnO_4} \cdot F_{KMnO_4} \cdot \text{Äq} \cdot \frac{V_A}{ml} \cdot f_1 \cdot \frac{1}{G} \cdot 100 = \%$$

Darin bedeuten:

V_{KMnO_4} = Verbrauch an KMnO$_4$- oder K$_2$Cr$_2$O$_7$-Lösung

F_{KMnO_4} = Faktor der KMnO$_4$- oder K$_2$Cr$_2$O$_7$-Lösung

Äq = Milligrammäquivalent des Elementes bzw. Oxides zu
1 ml KMnO$_4$- oder K$_2$Cr$_2$O$_7$-Lösung

V_A = Gesamtvolumen der Auschlußlösung

V_1 = Gesamtvolumen einer Zwischenverdünnung, hergestellt
aus V_A

ml = Teilvolumen der für die Titration verwendeten Aufschlußlösung. Dieses Teilvolumen kann direkt aus V_A
oder einer Zwischenverdünnung V_1 entnommen worden
sein

ml$_1$ = Teilvolumen der zur Herstellung der Zwischenverdünnung V_1 aus V_A entnommenen Aufschlußlösung

f_1 = $\frac{V_1}{ml_1}$. Wenn keine Zwischenverdünnung V_1 hergestellt
wird, ist V_1 = ml$_1$. Das heißt, f_1 = 1

G = Die für den Aufschluß verwendete Probemenge in mg

100 = Umrechnung in Gew.%

Rechenbeispiel:

In einer Aufschlußlösung wird der Gesamteisengehalt einer Probe
als % Fe$_2$O$_3$ bestimmt. Für die Analyse ist die Aufschlußlösung
im Verhältnis 1 Teil V_A + 1 Teil H$_2$O verdünnt worden.

V_{KMnO_4} = 3,14 ml

F_{KMnO_4} = 0,9975

Äq = 1,597 mg Fe$_2$O$_3$ entsprechen 1 ml 0,02 N KMnO$_4$-Lösung

V_A = 250 ml

V_1 = 200 ml

ml = 50 ml aus V_1

ml$_1$ = 100 ml aus V_A

f_1 = $\frac{200\ ml}{100\ ml}$ = 2

G = 500 mg

$$3,14\ ml \cdot 0,9975 \cdot 1,597\ mg \cdot \frac{250\ ml}{50\ ml} \cdot 2 \cdot \frac{1}{500\ mg} \cdot 100 =$$

$$\underline{10,00\%\ Fe_2O_3}$$

Der Gesamteisengehalt einer Probe, formuliert als Fe$_2$O$_3$, beträgt
10,00%. Das heißt, auch der tatsächlich als FeO in der Probe vorhandene analytisch mit erfaßte Fe-Anteil wurde als Fe$_2$O$_3$ berechnet.

Für die Angabe des tatsächlichen Fe(III)-Gehalts in der Analysenprobe ist der Fe(II)-Anteil von dem als Fe$_2$O$_3$ formulierten Gesamteisen abzuziehen. Das geschieht in der Weise, daß man den
als FeO bestimmten Wert durch Multiplikation mit 1,111 zunächst
in Fe$_2$O$_3$ umrechnet. Dann folgt:

$$\Sigma \text{ \% Fe}_2\text{O}_3 - (\text{\%FeO} \cdot 1{,}111) = \text{\% Fe}_2\text{O}_3 \text{ als Fe(III) in der Probe}$$

Beispiel:

In der Gesteinsprobe wurden 10% Fe$_2$O$_3$ als Gesamteisen und 5%
FeO bestimmt. Wie hoch ist der tatsächliche Anteil an Fe(III)
in der Substanz?

$$10\% \; \Sigma \text{ Fe}_2\text{O}_3 - (5\% \text{ FeO} \cdot 1{,}111) = \underline{4{,}45\% \text{ Fe}_2\text{O}_3 \text{ als Fe(III) in}}$$
$$\underline{\text{der Probe}}$$

Umrechnungsfaktoren:

$$\begin{aligned}
\text{Fe}_2\text{O}_3 \cdot 0{,}8998 &= \text{FeO} \\
\text{FeO} \cdot 1{,}111 &= \text{Fe}_2\text{O}_3 \\
\text{FeO} \cdot 0{,}7773 &= \text{Fe} \\
\text{Fe}_2\text{O}_3 \cdot 0{,}6994 &= \text{Fe} \\
\text{Fe} \cdot 1{,}430 &= \text{Fe}_2\text{O}_3
\end{aligned}$$

6.2.2.2 HCl-haltige Lösung (Reinhardt-Zimmermann)

Reagenzien: Salzsäure, 36%ig
Zinn, gekörnt
Sn(II)-chlorid-Lösung: 6 g Sn in 25 ml 36%iger
HCl lösen und mit dest. Wasser in einem 250 ml-
Kolben auffüllen, der bereits 50 ml 36%ige HCl
und 100 ml Wasser enthält. Das Vorratsgefäß soll
metallisches Sn enthalten
Hg(II)-chlorid; Hg(II)-chlorid-Lösung, kalt ge-
sättigt
ortho-Phosphorsäure, 85%ig
Mn(II)-sulfat-1-hydrat
Schwefelsäure, 95 - 97%ig
Reinhardt-Zimmermann-Lösung: 25 g Mangansulfat in
250 ml dest. Wasser lösen, 70 ml ortho-Phosphor-
säure und 65 ml Schwefelsäure hinzufügen, nach
dem Erkalten mit dest. Wasser auf 500 ml verdünnen
KMnO$_4$-Lösung, 0,02 N

Geräte: Bechergläser, 250 ml; Erlenmeyerkolben, Weithals,
800 ml oder 1000 ml; Meßkolben, 250 ml; Pipetten;
Meßzylinder, 50 ml; Bürette, 50 ml; Porzellanschale, innen weiß glasiert, etwa 25 cm $\varnothing$

Arbeitsvorschrift:

1. Reduktion:

In HCl-haltiger Lösung (Natriumkarbonat-Borax-Aufschluß, 6.2.1; oder mit Salzsäure aufgenommener Säureaufschluß, 5.3.1 und 5.3.2) wird das Eisen mit Zinn(II)-chlorid-Lösung zu Fe(II) reduziert.

Die in einem 250 ml-Becherglas befindliche Analysenlösung von 50 - 80 ml mit einer HCl-Konzentration 3 - 4 N wird zum Sieden erhitzt und aus einer Pipette tropfenweise soviel Zinn(II)-chlorid-Lösung hinzugegeben, bis die Analysenlösung gerade farblos geworden ist. Nach jeder Zugabe von Zinnchlorid das Becherglas umschwenken. Der Überschuß an Zinnchlorid darf höchstens 2 Tropfen betragen. Schnelles Arbeiten ist erforderlich, da nur in der Siedehitze die Vollständigkeit der Reduktion visuell deutlich wahrnehmbar ist. Die reduzierte Lösung wird auf Zimmertemperatur abgekühlt und mit 10 ml der gesättigten Quecksilber(II)-chlorid-Lösung versetzt, wobei Quecksilber(I)-chlorid ausfallen muß. Auf diese Weise wird der in der Lösung vorhandene Überschuß an Sn(II) zu Sn(IV) oxidiert. Bei richtigem Arbeiten darf das Quecksilber(I)-chlorid nur eine schwach seidenartig schimmernde Trübung bilden. Bei zu hohen Sn(II)-Gehalten in der Lösung kann das Quecksilber(I)-chlorid bis zum elementaren Quecksilber reduziert werden. Es entsteht dann ein grau gefärbter Niederschlag. In diesem Fall darf die Probe nicht weiter analysiert werden. Auch das völlige Ausbleiben einer Trübung kann einen Fehler anzeigen. In diesem Fall ist es nämlich nicht sicher, ob das gesamte Fe(III) reduziert worden ist. Die Abkühlung der Lösung vor der Zugabe von Quecksilber(II)-chlorid ist notwendig, da in einer warmen Lösung erfahrungsgemäß die Abscheidung von elementarem Quecksilber immer eintritt.

2. Titration:

Die Lösung wird in eine Porzellanschale gespült, die bereits 500 - 600 ml dest. Wasser enthält. Dann 20 ml Reinhardt-Zimmermann-Lösung zugeben. Mit einer 0,02 N KMnO$_4$-Lösung bis zur ersten bleibenden Rosafärbung titrieren. Die Titration erfolgt unter ständigem Rühren der Lösung. Anstelle einer Porzellanschale kann auch ein 800 ml- oder 1000 ml-Erlenmeyerkolben verwendet werden.

<u>Berechnung:</u> s. 6.2.2.1 (S. 101 - 102).

6.2.3 Spektralphotometrie

Eine Methode zur spektralphotometrischen Bestimmung von Gesamteisen in silikatischen Gesteinen beruht auf der Bildung eines orangerot gefärbten Komplexes von Fe(II) mit 1,10-Phenanthrolin, welcher im Bereich pH 2 - 9 sehr stabil ist (MAXWELL, 1968). Die Reduktion von Fe(III) zu Fe(II) erfolgt mit Hydroxylammoniumchlorid. Die folgende Beschreibung des Verfahrens beruht auf Angaben von SHAPIRO u. BRANNOCK (1956, 1962), MAXWELL (1968).

    Reagenzien: 0,1 g Fe-Lösung für die Atomabsorption, oder
             Ammoniumeisen(II)-sulfat, (NH$_4$)$_2$Fe(SO$_4$)$_2$· 6 H$_2$O
             (Mohrsches Salz)
             1,10-Phenanthrolin (0,5 g in 500 ml heißem Wasser

　　　　　　　　　lösen, dunkel aufbewahren)
　　　　　　　　　Hydroxylammoniumchlorid (50 g in Wasser lösen
　　　　　　　　　und im Meßkolben auf 500 ml auffüllen)
　　　　　　　　　tri-Natriumcitrat-2-hydrat (50 g in Wasser lösen
　　　　　　　　　und im Meßkolben auf 500 ml auffüllen, Verwendung
　　　　　　　　　als Pufferlösung)
　　　　　　　　　Schwefelsäure, 0,1 N

　　Geräte:　　　Meßkolben, 100, 500, 1000 ml
　　　　　　　　　Pipetten verschiedener Größen

Herstellung der Fe- bzw. Fe_2O_3-Lösungen:

1. Aus 0,1 g Fe-Lösung:

Stammlösung (Stl.) mit 100 ppm Fe: 0,1 g Fe und 500 ml 0,1 N
　　Schwefelsäure im 1000 ml-Meßkolben mit dest. Wasser auffüllen.

Zwischenverdünnung (Zwv.) mit 10 ppm Fe: 50 ml der Stammlösung
　　im 500 ml-Meßkolben mit dest. Wasser auffüllen. 10 ppm Fe =
　　14,3 ppm Fe_2O_3.

2. Aus Ammoniumeisen(II)-sulfat:

Stammlösung (Stl.) mit 100 ppm Fe_2O_3: 0,2456 g Ammoniumeisen(II)-
　　sulfat und 250 ml 0,1 N Schwefelsäure im 500 ml-Meßkolben mit
　　dest. Wasser auffüllen. Die Konzentration der Lösung ent-
　　spricht $\approx$ 5% Fe_2O_3 bei 0,5 g Probe in 250 ml Säureaufschluß-
　　lösung.

Zwischenverdünnung (Zwv.) mit 10 ppm Fe_2O_3: 50 ml der Stammlö-
　　sung im 500 ml-Meßkolben mit dest. Wasser auffüllen. 10 ppm
　　Fe_2O_3 = 7 ppm Fe.

Eichlösungen:

Die Angaben beziehen sich auf die Stammlösung mit 100 ppm Fe_2O_3
und die Zwischenverdünnung mit 10 ppm Fe_2O_3.

　　　 0,5 ppm Fe_2O_3:　 5 ml Zwv. + Reagenzien + H_2O auf 100 ml
　　　 1,0 ppm Fe_2O_3: 10 ml Zwv. + Reagenzien + H_2O auf 100 ml
　　　 2,5 ppm Fe_2O_3: 25 ml Zwv. + Reagenzien + H_2O auf 100 ml
　　　 5,0 ppm Fe_2O_3:　 5 ml Stl. + Reagenzien + H_2O auf 100 ml
　　 10,0 ppm Fe_2O_3: 10 ml Stl. + Reagenzien + H_2O auf 100 ml

Arbeitsvorschrift:

Ohne Eichkurve:

In zwei 100 ml-Meßkolben je 5 ml Aufschlußlösung (Säureaufschluß)
und in drei 100 ml-Meßkolben je 5 ml der Stammlösung (hergestellt
aus Ammoniumeisen(II)-sulfat) pipettieren. Ein sechster 100 ml-
Meßkolben wird für die Blindlösung bereitgestellt. Dann in jeden
Meßkolben 5 ml Hydroxylammoniumchlorid-Lösung geben und 10 Min.
stehen lassen. Anschließend je 10 ml 1,10-Phenanthrolin-Lösung
und 10 ml Pufferlösung mit einer Pipette hinzufügen. Bis zur
Eichmarke mit dest. Wasser auffüllen. Die drei Meßkolben mit je
5 ml der Stammlösung enthalten die Vergleichlösung (Standardlö-

sung) mit bekannter Fe$_2$O$_3$-Konzentration. Bei Verwendung von
5 ml Stammlösung, hergestellt aus Ammoniumeisen(II)-sulfat,
sind das 5 ppm Fe$_2$O$_3$.

Nach einer Stunde können die Lösungen gegen die Blindlösung gemessen werden bei einer Wellenlänge von 510 nm (SHAPIRO u. BRAN-
NOCK, 1956, geben 560 nm an) und 0,02 - 0,03 mm Spaltbreite.
Meßdaten s. auch Tabelle 21. Schichtlänge der Küvetten: 0,5 oder
1 cm.

Mit Eichkurve:

Reagenzienzusätze zu den Eich- und Analysenlösungen wie beschrieben.

Mögliche Störungen:

Die in silikatischen Gesteinen normalerweise vorkommenden Elemente stören die Bestimmung nicht. Das Lambert-Beer'sche Gesetz
ist gültig für Gehalte bis etwa 100 ppm Fe$_2$O$_3$ (0,5 cm Küvette).
Bei mehr als 10% Fe$_2$O$_3$ in der Probe sollte die Lösung des Säure-
aufschlusses daher stärker verdünnt werden.

Berechnung (o h n e   E i c h k u r v e):

Der Gehalt eines Elementes oder Oxides in einer Probe kann rechnerisch und ohne Eichkurve ermittelt werden durch einen Vergleich
der Extinktion E$_2$ einer Vergleichslösung (Standardlösung) von
bekannter Konzentration K$_2$ mit der Extinktion E$_1$ einer Aufschlußlösung mit unbekannter Konzentration K$_1$. Nach dem Lambert-Beer'
schen Gesetz ist die Konzentration der Extinktion bis zu einem
Maximalwert proportional bei gleicher Schichtlänge der verwendeten Küvetten.

$$\frac{E_1}{E_2} = \frac{K_1}{K_2} \qquad\qquad K_1 = \frac{E_1}{E_2} \cdot K_2$$

Die Berechnung von % Element bzw. Oxid aus den Extinktionswerten
erfolgt jetzt in ähnlicher Weise wie die Rechnung unter Verwendung einer Eichkurve (6.1.3). Es muß in der auf S. 88 angegebenen Formel lediglich das K ersetzt werden durch

$$\frac{E_1}{E_2} \cdot K_2. \text{ Die Formel lautet dann:}$$

$$\frac{E_1}{E_2} \cdot K_2 \cdot \frac{V}{ml} \cdot \frac{V_A}{1000} \cdot f_1 \cdot \frac{1}{G} \cdot 100 =$$

$$\frac{E_1}{E_2} \cdot K_2 \cdot \frac{V}{ml} \cdot \frac{V_A}{G} \cdot f_1 \cdot 0,1 = \%$$

Darin bedeuten:

    E$_1$ = Extinktion der Aufschlußlösung (Probelösung). Von mehre-
        ren Meßdaten wird der Mittelwert eingesetzt
    E$_2$ = Extinktion der Vergleichslösung (Standardlösung). Von
        mehreren Meßdaten wird der Mittelwert eingesetzt

K_2 = Bekannte Konzentration der Vergleichslösung (Standardlösung) in ppm

Die Bedeutung der übrigen Symbole s. S. 88.

Rechenbeispiel:

In einer Aufschlußlösung wird der Gesamteisengehalt einer Probe als % Fe$_2$O$_3$ bestimmt. Für die Messung wurde die Aufschlußlösung nochmals im Verhältnis 1 Teil V_A + 3 Teile H$_2$O verdünnt (Küvetten mit 0,5 cm Schichtlänge).

$$
\begin{aligned}
E_1 &= 0,210 \\
E_2 &= 0,350 \\
K_2 &= 5 \text{ ppm Fe}_2\text{O}_3 \\
V &= 100 \text{ ml} \\
V_A &= 250 \text{ ml} \\
V_1 &= 200 \text{ ml} \\
ml &= 5 \text{ ml aus } V_1 \\
ml_1 &= 50 \text{ ml aus } V_A \\
f_1 &= \frac{200 \text{ ml}}{50 \text{ ml}} = 4 \\
G &= 500 \text{ mg}
\end{aligned}
$$

$$
\frac{0,210}{0,350} \cdot 5 \text{ ppm Fe}_2\text{O}_3 \cdot \frac{100 \text{ ml}}{5 \text{ ml}} \cdot \frac{250 \text{ ml}}{500 \text{ mg}} \cdot 4 \cdot 0,1 = \underline{\underline{12,00\% \text{ Fe}_2\text{O}_3}}
$$

Umrechnungsfaktoren für Fe und FeO s. 6.2.2.1 (S. 102).

In ähnlicher Weise kann berechnet werden, welche Menge eines Elementes oder Oxides in 1000 ml Analysenlösung (z.B. Wasser) gelöst ist. In die auf S. 90 (6.1.3) angegebene Formel muß wiederum anstelle von K lediglich $\frac{E_1}{E_2} \cdot K_2$ eingesetzt werden.

Rechenbeispiel:

In Grubenwasser soll der Gehalt an Gesamteisen bestimmt werden. Für die Messung wurde das Grubenwasser im Verhältnis 1 Teil Grubenwasser + 1,5 Teile H$_2$O verdünnt.

$$
\begin{aligned}
E_1 &= 0,400 \\
E_2 &= 0,350 \\
K_2 &= 5 \text{ ppm Fe}_2\text{O}_3 \\
V &= 100 \text{ ml} \\
V_1 &= 200 \text{ ml} \\
ml &= 40 \text{ ml aus } V_1 \\
ml_1 &= 80 \text{ ml aus } V_A \\
f_1 &= \frac{200 \text{ ml}}{80 \text{ ml}} = 2,5
\end{aligned}
$$

$$
\frac{0,400}{0,350} \cdot 5 \text{ ppm Fe}_2\text{O}_3 \cdot \frac{100 \text{ ml}}{40 \text{ ml}} \cdot 2,5 = \underline{\underline{35,7 \text{ ppm Fe}_2\text{O}_3 \text{im Grubenwasser}}}
$$

M i t   E i c h k u r v e   (s. 6.1.3, S. 87 - 90)

Regressionsrechnung (Methode der kleinsten Quadrate)
Die Berechnung unbekannter Elementgehalte in den Analysenproben
ist nicht nur mit einer einzelnen Vergleichslösung (Standardlösung) möglich, sondern auch unter Verwendung mehrerer Vergleichs-
lösungen mit bekannten Konzentrationen (Eichlösungen). Der Re-
chenaufwand hierfür ist zwar größer, aber gleichzeitig auch die
Genauigkeit bei der Auswertung der Meßergebnisse. Dieser Fall
wird auf den folgenden Seiten erläutert. Es sei erwähnt, daß bestimmte Taschenrechner, beispielsweise der HP-55 der Firma Hewlett-Packard oder der SR 51 von Texas Instruments, durch vorpro-
grammierte Funktionen die Berechnung von Regressionsgeraden ohne
nennenswerten Zeitaufwand erlauben.

Unter 6.1.3 ist die Auswertung von Meßdaten mit einer Eichgeraden bzw. -kurve beschrieben. Beim Zeichnen einer Eichgeraden
sollen die Meßwerte gleichmäßig ober- und unterhalb der Geraden
verteilt sein (Abb. 12). Bei stark streuenden Punkten läßt sich
das schwierig durchführen, die Lage der Geraden wird subjektiv

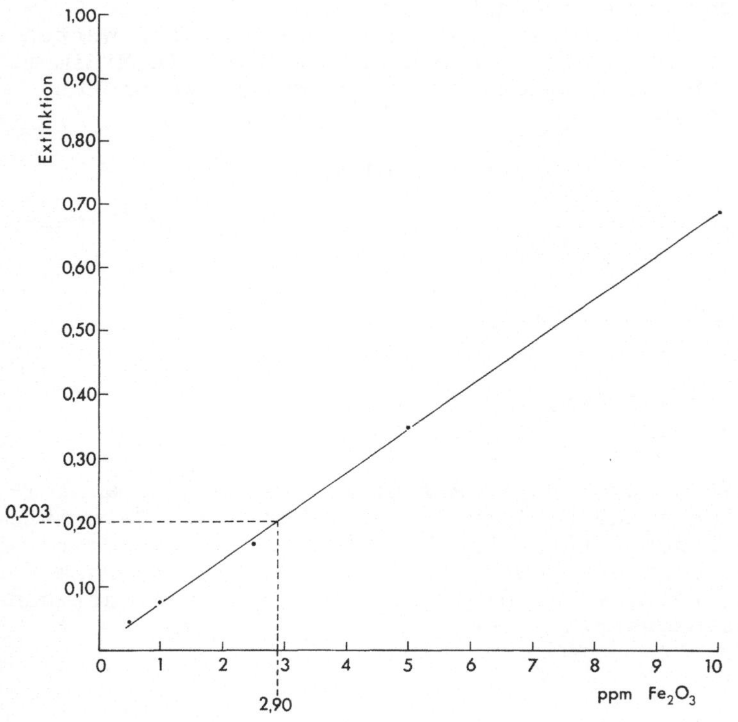

Abb. 12. Eichkurve für die spektralphotometrische Fe$_2$O$_3$-Bestim-
mung mit 1,10-Phenanthrolin. Wellenlänge 510 nm, Spaltbreite
0,02 mm, Küvette mit 0,5 cm Schichtlänge

sein. In solchen Fällen ist es genauer, den Zusammenhang zwischen
den Meßwerten (z.B. Extinktionen) y und den dazugehörigen Elementkonzentrationen x rechnerisch zu bestimmen. Im Ergebnis der
Rechnung müssen die nach der aufgestellten Gleichung aus x be-

rechneten Werte y den tatsächlich gemessenen im Mittel möglichst
nahe kommen. Das ist dann der Fall, wenn die Summe der Quadrate
der Differenzen zwischen zwei zusammengehörenden Werten (berechnet und gemessen) ein Minimum ist. Man bedient sich hierzu der
Regressions- oder Ausgleichsrechnung, wie sie in ihrer Anwendung
in der analytischen Chemie beispielsweise von DOERFFEL (1965,
1967) erläutert wurde.

Am Beispiel der spektralphotometrischen Fe$_2$O$_3$-Bestimmung wird
die Aufstellung einer Eichfunktion beschrieben nach Angaben bei
DOERFFEL (1965, 1967) und MIELKE (1975)[14].

Die Beziehung $y = f(x)$ ergibt bei linearem Zusammenhang zwischen
x und y die Gleichung $y = a + bx$ ($y = bx$ für den Sonderfall $a = 0$).
Nur dieser Fall wird hier behandelt. Der Verlauf einer Eichgeraden wird festgelegt durch die Konstante a (Ordinatenabschnitt
für $y = 0$) und die Steigung b der Geraden. Bei einem linearen
Zusammenhang von N Wertpaaren gilt $y_1 = a + bx_1$, $y_2 = a + bx_2$, ...
$y_N = a + bx_N$. x und y sind die beiden voneinander abhängigen und
experimentell bestimmbaren Größen, während die Konstanten a und
b durch die Ausgleichsrechnung ermittelt werden sollen. Die Differenz zwischen den gemessenen (y_i) und den berechenbaren Werten
($Y_i = a + bx_i$) ergibt den Fehler. Wenn dieser Fehler ein Minimum
wird, ist die beste Übereinstimmung zwischen gemessenen und be-
rechneten Werten erreicht:

$$\Sigma \ (y_i - Y_i)^2 = \Sigma \ (y_i - a - bx_i)^2 = \text{Minimum} \qquad (1)$$

Durch partielle Differentiation errechnen sich daraus in folgender Weise die Konstanten a und b:

$$a = \frac{\Sigma \ x_i^2 \cdot \Sigma \ y_i - \Sigma \ x_i \cdot \Sigma \ x_i y_i}{N \ \Sigma \ x_i^2 - (\Sigma \ x_i)^2} \qquad (2)$$

$$b = \frac{N \ \Sigma \ x_i y_i - \Sigma \ x_i \cdot \Sigma \ y_i}{N \ \Sigma \ x_i^2 - (\Sigma \ x_i)^2} \qquad (3)$$

Man muß sich Klarheit darüber verschaffen, wie viele Dezimalstellen für die Konstanten a und b sinnvoll anzugeben sind. Dazu ist
es notwendig, Fehlerangaben für a und b zu berechnen. Zunächst
wird die Varianz zwischen den gemessenen (y_i) und den berechne-
ten (Y_i) Werten ermittelt, wobei die vorgegebenen Konzentrationen
x als fehlerfrei vorausgesetzt werden.

$$s_y^2 = \frac{\Sigma \ (y_i - Y_i)^2}{N - 2} \qquad (4)$$

Hierin ist $\Sigma \ (y_i - Y_i)^2 = \Sigma \ y_i^2 - a \ \Sigma \ y_i - b \ \Sigma \ x_i y_i$

---

[14] Herr Dipl.-Min. P. MIELKE (Mineralogisch-Petrologisches Institut der Universität Göttingen) stellte uns freundlicherweise sein
Rechenprogramm 'Lineare Regression' zur Verfügung.

Die absoluten Fehler für a und b werden in folgender Weise berechnet:

$$F_a = \sqrt{\frac{s_y^2 \cdot \Sigma\, x_i^2}{N\,\Sigma\, x_i^2 - (\Sigma\, x_i)^2}} \tag{5}$$

$$F_b = \sqrt{\frac{s_y^2 \cdot N}{N\,\Sigma\, x_i^2 - (\Sigma\, x_i)^2}} \tag{6}$$

Mit den Konstanten a und b kann jetzt aus den fehlerbehafteten Extinktionswerten für die Analysenlösungen der Gehalt eines Elementes oder Oxides in den Meßlösungen ($\overline{x}_A$) mit einem bestimmten Anteil an Aufschlußlösung der Gesteinsproben in folgender Weise berechnet werden:

$$\overline{x}_A = \frac{\overline{y}_A - a}{b} \tag{7}$$

$\overline{y}_A$ = Mittelwert der Meßdaten (z.B. Extinktionen) für eine Analysenprobe.

Ein Zusammenhang zwischen den Größen x und y wird durch eine Korrelationsrechnung mit Hilfe des Korrelationskoeffizienten r charakterisiert. r ist eine dimensionslose Zahl im Bereich − 1 < r < + 1. Der lineare Zusammenhang zwischen x und y ist exakt erfüllt bei r = + 1. x und y wachsen gleichsinnig. Bei r = − 1 wird ebenfalls eine lineare, jedoch gegensinnige Abhängigkeit angezeigt. r = 0 bedeutet, daß x und y unkorreliert sind. Je näher r an ± 1 liegt, desto schärfer ist der Zusammenhang zwischen x und y. Für die lineare Korrelation wird r berechnet aus

$$r = \frac{N\,\Sigma\, x_i\, y_i - \Sigma\, x_i\, \Sigma\, y_i}{\sqrt{[N\,\Sigma\, x_i^2 - (\Sigma\, x_i)^2]\,[N\,\Sigma\, y_i^2 - (\Sigma\, y_i)^2]}} \tag{8}$$

Für Eichgeraden sollte der Korrelationskoeffizient einen Wert von mindestens 0,99 haben.

Rechenbeispiel:

In Abb. 12 sind für eine Eichgerade zur spektralphotometrischen Bestimmung von Fe$_2$O$_3$ mit 1,10-Phenanthrolin 5 Extinktionswerte (y_i) gegen die Konzentration (x_i) aufgetragen.

x und y-Werte der Abb. 12:

ppm Fe$_2$O$_3$ (x_i)	Extinktion (y_i)
0,5	0,0450
1,0	0,0750
2,5	0,168
5,0	0,349
10,0	0,692

Diese Werte können rechnerisch in folgender Weise ausgeglichen
werden:

$$\Sigma\ x_i = 19,00 \qquad \Sigma\ y_i = 1,3290 \qquad \Sigma\ x_i y_i = 9,1825$$
$$\Sigma\ x_i^2 = 132,50 \qquad \Sigma\ y_i^2 = 0,63654 \qquad N = 5$$
$$(\Sigma\ x_i)^2 = 361,000 \qquad \bar{y} = 0,266$$
$$\bar{x} = 3,800 \qquad \bar{y}^2 = 0,07065$$
$$\bar{x}^2 = 14,4400$$

$$a = \frac{132,50 \cdot 1,3290 - 19,00 \cdot 9,1825}{5 \cdot 132,50 - 361,000} = 0,005390$$

$$b = \frac{5 \cdot 9,1825 - 19,00 \cdot 1,3290}{5 \cdot 132,50 - 361,00} = 0,068529$$

$$\Sigma\ (y_i - Y_i)^2 = 0,63654 - 0,00539 \cdot 1,3290 - 0,068529 \cdot 9,1825$$
$$= 0,000109$$

$$s_y^2 = \frac{0,000109}{5 - 2} = 0,000036$$

$$F_a = \sqrt{\frac{0,000036 \cdot 132,50}{5 \cdot 132,50 - 361,000}} = 0,00398$$

$$F_b = \sqrt{\frac{0,000036 \cdot 5}{5 \cdot 132,50 - 361,000}} = 0,00077$$

Die Konstanten sind:

$$a = 0,0054 \pm 0,0040$$

$$b = 0,0685 \pm 0,0008$$

Für die Meßlösung wurden die Extinktionen 0,195, 0,213 und 0,200
($\bar{y}_A = 0,203$) zur Bestimmung des Fe$_2$O$_3$-Gehaltes gemessen. Die Konzentration in der Meßlösung ist

$$\bar{x}_A = \frac{0,203 - 0,0054}{0,0685} = 2,88 \text{ ppm Fe}_2\text{O}_3$$

Aus der Eichkurve (Abb. 12) wird für die Extinktion 0,203 ein
Gehalt von 2,90 ppm Fe$_2$O$_3$ abgelesen. Mit der unter 6.1.3 (S. 88)
angegebenen Formel kann die auf die Meßlösung bezogene Konzentration in Gew.% umgerechnet werden.

Der Korrelationskoeffizient zwischen den in Abb. 12 eingetragenen
Werten x_i und y_i beträgt:

$$r = \frac{5 \cdot 9,1825 - 19,00 \cdot 1,3290}{\sqrt{[5 \cdot 132,50 - 361,000]\,[5 \cdot 0,63654 - 1,3290^2]}} = 0,9998$$

Dieser Wert besagt, daß zwischen den Größen x und y ein straffer
Zusammenhang besteht.

6.2.4 Atomabsorptions-Spektralphotometrie

6.2.4.1 Luft-Azetylen-Flamme

Reagenzien: 0,1 g Fe-Lösung für die Atomabsorption
            Schwefelsäure, 0,1 N

Geräte: Meßkolben, 25, 50, 250, 1000 ml
            Pipetten verschiedener Größe

Herstellung der Fe-Lösungen:

Stammlösung (Stl.) mit 100 ppm Fe: 0,1 g Fe und 500 ml 0,1 N
Schwefelsäure im 1000 ml-Meßkolben mit dest. Wasser auffüllen.

Zwischenverdünnung (Zwv.) mit 20 ppm Fe: 50 ml der Stammlösung
im 250 ml-Meßkolben mit dest. Wasser auffüllen. 20 ppm Fe =
28,6 ppm Fe$_2$O$_3$.

Eichlösungen:

     2,0 ppm Fe: 5 ml Zwv. + H$_2$O auf 50 ml
     4,0 ppm Fe: 10 ml Zwv. + H$_2$O auf 50 ml
    10,0 ppm Fe: 25 ml Zwv. + H$_2$O auf 50 ml
    16,0 ppm Fe: 40 ml Zwv. + H$_2$O auf 50 ml
    20,0 ppm Fe: Zwischenverdünnung

Mit Störungen der Eisenbestimmung durch andere Kationen und
Anionen in den Aufschlußlösungen silikatischer Gesteine ist nicht
zu rechnen.

Analysenlösungen, Blindlösung:

Die Säureaufschlußlösung (5.3 und 5.4) kann ohne weitere Zwischenverdünnung verwendet werden. Bei etwa 7 - 14% Fe$_2$O$_3$ (5 - 10% Fe)
in der Probe werden von der Aufschlußlösung $\approx$ 5 ml und bei Fe$_2$O$_3$-
Gehalten < 7% 5 - 20 ml in einen 50 ml-Meßkolben pipettiert (bzw.
entsprechend weniger in 25 ml-Meßkolben) und mit dest. Wasser
aufgefüllt.

Als Blindlösung kann dest. Wasser oder 0,1 N Schwefelsäure verwendet werden.

Messung der Lösungen:

Die verdünnten Eich- und Analysenlösungen müssen gleich gemessen
werden, da sich bei mehrtägigem Stehen in den Meßkolben Konzentra-
tionsänderungen bemerkbar machen können. Beim Überprüfen der Eichkurve sind daher die Verdünnungen immer neu aus der Stammlösung
mit 100 ppm Fe herzustellen.

Mit einer Fe-Hohlkathodenlampe wird bei 2483 Å gemessen. Weitere Meßdaten sind aus der Tabelle 23 zu entnehmen.

Bei der Inbetriebnahme des Brenners ist eine bestimmte Reihenfolge beim An- und Abstellen der Gase zu beachten. Bei Betriebsbe-

ginn zuerst Luft, dann Brenngas freigeben. Bei Betriebsende zuerst das Brenngas (Azetylen), dann die Luft abstellen.

Die Meßlösungen können direkt aus den Kolben, dest. Wasser aus
einem Becherglas angesaugt werden. Bei der Verwendung von Petrischalen (gleichmäßige Schichtdicke der Lösung, es taucht nur ein
kurzes Ende der Ansaugkapillare in die Lösung ein) sind diese
immer abzudecken, auch während der Messung. Auf diese Weise wird
einer Änderung der Konzentration durch die Verdunstung des Lösungsmittels vorgebeugt.

Zunächst dest. Wasser versprühen. Nach etwa 5 Min. Brenndauer
(Vorwärmzeit des Brenners, wobei immer Wasser angesaugt werden
muß) sind die gemessenen Absorptions- bzw. Extinktionswerte konstant. Dann die Blindlösung versprühen. Anschließend die Meßlösungen zerstäuben. Bei den Messungen ist folgende Reihenfolge
einzuhalten.

  1. dest. Wasser, etwa 5 Min.
  2. Blindlösung, etwa 30 Sek.
  3. Eichlösung mit niedrigster Konzentration, etwa 15 - 20 Sek.
  4. Blindlösung
  5. Eichlösung mit nächsthöherer Konzentration etc.
  6. Analysenlösungen

Vor dem Schluß jeder Meßreihe noch dest. Wasser zerstäuben, um
das Eintrocknen von Proberückständen am Brenner zu verhindern.
Brennerschlitz eventuell mit einem Stück glatten Papier reinigen
(keine scharfen Gegenstände benutzen).

Die Meßwerte sollten im Absorptionsbereich zwischen 20 - 80%
(0,097 - 0,7 Extinktion) liegen. Die Registrierung erfolgt mit
einem Schreiber oder durch einen Drucker.

Bei der Registrierung mit Schreibstreifen wird eine bestimmte
Absorption in Form eines Zeigerausschlages über einem Untergrund
registriert. Dieser Untergrund wird durch eine "Basislinie" von
dem eigentlichen Meßausschlag des Elementes graphisch getrennt.
Für die Auswertung wird nur die Absorption des sich über der
Basislinie befindlichen Peaks berücksichtigt (Abb. 13).

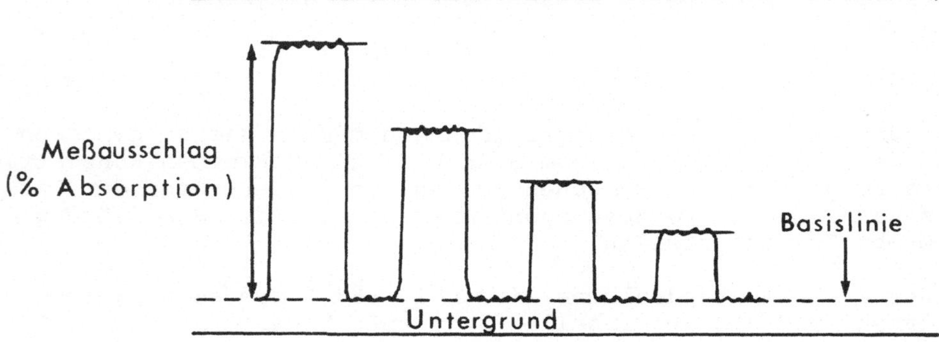

Abb. 13. Registrierung der Absorption

Zu beachten ist, daß sich durch das Zerstäuben der Blindlösung
zwischen den Eich- und Analysenlösungen der Meßausschlag über
einen Untergrund erhebt, welcher alle durch Reagenzzusätze (z.B.
Cs- oder La-Verbindungen) verursachten Effekte berücksichtigt.
Wird dagegen zwischen den Eich- und Analysenlösungen nur dest.
Wasser (also ohne Reagenzzusatz) zerstäubt, muß der Meßausschlag
für die Blindlösung gesondert registriert und berücksichtigt
werden.

Die Aufzeichnung des Meßausschlages mit einem Schreiber bietet
einige Vorteile: Zum Beispiel weitgehende Ausschaltung von Able-
sefehlern durch die Registrierung; bessere Messungen bei möglicherweise unruhigem Signal; rasche Feststellung des Maximalaus-
schlages.

Berechnung:

Aus den Meßwerten für die Eichlösungen muß zunächst eine Eichkurve gezeichnet werden. Das kann in folgender Weise geschehen:

1. Die gemessenen Absorptionswerte werden mittels einer Tabelle
in Extinktionen umgewandelt. Dann kann entweder auf Millimeterpapier oder Doppel-Logarithmenpapier die Extinktion auf der Ordinate gegen die Konzentration auf der Abszisse aufgetragen werden (6.1.3, S. 87).

2. Die A b s o r p t i o n s w e r t e lassen sich auf Einfach-
Logarithmenpapier in folgender Weise auftragen:
Das Einfach-Logarithmenpapier wird um 180° gedreht und auf der
Ordinate % Absorption gegen die Elementkonzentration auf der
Abszisse aufgetragen (Abb. 14). 10% Absorption entsprechen 0,9
auf der log-Skala, 20% Absorption 0,8 etc.

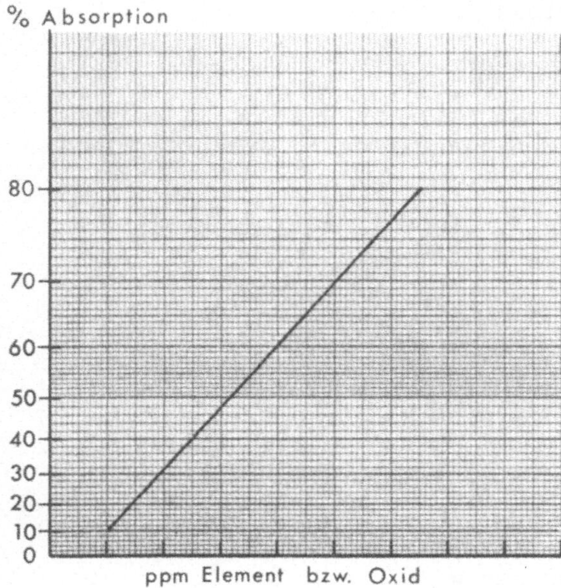

Abb. 14. Graphische Dar-
stellung der Absorptions-
werte auf Einfach-Logarithmenpapier

Die Berechnung der Konzentration Element bzw. Oxid in der Analysensubstanz erfolgt nach der unter 6.1.3 (S. 88) angegebenen Formel für die Auswertung mit Eichkurven. An dieser Stelle sei daher lediglich ein anderes Rechenbeispiel angeführt:

Für die Meßlösung V wurden 2,4 ppm Fe aus der Eichkurve abgelesen. Diese Konzentration ist auf eine Einwaage von 500 mg Analysensubstanz zu beziehen, welche sich in 250 ml Gesamtvolumen V_A gelöst befindet. Für die Herstellung der Meßlösung wurde die Aufschlußlösung im Verhältnis 1 Teil V_A + 1 Teil H_2O verdünnt. Es ist der Fe- und Fe_2O_3-Gehalt der Probe in % anzugeben.

$$K \quad = 2,4 \text{ ppm Fe}$$
$$V \quad = 50 \text{ ml}$$
$$V_A = 250 \text{ ml}$$
$$V_1 = 100 \text{ ml}$$
$$ml = 10 \text{ ml aus } V_1$$
$$ml_1 = 50 \text{ ml aus } V_A$$
$$f_1 \quad = \frac{100 \text{ ml}}{50 \text{ ml}} = 2$$
$$G \quad = 500 \text{ mg}$$

$$2,4 \text{ ppm Fe} \cdot \frac{50 \text{ ml}}{10 \text{ ml}} \cdot \frac{250 \text{ ml}}{500 \text{ mg}} \cdot 2 \cdot 0,1 = \underline{1,20\% \text{ Fe}} \cdot 1,430 =$$
$$\underline{1,72\% \text{ } Fe_2O_3}$$

Umrechnungsfaktoren für Fe und FeO s. 6.2.2.1 (S. 102).

6.2.4.2 Distickstoffmonoxid-Azetylen-Flamme

    Reagenzien: 0,1 g Fe-Lösung für die Atomabsorption
                 1,0 g Al-Lösung für die Atomabsorption
                 Schwefelsäure, 0,1 N

    Geräte: Meßkolben, 10, 25, 50, 100, 1000 ml
                 Pipetten verschiedener Größe

Herstellung der Fe- und Al-Lösungen:

Stammlösung (Stl.) mit 100 ppm Fe: 0,1 g Fe und 500 ml 0,1 N
    Schwefelsäure im 1000 ml-Meßkolben mit dest. Wasser auffüllen.
    100 ppm Fe = 143 ppm Fe_2O_3.

Lösung mit 1000 ppm Al: 1,0 g Al im 1000 ml-Meßkolben mit dest. Wasser auffüllen. 1000 ppm Al = 1889 ppm Al_2O_3.

Eichlösungen:

     5 ppm Fe: 5 ml Stl. + 5,0 ml Al-Lösung + H_2O auf 100 ml
    10 ppm Fe: 5 ml Stl. + 2,5 ml Al-Lösung + H_2O auf 50 ml
    20 ppm Fe: 10 ml Stl. + 2,5 ml Al-Lösung + H_2O auf 50 ml
    40 ppm Fe: 20 ml Stl. + 2,5 ml Al-Lösung + H_2O auf 50 ml
    60 ppm Fe: 30 ml Stl. + 2,5 ml Al-Lösung + H_2O auf 50 ml

Aluminium neben Eisen bewirkt eine Absorptionssteigerung von Fe um durchschnittlich 4% (LUECKE, 1971). Das Maximum der Absorptionssteigerung in den Eichlösungen wird durch den Zusatz von

2,5 ml einer 1000 ppm Al-Lösung auf 50 ml Gesamtvolumen erreicht.
Die Analysenlösungen enthalten von vornherein Al.

Analysenlösungen, Blindlösung:

Bei der Messung mit einer Distickstoffmonoxid-Azetylen-Flamme ist
die Nachweisempfindlichkeit für Eisen geringer im Vergleich zur
Luft-Azetylen-Flamme.

Flamme	Luft - C_2H_2	N_2O - C_2H_2
1% Absorption	$\approx$ 0,16 ppm Fe	$\approx$ 0,5 ppm Fe
10% Absorption	$\approx$ 2 ppm Fe	$\approx$ 6 ppm Fe

Das hat den Vorteil, daß in den Aufschlußlösungen bestimmter
silikatischer Gesteine das Eisen ohne Zwischenverdünnung gemessen werden kann. Die folgende Übersicht gibt Informationen über
die Herstellung geeigneter Meßlösungen aus den Säureaufschlußlösungen. Eventuell notwendige Verdünnungen erfolgen mit dest.
Wasser

% Fe (% Fe$_2$O$_3$) in der Probe	mg Probe auf 100 ml	Verdünnung
0,7 - 7 (1 - 10)	100	keine
> 7 (> 10)	100	5 ml Aufschlußlö-sung auf 10 ml
0,7 - 3,5 (1 - 5)	200	keine
5 - 10 (7 - 14)	200	5 ml Aufschlußlö-sung auf 10 ml
> 7 (> 10)	200	5 ml Aufschlußlö-sung auf 25 ml

Eine Blindlösung wird hergestellt aus 2,5 ml der 1000 ppm Al-Lösung, aufgefüllt im 50 ml-Meßkolben mit dest. Wasser.

Messung der Lösungen (s. 6.2.4.1, S. 111 - 113):

Sorgfältig die Bedienungsanleitung für das Zünden und Löschen
der Distickstoffmonoxid (Lachgas)-Azetylen-Flamme durchlesen!

Berechnung (s. 6.1.3, S. 88 und 6.2.4.1, S. 113, 114):

6.3 FeO

6.3.1 Titration

Reagenzien (für visuelle und potentiometrische Indikation):
KMnO$_4$-Lösung, 0,02 N
K$_2$Cr$_2$O$_7$-Lösung, 0,02 N
Borsäure, kristallin (gesättigte Borsäure-Lösung
in Wasser herstellen)
ortho-Phosphorsäure, 85%ig
Eisen (z.B. "Specpure" der Firma Johnson Matthey
Chemicals Limited, London)

Geräte (für visuelle und potentiometrische Indikation):
        Platinblech-Indikatorelektrode, Kalomel-Bezugs-
        system
        Erlenmeyerkolben, Weithals, 500 ml
        Meßkolben, 100, 200 ml
        Bechergläser, breite Form, 250 ml und hohe Form
        150 ml
        Meßzylinder, 50 ml
        Bürette, 50 ml

Arbeitsvorschrift:

1. Visuelle Indikation mit $KMnO_4$-Lösung:

Die Flußsäure-Schwefelsäure-Aufschlußlösung (5.3.4) wird schnell
und quantitativ in einen 500 ml-Erlenmeyerkolben gespült, in
welchem sich bereits 35 - 40 ml gesättigte Borsäure-Lösung und
6 ml 85%ige ortho-Phosphorsäure befinden. Damit soll eine Oxidation von Mn(II) zu Mn(VII) in Gegenwart von Flußsäure verhindert
werden. Auch den Platindeckel gut abspülen. Dann noch 100 ml
dest. Wasser in den Erlenmeyerkolben geben, gut mischen durch
Umschwenken des Kolbens und schnell mit 0,02 N $KMnO_4$-Lösung bis
zur ersten einige Sekunden bleibenden Rosafärbung titrieren.

PECK (1964) empfiehlt auch für die visuelle Indikation eine Titration mit $K_2Cr_2O_7$-Lösung, da das Oxidationspotential von $KMnO_4$-
Lösung höher ist und beim Vorhandensein organischer Substanzen
größere Anteile davon oxidiert werden. Die Titration mit $K_2Cr_2O_7$
bei visueller Indikation ist ausführlich in Monographien über
Maßanalyse beschrieben (z.B. JANDER et al., 1973).

2. Potentiometrische Indikation mit $K_2Cr_2O_7$-Lösung:

Die Aufschlußlösung wird in ein 250 ml-Becherglas gespült und, wie
unter visueller Indikation mit $KMnO_4$-Lösung angegeben, mit Borsäure-Lösung und ortho-Phosphorsäure versetzt. Die potentiometrische
Indikation des Äquivalenzpunktes erfolgt mit einer Platinblech-
Indikatorelektrode und dem Kalomel-Bezugssystem. Auf saubere Oberfläche der Platinelektrode achten (tägliche Reinigung; 6.2.2.1,
S. 99). Für die Titration mit dem Metrohm-Potentiographen E 436
wurde ein Bereich von 0 - 250 bzw. 0 - 500 mV und eine Stufenkompensation von + 400 mV gewählt (Tabelle 20). Zweckmäßig wird mit
einer automatisch geregelten Titriergeschwindigkeit registriert.
Bei der Titration die Homogenisierung der Lösung mit einem Magnetrührer nicht vergessen. Die graphische Auswertung erfolgt wie
unter 6.2.2.1 (S. 100) beschrieben.

Bestimmung des Faktors der $KMnO_4$- und $K_2Cr_2O_7$-Lösungen:

Siehe entsprechende Ausführungen unter 6.2.2.1 (S. 100). Der
Unterschied zu der dort beschriebenen Arbeitsweise besteht darin,
daß zu der vorgelegten Eisenlösung 35 - 40 ml gesättigte Borsäure-
Lösung, 6 ml ortho-Phosphorsäure und 5 ml Flußsäure hinzugefügt
werden. Es ist wichtig, die Bestimmung des Faktors vor allem bei
der potentiometrischen Indikation unter den gleichen Bedingungen
vorzunehmen wie die Bestimmung des FeO in den Gesteinsproben.
Die visuelle oder potentiometrische Indikation des Äquivalenzpunktes erfolgt wie in den vorherigen Abschnitten beschrieben.

Berechnung:

1 ml 0,02 N $KMnO_4$- oder $K_2Cr_2O_7$-Lösung = 1,117 mg Fe
                                                 = 1,437 mg FeO

$$\frac{ml\ KMnO_4 \cdot F_{KMnO_4} \cdot 1{,}437\ mg \cdot 100}{mg\ Einwaage} = \%\ FeO$$

F_{KMnO_4} = Faktor der $KMnO_4$-Lösung

Umrechnungsfaktoren für Fe und Fe_2O_3 s. 6.2.2.1 (S. 102).

Mögliche Störungen:

Sulfidminerale in der Gesteinsprobe erschweren die genaue Bestimmung des Fe(II)-Wertes. Der Schwefel der durch Säuren oder Schmelzen zersetzbaren Sulfide reduziert einen Teil des Fe(III), so
daß ein zu hoher Fe(II)-Anteil im Ergebnis erscheint. Wenn die
Sulfidminerale und die aufgeschlossenen Mineralanteile bekannt
sind, läßt sich eventuell eine Korrektur des FeO-Wertes durchführen.

Korrekturen bei S-Gehalten < 0,2% sind nicht notwendig, da der
Schwefel in den Silikaten hauptsächlich als Pyrit und Magnetkies
vorliegt. Pyrit wird aber kaum bei der Einwirkung heißer Schwefelsäure und Flußsäure angegriffen. Wahrscheinlicher ist der
Aufschluß von Pyrit bei der Bestimmung von Gesamteisen. Magnetkies wird im Gegensatz zu Pyrit bei der Fe(II)-Bestimmung aufgeschlossen und als FeO erfaßt.

Die Fe(II)-Anteile in Turmalin, Staurolith, Ilmenit und Magnetit
werden durch Schwefelsäure und Flußsäure nicht aufgeschlossen.
Eventuell sind in solchen Fällen Schmelzaufschlüsse unter Schutz-
gas notwendig.

Auch organische Bestandteile (ausgenommen Graphit) in der Probe
(vor allem in Sedimenten) können einen zu hohen FeO-Gehalt vor-
täuschen, weil sie bei der Titration zum Teil ebenfalls oxidiert
werden.

Die Verwendung von $KMnO_4$ zur Titration von Lösungen mit organischer Substanz ist ungünstig (S. 116). Hier ist die potentiometrische Indikation mit $K_2Cr_2O_7$ vorzuziehen. Im Gegensatz zur Bestimmung von Gesamteisen (6.2.2.1) ist es bei der FeO-Bestimmung
nicht zulässig, die organischen Bestandteile durch Erhitzen zu
oxidieren. Fe(II) wird ganz oder zum größten Teil zu Fe(III)
oxidiert.

Eine spezielle Methode zur FeO-Bestimmung in Tonschiefern bei
Gegenwart organischer Komponenten beschreibt NICHOLLS (1960).
Nach einem Flußsäure-Schwefelsäure-Aufschluß wird die Aufschlußlösung zunächst mit Borsäure versetzt und dann in eine Flasche
gespült, welche 75 ml konzentrierte Salzsäure und 6 ml einer Lösung bestehend aus 10 g KJ und 6,44 g KJO_3 in 150 ml 1 + 1 verdünnter Salzsäure enthält. Nach Zugabe von 10 ml Tetrachlorkohlenstoff wird der Inhalt der Flasche 20 Sek. geschüttelt. Der

Tetrachlorkohlenstoff färbt sich violett, während sich die organischen Komponenten an der Grenzschicht von Tetrachlorkohlenstoff zur wäßrigen Lösung ansammeln. Mit einer KJO_3-Lösung wird dann bis zum Verschwinden der violetten Färbung titriert. Nach NICHOLLS (1960) ist die Reproduzierbarkeit und Genauigkeit des Verfahrens gut selbst bei C-Gehalten von mehreren Prozent in der Probe.

Weitere Angaben zu den möglichen Fehlerquellen bei der FeO-Bestimmung s. z.B. MAXWELL (1968).

6.4 Al_2O_3

6.4.1 Differenzbestimmung (s. 6.2.1)

6.4.2 Titration

Für die maßanalytische Bestimmung von Al_2O_3 in Silikaten werden verschiedene Methoden angegeben (z.B. KRAFT u. DOSCH, 1970; SAJO, 1955b; THIELICKE, 1969; WALLRAF, 1961). Das vorliegende Verfahren wurde im wesentlichen von THIELICKE (1969) vorgeschlagen. Hierbei wird nach vorheriger Extraktion (Kupferron in Chloroform) der in den häufigen Gesteinstypen zu erwartenden Störelemente Eisen, Titan und Zirkon das Al_2O_3 komplexometrisch durch Rücktitration einer im Überschuß zugesetzten ÄDTA-Menge bestimmt. Die Extraktion ist in stark saurer Lösung (pH $\approx$ 1 - 1,5) durchzuführen, da Aluminium in schwach sauren Lösungen ebenfalls einen extrahierbaren Kupferronkomplex bildet (s. z.B. MORRISON u. FREISER, 1957). Der Äquivalenzpunkt kann entweder visuell mit Xylenolorange als Indikator oder potentiometrisch ermittelt werden. Der Aufschluß der Silikatproben erfolgt mit Flußsäure-Schwefelsäure-Salpetersäure (5.3.1) oder mit Flußsäure-Perchlorsäure (5.3.2).

Wenn die Al_2O_3-Gehalte in bestimmten Gesteinen sehr niedrig sind (z.B. in Duniten, Peridotiten), kann das Aluminium durch einen zweiten Extraktionsschritt in schwach saurer Lösung aus einer größeren Aufschlußmenge isoliert und dann in der beschriebenen Weise komplexometrisch bestimmt werden (KRAFT u. DOSCH, 1970). Ferner ist es möglich, kleine Al_2O_3-Gehalte mit Hilfe der Atomabsorptions-Spektralphotometrie zu bestimmen (6.4.3).

Für die Komplexierung von Aluminium wird bei visueller Indikation 0,05 M und bei potentiometrischer Indikation 0,01 M ÄDTA-Lösung verwendet. Der Überschuß an ÄDTA-Lösung wird mit 0,05 M bzw. 0,01 M Zink-Lösung zurücktitriert.

Eine vollständige Komplexierung von Aluminium ist Voraussetzung für die Ermittlung genauer Werte. Aluminium neigt zur Bildung von Hydroxokomplexen, die mit Komplexon nur träge reagieren. Aus diesem Grund ist ein Erhitzen der Lösung bei einem Komplexonüberschuß von 30 - 50% (bezogen auf das vorhandene Aluminium) notwendig (PATZAK u. DOPPLER, 1957).

Reagenzien (für visuelle und potentiometrische Indikation):
        Äthylendinitrilotetraessigsäure Dinatriumsalz,
        bzw. Äthylendiamintetraessigsäure, Dinatriumsalz
        (ÄDTA, englisch EDTA), z.B. 0,1 M Titriplex III-
        Lösung von E. Merck oder Idranal III-Lösung von
        Riedel-de Haën AG
        0,05 M bzw. 0,01 M ÄDTA-Lösungen herstellen durch
        Verdünnung einer 0,1 M Lösung mit dest. Wasser
        0,05 M bzw. 0,01 M Zink-Lösungen herstellen durch
        Verdünnung einer 0,1 M Zink-Lösung mit dest. Wasser
        Natriumhydroxid (Plätzchen), Herstellung einer
        etwa 30%igen NaOH-Lösung mit dest. Wasser
        Ammoniumacetat, Herstellung einer etwa 30%igen
        Ammoniumacetat-Lösung mit dest. Wasser
        Salzsäure, 36%ig, Verdünnung 3 Teile HCl + 1 Teil
        H$_2$O ($\approx$ 25%ig)
        Berylliumsulfat, reinst (Vorsicht, giftig)
        Xylenolorange Tetranatriumsalz, Indikator (0,5%ige
        wäßrige Lösung herstellen)
        Redoxindikator für potentiometrische Indikation:
        25 mg K$_3$[(Fe(CN)$_6$)] und 25 mg K$_4$[(Fe(CN)$_6$)] in
        je 25 ml dest. Wasser lösen, im Verhältnis 1 + 1
        vor Gebrauch mischen; K$_4$[(Fe(CN)$_6$)]-Lösung vor
        Gebrauch neu ansetzen
        Chloroform (Qualität wie für Bestimmungen mit
        Dithizon)
        Kupferron, Kupferron-Lösung: 0,3 g Kupferron in
        einen zylinderförmigen Scheidetrichter (Volumen
        etwa 50 ml) geben, dazu in der Reihenfolge 10 ml
        dest. Wasser, nach dem Lösen des Kupferrons etwa
        0,5 ml 25%ige Salzsäure und 10 ml Chloroform.
        Einige Sekunden schütteln. Nur die Chloroform-
        Phase für die Extraktion verwenden. Da die Halt-
        barkeit dieser Lösung begrenzt ist, unmittelbar
        vor jedem Ausschütteln neue Extraktionslösung
        herstellen.

Geräte (für visuelle und potentiometrische Indikation):
        Platinblech-Indikatorelektrode, Kalomel-Bezugs-
        system
        2 Büretten, je 50 ml
        Erlenmeyerkolben, Weithals, 500 ml
        Bechergläser, flache Form, 250, 400 ml
        Meßzylinder, 25 ml
        Kolbenpipette, 10 - 15 ml; Vollpipetten, verschie-
        dene Größen
        Scheidetrichter, zylindrisch 50 - 100 ml und
        birnenförmig 150 - 200 ml
        Siedestäbchen
        pH-Meßgerät mit Glaselektrode, Magnetrührer

<u>Arbeitsvorschrift:</u>

I. Visuelle Indikation:

Für eine Bestimmung werden je nach dem Al$_2$O$_3$-Gehalt im Gestein
0,1 - 0,2 g (bei Peridotiten und Duniten eventuell noch mehr)

der aufgeschlossenen Analysensubstanz benötigt (5.3.1 und 5.3.2).
Zunächst Aufschlußlösung in einen zuvor mit Chloroform ausgespülten birnenförmigen Scheidetrichter pipettieren, dann 5 ml 25%ige
Salzsäure und 10 ml Kupferron-Chloroform-Lösung dazugeben. Scheidetrichter mit Stopfen verschließen und 2 - 3 Sek. kräftig schütteln. Dann den Scheidetrichter mit dem Ausflußrohr nach oben halten und zum Druckausgleich vorsichtig den Hahn öffnen. Dabei dürfen keine Lösungströpfchen herausspritzen. Es empfiehlt sich,
einige Tropfen dest. Wasser bei geöffnetem Hahn in das Ausflußrohr des Scheidetrichters zu geben und zu warten, bis das Wasser
in den Trichter gelaufen ist. Dann den Hahn schließen und erneut
schütteln. Die Prozedur ist eventuell noch zwei- bis dreimal zu
wiederholen. Insgesamt 1 - 2 Min. schütteln. Nach der Phasen-
trennung das schwerere Chloroform aus dem Scheidetrichter ablaufen lassen, und die Extraktion mit 10 ml neuer Kupferron-Chloroform-Lösung wiederholen. Anschließend zur Entfernung von Kupfer-
ronresten dreimal mit je 10 ml reinem Chloroform je 30 Sek. nachwaschen. Die wäßrige Phase läßt man dann in einen 500 ml-Weithals-
Erlenmeyerkolben oder ein 400 ml-Becherglas ablaufen und spült
den Scheidetrichter mit dest. Wasser aus.

Zu der Analysenlösung werden etwa 40 mg Berylliumsulfat hinzugefügt, um eventuell noch vorhandene Fluoridreste zu komplexie-
ren. Dann mit 30%iger Natriumhydroxid- und 30%iger Ammoniumacetat-Lösung die Analysenlösung auf pH 2,5 einstellen (pH-Meter,
Magnetrührer).

Nach Zugabe von 20 ml 0,05 M ÄDTA-Lösung (das Volumen ist abhängig vom Al$_2$O$_3$-Anteil in der Einwaage) wird die Analysenlösung
bis zum Sieden erhitzt (Siedestäbchen verwenden) und 10 Min. bei
dieser Temperatur gehalten. Nach dem Abkühlen durch Zugabe von
Ammoniumacetat-Lösung (pH-Meter, Magnetrührer) auf pH 4,5 einstellen, nochmals bis zum Sieden erhitzen und etwa 5 Min. bei
dieser Temperatur halten. Anschließend wird die Lösung wieder
auf Zimmertemperatur abgekühlt. Nach Zugabe von 6 - 7 Tropfen
0,5%iger wäßriger Xylenolorange-Lösung erfolgt die Rücktitration
mit 0,05 M Zink-Lösung bis zum Farbumschlag von Gelb nach Rot
(deutlicher Umschlag). Es darf nur langsam und tropfenweise titriert werden.

II. Potentiometrische Indikation:

Bei Verwendung einer 10 ml-Kolbenbürette und von 0,01 M Lösungen
werden von basaltischen und granitischen Gesteinen etwa 20 mg,
von Tonschiefer etwa 20 - 40 mg und von Peridotiten, Duniten,
Kalksteinen (mit durchschnittlich 2% Al$_2$O$_3$) etwa 100 mg der gelösten Substanz benötigt. Die Analysenlösung wird in der gleichen Weise für die Titration vorbereitet wie unter visueller
Indikation beschrieben mit folgenden Abweichungen: Für die Extraktion werden nur einmal 10 ml Kupferron-Chloroform-Lösung benötigt. Zugabe von 5 ml 25%iger Salzsäure vor Beginn der Extraktion nicht vergessen. Dreimal mit je 10 ml reinem Chloroform
nachwaschen. Nach der Extraktion die wäßrige Phase in ein 250 ml-
Becherglas ablaufen lassen, 20 mg Berylliumsulfat zusetzen. Für
die Komplexierung von Aluminium 10 ml 0,01 M ÄDTA-Lösung aus
einer Bürette zu der Analysenlösung hinzugeben. Daran denken,
daß der Überschuß etwa 30 - 50% betragen soll. Vor dem zweiten

Kochen den pH-Wert auf 4,5 einstellen (pH-Meter, Magnetrührer).
Nach dem Abkühlen auf Zimmertemperatur unmittelbar vor der Titration 1 ml Hexacyanoferrat (II)-(III)-Lösung zusetzen und den
ÄDTA-Überschuß mit 0,01 M Zink-Lösung unter Verwendung einer
Platinblech-Indikatorelektrode und dem Kalomel-Bezugssystem
zurücktitrieren. Auf saubere Oberfläche der Platinelektrode
achten (6.2.2.1, S. 99). Das Volumen der Analysenlösung sollte
100 ml nicht überschreiten.

Für die Titration mit dem Metrohm-Potentiographen E 436 wurde
ein Bereich von 0 - 500 mV (ohne Stufenkompensation) gewählt
(Tabelle 20). Die Titration muß in der Nähe des Äquivalenzpunktes langsam ausgeführt werden, damit der Abknick möglichst
scharf aufgezeichnet wird. Der Potentialsprung wird verursacht
durch die Reaktion des ersten Tropfens überschüssiger Zink-Lösung mit Hexacyanoferrat(II) unter Bildung des schwerlöslichen
Zinkhexacyanoferrat(II). Der Äquivalenzpunkt wird entsprechend
Abb. 15 ermittelt.

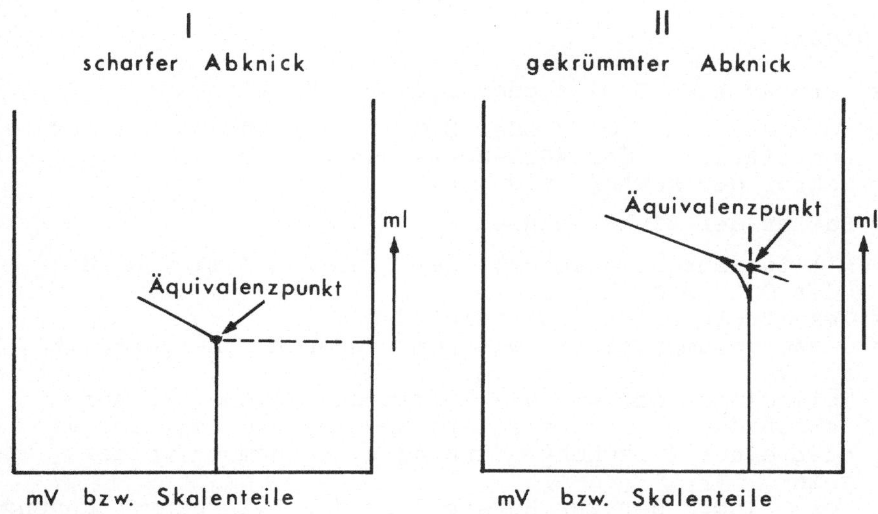

Abb. 15. Graphische Ermittlung des Äquivalenzpunktes

Bestimmung des Faktors der ÄDTA-Lösung:

Die Bestimmung des Faktors der 0,05 M bzw. 0,01 M ÄDTA-Lösung
gegen 0,05 M bzw. 0,01 M Zink-Lösung erfolgt nach den gleichen
Bedingungen wie unter visueller bzw. potentiometrischer Indikation beschrieben. Der Mittelwert wird aus mindestens 3 Einzelbestimmungen gebildet.

Es wird ein bestimmtes Volumen der ÄDTA-Lösung vorgelegt, dann
werden 5 ml 25%ige Salzsäure zugegeben. Mit 30%iger Natriumhy-
droxid- und Ammoniumacetat-Lösung auf pH 2,5 einstellen, 20 mg
Berylliumsulfat hinzufügen, schließlich mit 30%iger Ammonium-

acetat-Lösung auf pH 4,5 erhöhen und visuell oder potentiometrisch den Äquivalenzpunkt bestimmen.

Berechnung:

Der Verbrauch an 0,05 M oder 0,01 M Zink-Lösung wird von den vorgelegten ml 0,05 M oder 0,01 M ÄDTA-Lösung abgezogen. Die Differenz ist das Volumen der zur Komplexierung von Al verbrauchten
ÄDTA-Lösung.

$$1 \text{ ml } 0,05 \text{ M ÄDTA-Lösung} = 1,349 \text{ mg Al}$$
$$= 2,5483 \text{ mg } Al_2O_3$$

$$1 \text{ ml } 0,01 \text{ M ÄDTA-Lösung} = 0,2698 \text{ mg Al}$$
$$= 0,5097 \text{ mg } Al_2O_3$$

Die in 6.2.2.1 (S. 101) angegebene Formel muß für die Rücktitration sinngemäß wie folgt ergänzt werden:

$$(V_{ÄDTA} \cdot F_{ÄDTA} - V_{Zn} \cdot F_{Zn}) \cdot Äq \cdot \frac{V_A}{ml} \cdot f_1 \cdot \frac{1}{G} \cdot 100 = \%$$

Darin bedeuten:

$V_{ÄDTA}$ = Verbrauch an 0,01 M oder 0,05 M ÄDTA-Lösung

V_{Zn} = Verbrauch an 0,01 M oder 0,05 M Zink-Lösung bei der
Rücktitration des ÄDTA-Überschusses

$F_{ÄDTA}$ = Faktor der ÄDTA-Lösung

F_{Zn} = Faktor der Zink-Lösung

$Äq$ = Milligrammäquivalent Al oder Al_2O_3 zu 1 ml 0,01 M
oder 0,05 M ÄDTA-Lösung

V_A = Gesamtvolumen der Aufschlußlösung

V_1 = Gesamtvolumen einer Zwischenverdünnung, hergestellt
aus V_A

ml = Teilvolumen der für die Titration verwendeten Aufschlußlösung. Dieses Teilvolumen kann direkt aus V_A
oder einer Zwischenverdünnung V_1 entnommen worden
sein

ml_1 = Teilvolumen der zur Herstellung der Zwischenverdünnung
V_1 aus V_A entnommenen Aufschlußlösung

f_1 = $\frac{V_1}{ml_1}$. Wenn keine Zwischenverdünnung V_1 hergestellt
wird, ist $V_1 = ml_1$. Das heißt, $f_1 = 1$

G = Die für den Aufschluß verwendete Probemenge in mg

100 = Umrechnung in Gew.%

Umrechnungsfaktoren: $Al_2O_3 \cdot 0,5293 = Al$
$Al \cdot 1,889 = Al_2O_3$

6.4.3 Atomabsorptions-Spektralphotometrie

Reagenzien: 0,1 g Al-Lösung für die Atomabsorption
0,1 g Ca-Lösung für die Atomabsorption
Cäsiumchlorid (Suprapur von E.Merck mit max.
0,01 ppm Al), Cäsiumchlorid-Lösung mit 2% Cs:

                   2,53 g CsCl Suprapur auf 100 ml mit dest. Wasser
                   lösen

     Geräte: Meßkolben, 50, 250, 500, 1000 ml
                   Pipetten verschiedener Größe

Herstellung der Al- und Ca-Lösungen:

Stammlösung (Stl.) mit 200 ppm Al: 0,1 g Al im 500 ml-Meßkolben
   mit dest. Wasser auffüllen. 200 ppm Al = 377,8 ppm Al_2O_3.

Zwischenverdünnung (Zwv.) mit 40 ppm Al: 50 ml der Stammlösung
   im 250 ml-Meßkolben mit dest. Wasser auffüllen. 40 ppm Al =
   75,6 ppm Al_2O_3.

Lösung mit 100 ppm Ca: 0,1 g Ca im 1000 ml-Meßkolben mit dest.
   Wasser auffüllen. 100 ppm Ca = 139,9 ppm CaO.

Eichlösungen für Silikate mit > 3% Al_2O_3:

    20 ppm Al: 5 ml Stl.+ 5 ml Ca-Lsg.+ 5 ml Cs-Lsg.+H_2O auf 50 ml
    40 ppm Al: 10 ml Stl.+ 5 ml Ca-Lsg.+ 5 ml Cs-Lsg.+H_2O auf 50 ml
    80 ppm Al: 20 ml Stl.+ 5 ml Ca-Lsg.+ 5 ml Cs-Lsg.+H_2O auf 50 ml
   100 ppm Al: 25 ml Stl.+ 5 ml Ca-Lsg.+ 5 ml Cs-Lsg.+H_2O auf 50 ml
   120 ppm Al: 30 ml Stl.+ 5 ml Ca-Lsg.+ 5 ml Cs-Lsg.+H_2O auf 50 ml

Eichlösungen für Silikate mit < 3% Al_2O_3:

     4 ppm Al: 5 ml Zwv.+ 5 ml Ca-Lsg.+ 5 ml Cs-Lsg.+H_2O auf 50 ml
     8 ppm Al: 10 ml Zwv.+ 5 ml Ca-Lsg.+ 5 ml Cs-Lsg.+H_2O auf 50 ml
    12 ppm Al: 15 ml Zwv.+ 5 ml Ca-Lsg.+ 5 ml Cs-Lsg.+H_2O auf 50 ml
    16 ppm Al: 20 ml Zwv.+ 5 ml Ca-Lsg.+ 5 ml Cs-Lsg.+H_2O auf 50 ml
    20 ppm Al: 25 ml Zwv.+ 5 ml Ca-Lsg.+ 5 ml Cs-Lsg.+H_2O auf 50 ml

Die Bestimmung von Aluminium erfolgt mit einer Distickstoffmonoxid-Azetylenflamme (z.B. BERNAS, 1968; BUCKLEY u. CRANSTON, 1971;
GALLE, 1968; KATZ, 1968). Mögliche Interelementeffekte werden
durch einen Calciumzusatz zu den Eichlösungen berücksichtigt.
Störungen durch Ionisation lassen sich durch eine Zugabe von
Cäsiumchlorid zu den Eich- und Analysenlösungen ausschalten.
Durch die Zugabe von Cäsiumchlorid wird eine geringfügige Steigerung der Absorption von etwa 10% relativ im Vergleich zu reinen Aluminium-Lösungen ohne Cäsiumzusatz erreicht. Ein Schwefel-
säuregehalt $\leqq$ 0,1 N in der Aufschlußlösung (5.3.1) stört die Al-
Bestimmung nicht.

Analysenlösungen, Blindlösung:

Die Säureaufschlußlösung kann ohne weitere Zwischenverdünnung
verwendet werden. Bei etwa 9,5 - 19% Al_2O_3 (5 - 10% Al) in der
Probe werden von der Aufschlußlösung 10 ml und bei < 9,5% Al_2O_3
(< 5% Al) 40 ml in einen 50 ml-Meßkolben pipettiert. 5 ml der
2%igen Cs-Lösung hinzufügen und mit dest. Wasser auffüllen. Bei
Gehalten < 3% Al_2O_3 (< 1,5% Al) muß die Meßempfindlichkeit durch
die Dehnung der Schreibskala verbessert werden, wobei die Eichlösungen im Bereich 4 - 20 ppm Al Verwendung finden.

Eine Blindlösung wird hergestellt durch Verdünnung von 5 ml
der 100 ppm Ca-Lösung und 5 ml der 2%igen Cs-Lösung mit dest.
Wasser auf 50 ml.

Messung der Lösungen:

Mit einer Al-Hohlkathodenlampe wird bei 3093 Å gemessen. Weitere
Meßdaten für Al sind aus der Tabelle 23, allgemeine Hinweise aus
6.2.4.1 (S. 111 - 113) zu entnehmen.

Berechnung: (s. 6.1.3, S. 87, 88 und 6.2.4.1, S. 113, 114)

Umrechnungsfaktoren für Al und Al$_2$O$_3$ s. 6.4.2 (S. 122).

6.5 CaO

6.5.1 Gravimetrie

Die Calcium-Magnesium-Trennung beruht auf der Bestimmung von
Calcium als Oxalat, während das Magnesium im Filtrat als Magnesiumammoniumphosphat gefällt wird.

Wichtigster Lösungsgenosse des Calciums ist das Magnesium. Die
Löslichkeit von Magnesiumoxalat ist annähernd fünfzigmal höher
als die des Calciumoxalats bei 20°C. Ein Zusatz von Ammoniumoxalat verringert die Löslichkeit des Magnesiumoxalats um einige
Milligramm.

Die Löslichkeit von Manganoxalat ist bei 20°C nur wenig höher
als die der entsprechenden Magnesiumverbindung. Es ist daher
damit zu rechnen, daß von dem im Hydroxid-Niederschlag nicht
mitgefällten Mangan wechselnde Anteile auch in den Calciumoxalat-
Niederschlag gehen können.

Durch den Natriumkarbonat-Aufschluß ist in der Analysenlösung
der Gehalt an Natrium mindestens fünfundzwanzigmal so hoch wie
der an Calcium. Das Mitreißen von Alkalielementen ist deshalb
eine weitere Ursache der Verunreinigung des Oxalatniederschlages.
Auch bei einwandfreien Fällungsbedingungen muß der Calciumoxalat-
niederschlag umgefällt werden.

        Reagenzien: Ammoniumoxalat (1 g in 25 ml dest. Wasser lösen,
                    die Lösung enthält 619 mg C$_2$O$_4$; für 1 mg CaO wer-
                    den 1,57 mg C$_2$O$_4$ zur Bildung von CaC$_2$O$_4$ benötigt)
                    Ammoniaklösung, 25%ig, Ammoniaklösung 2 M, her-
                    gestellt im Verhältnis 1 Teil konz. Ammoniaklö-
                    sung + 2,5 Teile dest. Wasser)
                    Salzsäure, 36%ig, Verdünnung 1 Teil HCl + 1 Teil
                    H$_2$O
                    Waschlösung (0,5 g Ammoniumoxalat in 200 ml dest.
                    Wasser)
                    Methylrot, Silbernitrat
                    Salpetersäure, 65%ig; daraus 20%ige HNO$_3$ herstel-
                    len

    Geräte: Feinporiger Glasfiltertiegel (z.B. Nr. G 4 der
                     Firma Schott & Gen., Mainz)
                     Analysentrichter, 7 cm oberer Ø
                     Filter, 11 cm Ø (z.B. Weißband der Firma Schlei-
                     cher & Schüll)
                     Bechergläser, 400, 600 ml; Pipette, 10 ml
                     Peleusball, Uhrgläser
                     Saugtopf mit Filtrationseinrichtung, Wasserstrahl-
                     pumpe

<u>Arbeitsvorschrift</u>:

Die folgende Vorschrift gilt für ein Gestein mit ≈ 10% CaO und
MgO. Bei 500 mg Einwaage sind das je 50 mg CaO und MgO. Starke
Abweichungen von diesen Absolutgehalten und auch von dem CaO-
MgO-Verhältnis müssen bei der Analyse berücksichtigt werden. Bei
der Bestimmung von wenig Calcium neben viel Magnesium werden
beide Elemente in Sulfate überführt und der Abdampfrückstand mit
einer Mischung aus 90 Volumenteilen Methanol und 10 Volumenteilen Äthylalkohol behandelt. Die Mg-Verbindung geht in Lösung,
Calciumsulfat als Rückstand wird abfiltriert, in heißer Salzsäure gelöst und Ca als Oxalat gefällt.

1. Fällung:

Nach Entfernung der Ammoniumverbindungen (6.2.1, S. 96, 97) wird
der Rückstand in der Porzellanschale mit 3 - 4 ml konzentrierter Salzsäure befeuchtet, mit 200 - 250 ml dest. Wasser gelöst
und in ein 600 ml-Becherglas übergespült. Die Lösung ist etwa
0,15 - 0,20 N an HCl. Sie wird auf etwa 80°C erhitzt. 5 - 8 ml
der Ammoniumoxalatlösung (1 g in 25 ml) und 3 Tropfen Methylrot
zugeben, langsam aus einer Pipette unter Rühren mit 2 M Ammoniaklösung versetzen, bis sich ein Niederschlag bildet. Dann die
Ammoniaklösung nur noch in Tropfen zusetzen bis die Fällung beendet ist, und der Indikator nach gelb umschlägt. 2 - 3 g Ammoniumoxalat (gelöst) unter Umrühren als Überschuß hinzufügen.
Die Lösung soll anschließend 4 - 6 Std. ohne Umrühren stehen
bleiben.

2. Filtration (Filtrat 1):

Der Niederschlag wird durch ein Weißbandfilter mit 11 cm Ø filtriert. Es ist nicht nötig, das Becherglas quantitativ auszu-
spülen. Den Niederschlag zwei- bis dreimal mit der kalten Am-
moniumoxalat-Waschlösung waschen. Das Filtrat wird beschriftet
(Filtrat 1 von Ca) und zur Weiterverarbeitung aufgehoben. Der
Hauptanteil des Niederschlages wird zunächst mit dest. Wasser
aus dem Papierfilter in das Becherglas der ersten Fällung zurück-
gespült, der Rest mit warmer verdünnter Salzsäure aus dem Filter
gelöst. Anschließend das Filter mit dest. Wasser waschen. Nach
jeder Zugabe von Wasser warten, bis dieses aus dem Filter gelaufen ist. Von dem Filtrat einige Tropfen auffangen, mit Silbernitrat und verdünnter Salpetersäure versetzen und auf Chloridionen prüfen. Wenn das Filtrat keine Chloridionen mehr enthält,
kann das Filter verworfen werden. Beim Lösen mit Salzsäure und
Waschen mit dest. Wasser ist darauf zu achten, daß das Volumen
der Lösung am Ende möglichst nicht mehr als 200 ml beträgt
(sonst einengen).

3. Umfällung:

Die Lösung enthält neben Calcium nur noch geringe Mengen Magnesium und Alkalielemente. In der beschriebenen Weise wird aus dieser Lösung das Calcium zum zweiten Mal gefällt. Die Lösung mit dem Niederschlag bleibt 4 - 6 Std. bei Zimmertemperatur stehen.

4. Filtration (Filtrat 2):

Die Filtration erfolgt durch einen bei 110°C gewichtskonstant getrockneten Glasfiltertiegel G 4. Diesmal muß das Becherglas mit Waschflüssigkeit quantitativ ausgespritzt werden. Der Niederschlag wird unter jeweils völligem Absaugen mindestens viermal mit der Waschflüssigkeit und zweimal mit heißem dest. Wasser gewaschen (Filtrat 2 von Calcium). Jedesmal gut absaugen.

5. Trocknen des Niederschlages:

Der Niederschlag wird zunächst 3 Std. bei 60°C, anschließend nochmals 3 Std. bei 110°C im Trockenschrank getrocknet und als $CaC_2O_4 \cdot H_2O$ gewogen. Auf Gewichtskonstanz prüfen.

Bei hohen Mangan- (> 1% MnO) und Calciumgehalten in der Analysensubstanz wird empfohlen, nach der Bestimmung von Calcium den Oxalatniederschlag mit einigen ml 20%iger Salpetersäure zu lösen und in dieser Lösung mitgefälltes Mangan spektralphotometrisch zu bestimmen.

<u>Berechnung:</u>

$$\text{Auswaage mg } CaC_2O_4 \cdot H_2O \cdot 0,2743 = \text{mg Ca}$$
$$\cdot 0,3838 = \text{mg CaO}$$

$$\frac{\text{mg } CaC_2O_4 \cdot H_2O \cdot 0,3838 \cdot 100}{\text{mg Einwaage}} = \% \text{ CaO}$$

Umrechnungsfaktoren: CaO $\cdot$ 0,7147 = Ca
                     Ca $\cdot$ 1,399 = CaO

<u>6.5.2 Titration</u>

Die Bestimmung von Calcium erfolgt komplexometrisch in einem Teil der Säureaufschlußlösung, wobei der Äquivalenzpunkt entweder visuell oder voltametrisch festgestellt werden kann. Während bei der visuellen Calcium-Titration mit ÄDTA das Magnesium zunächst als Hydroxid ausgefällt werden muß, kann bei voltametrischer Indikation das Calcium mit Bis-(aminoäthyl)-glycoläther-N,N,N',N'-tetraessigsäure (ÄGTA) in Gegenwart des noch in gelöster Form vorliegenden Magnesiums bestimmt werden (KRAFT, 1968; KRAFT u. DOSCH, 1970; THIELICKE, 1968). Das heißt, daß selbst bei höheren Magnesiumkonzentrationen auch noch wenig Calcium titriert werden kann. Das ist vor allem von Bedeutung bei der Calciumbestimmung z.B. in Duniten, Peridotiten, Serpentiniten, Tonschiefern. In einigen dieser Gesteine ist das Verhältnis MgO : CaO = 100 : 1 oder größer, so daß die Ausfällung von Magnesium durch die mögliche Mitfällung eines Teiles der geringen Calciumgehalte zu schwer erkennbaren Fehlern führen kann. Die Calciumbestimmung

mit visueller Indikation des Äquivalenzpunktes sollte also nur
bei Kalksteinen und Gesteinen mit Verhältnissen MgO : CaO =
1 : 1 oder kleiner bis 3 : 1 erfolgen (z.B. Basalte, Granite,
Granodiorite, Diorite, Andesite). Allerdings kann auch bei kleinen CaO-Gehalten (etwa 0,5%) neben hohen MgO-Konzentrationen
(etwa 40%) die voltametrische Indikation versagen, das heißt,
es wird kein Knick im Kurvenverlauf registriert. In diesem Fall
ist es günstiger, den CaO-Wert mit Hilfe der Atomabsorptions-
Spektralphotometrie zu bestimmen (6.5.3).

Die Calciumbestimmung mit visueller Indikation unter Verwendung
eines Farbindikators wird in Gegenwart von Eisen, Aluminium,
Mangan und Titan durchgeführt. Die Gehalte dieser Elemente in
der Analysensubstanz sollten ungefähr bekannt sein, da sie nur
innerhalb eines bestimmten Konzentrationsbereichs maskiert werden können. In der zu titrierenden Lösung lassen sich Eisen und
Mangan bis 5 mg maskieren. Das entspricht bei 0,5 g Einwaage in
250 ml Aufschlußlösung und einer Entnahme von je 25 ml Lösung
für die Titration einem Fe_2O_3-Gehalt von mehr als 10% im Gestein.
Bei dem hohen Titrations-pH von 12 - 13 für die Calciumbestimmung mit visueller Indikation liegt das Aluminium als Aluminat
vor und reagiert in dieser Form nicht mit ÄDTA. Barium und Strontium werden mittitriert. Ihre normalerweise geringen Konzentrationen in silikatischen Gesteinen beeinflussen aber die Calciumbestimmung nicht. Phosphationen stören erst, wenn das Verhältnis
P : Ca = 4 : 1 (SCHWARZENBACH u. FLASCHKA, 1965) und das Verhältnis P : Mg = 2 : 1 (JOHANNES u. ALTHAUS, 1968) überschritten
wird. Auch bei der Calciumbestimmung mit voltametrischer Indikation ist eine Maskierung der störenden Elemente möglich (THIE-
LICKE, 1968), und zwar von Eisen und anderen störenden Ionen mit
Citrat-Tartrat-Lösung und Triäthanolaminlösung. Die Titration
erfolgt bei pH 10 mit einer Silberamalgam- und Graphitelektrode
als Indikator- bzw. Gegenelektrode. Für die Endpunkttitration
wird die sogenannte "Chelonwelle" ausgenutzt. Sie beruht auf der
anodischen Auflösung des Quecksilbers durch freies Komplexon.

Bei der Calcium-Titration mit voltametrischer Indikation können
die störenden Elemente ebenfalls abgetrennt werden, und zwar
durch Extraktion mit Kupferron-Chloroform. Außer Eisen, Mangan,
Titan und Zirkon muß hierbei auch das Aluminium quantitativ ex-
trahiert werden. Die Titration erfolgt ebenfalls bei pH 10 voltametrisch mit einer Doppelplatinblech-Elektrode, bei welcher die
Anode mit einer Thalliumoxid-Schicht überzogen wurde.

Zu beachten ist, daß relativ hohe Gehalte an gelöster Substanz
die Schärfe der voltametrischen Indikation negativ beeinflussen
und die Indikationskurven dann flach verlaufen. Für die Titration
dürfen also nur kleine Anteile der Analysenlösung sowie nur verdünnte Maßlösungen (0,01 M) verwendet werden (KRAFT u. DOSCH,
1970; THIELICKE, 1968). Auch die Einstellung des pH-Wertes mit
Pufferlösung erhöht die Konzentration an gelösten Substanzen in
der zu titrierenden Lösung.

        Reagenzien (für visuelle und voltametrische Indikation):
                Äthylendinitrilotetraessigsäure, Dinatriumsalz,
                bzw. Äthylendiamintetraessigsäure, Dinatriumsalz
                (ÄDTA), z.B. 0,1 M Titriplex III-Lösung von E.

Merck oder Idranal III-Lösung von Riedel-de Haën
AG
0,01 M ÄDTA-Lösung herstellen durch Verdünnung
einer 0,1 M Lösung mit dest. Wasser
Bis-(aminoäthyl)-glycoläther-N,N,N',N'-tetraessig-
säure, auch 3,6-Dioxaoctamethylendinitrilotetra-
essigsäure (ÄGTA, englisch EGTA), Titriplex VI
von E. Merck
0,01 M ÄGTA-Lösung: In ein 250 ml-Becherglas werden 3,8035 g ÄGTA eingewogen. Dazu eine Lösung
von 0,9 g NaOH in 10 ml dest. Wasser hinzufügen
und umrühren, bis alles gelöst ist. Einen Überschuß an NaOH durch tropfenweise Zugabe von etwa
1 N Salpetersäure bis pH 7 (pH-Meter) zurückneh-
men. Die Lösung in einem 1000 ml-Meßkolben mit
dest. Wasser auffüllen
100 ppm Ca- und Mg-Lösungen: Je 0,1 g Ca und Mg
für die Atomabsorption getrennt in 1000 ml-Meßkolben mit dest. Wasser auffüllen
1000 ppm Mg-Lösung: 10 g Mg (z.B. Fixanal von
Riedel-de Haën AG) in 500 ml-Meßkolben mit dest.
Wasser auffüllen. Davon 50 ml in einen 1000 ml-
Meßkolben pipettieren und mit dest. Wasser auffüllen
Calconcarbonsäure, Indikator (0,4%ige Lösung in
Methanol, nur wenige Tage haltbar)
Äthanol, absolut
Triäthanolamin, für die Bestimmungen mit visueller Indikation; zur Verringerung der Viskosität
wird eine Mischung aus 90 Vol.% Triäthanolamin
und 10 Vol.% Äthanol hergestellt (JOHANNES u.
ALTHAUS, 1968)
Triäthanolamin, für die Bestimmungen mit voltame-
trischer Indikation; 15 ml in einem 1000 ml-Meß-
kolben mit dest. Wasser auffüllen, Lösung kühl
aufbewahren
Äthanolamin, 15 ml auf 250 ml mit dest. Wasser
auffüllen, Lösung kühl aufbewahren
di-Ammoniumhydrogencitrat, Kaliumnatriumtartrat
Maskierungslösung: je 5 g Ammoniumhydrogencitrat
und Kaliumnatriumtartrat in 100 ml dest. Wasser
getrennt lösen, zusammengießen und auf 500 ml
mit dest. Wasser auffüllen
Natriumhydroxid (Plätzchen), daraus 30%ige NaOH-
Lösung herstellen
Chloroform (Qualität wie für Bestimmungen mit
Dithizon)
Kupferron-Lösung, Herstellung unter 6.4.2, S. 119
beschrieben
Salzsäure, 36%ig, daraus 25%ige HCl herstellen
Ammoniumacetat, daraus 30%ige Lösung herstellen
Ammoniaklösung, 25%ig, daraus 12%ige Ammoniaklö-
sung herstellen
Ammoniumchlorid
Pufferlösung, pH 10: 70 g Ammoniumchlorid in 200 ml
dest. Wasser lösen, 570 ml 25%ige Ammoniaklösung
hinzufügen, auf 1000 ml mit dest Wasser auffüllen

Thallium(I)-chlorid
Lösung für die Präparierung der Tl_2O_3- Anode:
Etwa 0,2 g TlCl werden in einem 100 ml-Becherglas
mit 50 ml dest. Wasser und 5 ml 15%iger Ammoniaklösung versetzt und durch Rühren in Lösung gebracht
Quecksilber

Geräte (für visuelle und voltametrische Indikation):
Doppelplatinblech-Elektrode, Graphitelektrode
Bürette, 50 ml, mit Polyäthylen-Vorratsflasche
Erlenmeyerkolben, Weithals, 200 ml
Bechergläser, breite Form, 150, 250 ml
Pipetten, verschiedene Größen
Kolbenpipette, 10 ml oder entsprechende Vollpipette
in Verbindung mit einem speziellen Pipettierhelfer
Meßzylinder, 25 ml
pH-Meßgerät mit Glaselektrode, Magnetrührer
Scheidetrichter, zylindrisch 50 - 100 ml und
birnenförmig 150 - 200 ml
Herstellung der Tl_2O_3-Anode (KRAFT u. DOSCH, 1970):
Die Platinelektrode muß zunächst sorgfältig gerei-
nigt werden. Das geschieht durch kurzes Eintauchen (einige Sekunden) in Königswasser oder in
eine Salzsäure-Wasserstoffperoxid-Mischung. Nach
dem Abspülen der Säurereste mit dest. Wasser wird
die Elektrode in die ruhende thalliumhaltige Lösung (Herstellung s. unter Reagenzien) eingetaucht.
Bei dem für diesen Arbeitsgang verwendeten Metrohm-
Potentiographen E 436 wurde der Schalter für den
Polarisationsstrom auf + 5 oder 10 µA und der Bereichschalter auf 1 V (Stufenkompensation 0) gestellt. Nach 15 - 30 Min. bildet sich eine hell-
braune, zusammenhängende Schicht von Tl_2O_3 auf
der Anode. Die Elektrode wird mit dest. Wasser
abgespült und ist dann meßfertig. Die Aufbewahrung
erfolgt am besten in dest. Wasser, welchem einige
Tropfen der Pufferlösung (pH 10) zugesetzt werden.
Reduktionsmittel oder stärkere Säuren zerstören
die Tl_2O_3-Schicht. Es wird empfohlen, jeden Tag
bzw. vor jeder Meßserie die Anode nach kurzem
Beizen mit Salzsäure mit einer neuen Tl_2O_3-Schicht
zu belegen und mit einer Calciumlösung die Funktionsfähigkeit der Elektrode zu überprüfen.

Massive Silberelektrode, zum Beispiel selbstge-
fertigt aus 2 mm starkem und 15 cm langem Silber-
draht. Zur Amalgamierung wird die Elektrode einige
Sekunden in verdünnte Salpetersäure (1 Teil 65%ige
HNO_3 + 2 Teile Wasser) getaucht, mit Wasser abgespült, mit Filtrierpapier gut getrocknet und in
Quecksilber getaucht. Nach einigen Minuten wird
die Elektrode herausgenommen und der am Elektro-
denende hängende Quecksilbertropfen durch Ab-
klopfen entfernt. Die Elektrode muß vor jedem
Gebrauch neu amalgamiert werden, bei Reihenbe-
stimmungen nach etwa 20 Titrationen.

<u>Arbeitsvorschrift:</u>

I. Visuelle Indikation:

Etwa 25 ml der Säureaufschlußlösung (5.3 und 5.4) in einen Erlenmeyerkolben oder bei Verwendung eines Magnetrührers in ein
250 ml-Becherglas pipettieren und mit dest. Wasser auf 100 bis
150 ml verdünnen. Das für die Titration anzuwendende Volumen an
Aufschlußlösung richtet sich nach der Menge CaO in der Analysensubstanz. Das oben genannte Volumen bezieht sich auf etwa 5 -
10% CaO in der Gesteinsprobe. Zu der abpipettierten Lösung 10 ml
Triäthanolamin hinzufügen und auf pH 12 durch Zugabe einiger
Tropfen der 30%igen Natronlauge einstellen. Das Magnesium fällt
als Hydroxid aus. Anschließend 5 - 10 Tropfen Calconcarbonsäure
zusetzen und mit 0,01 M ÄDTA-Lösung unter kräftigem Umschwenken
oder Rühren bis zum Farbumschlag von Weinrot nach Reinblau titrieren. Der Magnesiumhydroxid-Niederschlag absorbiert zwar
etwas Indikator, stört jedoch nicht den Farbumschlag.

II. Voltametrische Indikation:

a) Mit der Kombination amalgamierte Silberelektrode - Graphitelektrode und Maskierung der Störelemente

Dieser Arbeitsanleitung liegt das Analysenverfahren von THIELICKE
(1968) zugrunde. Bei der Titration sollten etwa 2 - 3 ml der
0,01 M ÄGTA-Lösung verbraucht werden. Entsprechend dem CaO-Gehalt des Gesteins ist ein Teil der mit Flußsäure-Schwefelsäure-
Salpetersäure aufgeschlossenen Substanz (5.3.1) für die Titration zu verwenden. Bei basaltischen Gesteinen werden etwa 10 ml
(20 mg Analysensubstanz), bei Graniten etwa 20 - 40 ml (40 -
80 mg Analysensubstanz), bei Duniten und Peridotiten etwa 50 -
100 ml (100 - 200 mg Analysensubstanz) der Aufschlußlösung benötigt. Bei Gesteinen mit hohen CaO-Gehalten (z.B. Kalksteinen)
sind entsprechend andere Einwaagen zu wählen. Die Analysenlösung
wird in ein 150 ml-Becherglas pipettiert, 10 ml der Citrat-Tar-
trat-Maskierungslösung hinzugefügt und 10 Min. stehen gelassen.
Dann noch 5 ml Triäthanolaminlösung zugeben und mit Äthanolamin-
lösung auf pH 10 (pH-Meßgerät) einstellen. Bei kleinen CaO-Gehalten neben viel MgO muß zur Vermeidung einer Magnesiumhydro-
xid-Fällung bei pH 9,5 titriert werden. In entsprechender Weise
muß die Einstellung des Faktors der ÄGTA-Lösung vorgenommen werden. Das Gesamtvolumen sollte vor der Titration nicht größer als
80 ml sein.

Die Titrationen wurden mit dem Metrohm-Potentiographen E 436 bei
einem Polarisationsstrom von + 25 µA (Bereichschalter auf 500 mV)
ausgeführt (Tabelle 20). Die Silberamalgamelektrode wurde als
Anode, die Graphitelektrode als Kathode geschaltet. Beide Elektroden befanden sich in gleicher Höhe etwa 2 mm voneinander entfernt. Es wurde während der Titration mit einem Magnetrührer
unter Vermeidung einer Verwirbelung gerührt. Das Ende der Titration zeigt ein scharfer Abknick im Kurvenverlauf an (langsam
registrieren).

b) Mit Doppelplatinblech-Elektrode (Tl_2O_3-Anode) und Extraktion
der Störelemente

Die vorliegende Arbeitsanleitung basiert auf einem von KRAFT u.
DOSCH (1970) beschriebenen Verfahren. Falls die Substanz mit
Flußsäure-Perchlorsäure aufgeschlossen wurde, müssen die Perchlo-
rate durch Abrauchen mit Schwefelsäure zunächst in Sulfate über-
führt werden. Sonst versagt die voltametrische Indikation. Die
Aufschlußlösung (Volumenangaben unter a) wird in einen zuvor mit
Chloroform ausgespülten birnenförmigen Scheidetrichter pipettiert
und nach Zusatz von wenig dest. Wasser mit der Ammoniumacetat-
Lösung auf pH 3,5 eingestellt (pH-Meßgerät). Anschließend 10 ml
Kupferron-Chloroform-Lösung dazugeben, und die Extraktion wie
in Abschnitt 6.4.2 (S. 120) beschrieben ausführen. Zur Entfernung der Kupferronreste drei- bis viermal mit je 10 ml Chloroform 30 Sek. nachwaschen. Die wäßrige Phase läßt man dann in
ein 150 ml-Becherglas ablaufen und spült den Scheidetrichter mit
dest. Wasser aus. In das Becherglas wird ein mit Teflon überzogenes Magnet-Rührstäbchen gelegt (verhindert Siedeverzug) und
die Lösung auf etwa 80 ml eingeengt. Erst dann nach dem Abkühlen
wird mit der Pufferlösung der pH-Wert auf 10 eingestellt (pH-
Meßgerät). Eine Gelbfärbung der Lösung deutet darauf hin, daß
nicht alle Kupferronreste durch Waschen mit Chloroform entfernt
wurden. In diesem Fall versagt die voltametrische Indikation,
und die Lösung muß verworfen werden. Es wird ebenfalls mit 0,01 M
ÄGTA-Lösung titriert.

Lösungsgenossen verursachen einen unscharfen Abknick am Äquivalenzpunkt. Daher sollte die Verdünnung bei der Titration etwa
100 ml betragen.

Die Titrationen mit dem Metrohm-Potentiographen E 436 wurden
bei einem Polarisationsstrom von + 25 µA (Bereichschalter auf
1 V) ausgeführt (Tabelle 20). Nach dem Eintauchen der Elektroden
in die Analysenlösung mit einem Magnetrührer intensiv rühren.
Das Ende der Titration zeigt ein Abknick im Kurvenverlauf an
(langsam registrieren). Der Äquivalenzpunkt wird graphisch entsprechend der Abb. 11 (S. 100) ermittelt.

Bestimmung des Faktors der ÄDTA- und ÄGTA-Lösungen:

Die Bestimmung des Faktors der 0,01 M ÄDTA- und ÄGTA-Lösungen
erfolgt unter den gleichen Bedingungen wie unter visueller bzw.
voltametrischer Indikation beschrieben (Zusatz von Maskierungs-
lösungen nicht vergessen). Der Mittelwert wird aus mindestens
3 Einzelbestimmungen gebildet.

In jedem Fall sollte der Faktor mit Lösungen bestimmt werden,
welche die gleichen oder ähnlichen CaO-MgO-Verhältnisse aufwei-
sen wie die Analysensubstanzen. Das ist besonders wichtig bei
der Bestimmung des Faktors für die ÄGTA-Lösung (voltametrische
Indikation). Es wird empfohlen, den Faktor zu bestimmen für die
Verhältnisse MgO : CaO = 1 : 1, 4 : 1, 250 : 1. Mischungen entsprechender Zusammensetzung können unter Verwendung von Lösungen
mit 100 ppm Ca und 100 ppm bzw. 1000 ppm Mg hergestellt werden.

Der Faktor der ÄDTA- bzw. ÄGTA-Lösungen für die Titration von
Ca bzw CaO wird wie folgt berechnet (KRAFT u. DOSCH, 1970):

$$F_{Ca} = \frac{\text{mg Ca in der vorgelegten Lösung}}{0,4008 \text{ mg Ca} \cdot \text{ml Verbrauch}}$$

Berechnung:

1 ml 0,01 M ÄDTA- bzw. ÄGTA-Lösung = 0,4008 mg Ca
                                    = 0,5608 mg CaO

Während das Ca direkt bestimmt wird, muß das Mg aus der Differenz
Ca+Mg ermittelt werden. Es ist übersichtlicher, den rechnerischen
Zusammenhang bei der Auswertung der titrimetrischen Ca und Ca+Mg-
Bestimmungen auch durch entsprechende Symbole zum Ausdruck zu
bringen. Daher wird an dieser Stelle nochmals die Formel von
S. 101 mit zusätzlichen Symbolen angeführt:

$$V_{\text{ÄDTA/Ca}} \cdot F_{\text{ÄDTA/Ca}} \cdot \text{Äq}_{Ca} \cdot \frac{V_A}{ml_{Ca}} \cdot f_{1Ca} \cdot \frac{1}{G} \cdot 100 = \text{\% Ca bzw. CaO}$$

Darin bedeuten:

$V_{\text{ÄDTA/Ca}}$ = Verbrauch an ÄDTA- oder ÄGTA-Lösung für die Ca-
                   Titration

$F_{\text{ÄDTA/Ca}}$ = Faktor der ÄDTA- oder ÄGTA-Lösung für die Ca-Ti-
                   tration

Äq_{Ca} = Milligrammäquivalent Ca oder CaO zu 1 ml der
                   ÄDTA- oder ÄGTA-Lösung

V_A = Gesamtvolumen der Aufschlußlösung

V_{1Ca} = Gesamtvolumen einer Zwischenverdünnung für die
                   Ca-Titration, hergestellt aus V_A

ml_{Ca} = Teilvolumen der für die Ca-Titration verwendeten
                   Aufschlußlösung. Dieses Teilvolumen kann direkt
                   aus V_A oder einer Zwischenverdünnung V_{1Ca} ent-
                   nommen worden sein

ml_{1Ca} = Teilvolumen der zur Herstellung der Zwischenver-
                   dünnung V_{1Ca} aus V_A entnommenen Aufschlußlösung

f_{1Ca} = $\frac{V_{1Ca}}{ml_{1Ca}}$. Wenn keine Zwischenverdünnung V_{1Ca} herge-
                   stellt wird, ist $V_{1Ca} = ml_{1Ca}$. Das heißt, $f_{1Ca} = 1$

G = Die für den Aufschluß verwendete Probemenge in mg

100 = Umrechnung in Gew.%

Bei der komplexometrischen Ca- und Mg-Bestimmung muß darauf geachtet werden, daß das zum Lösen der Reagenzien und zum Verdünnen gebrauchte Wasser wirklich frei von Ca und Mg ist. Besonders
bei der Verwendung von demineralisiertem Wasser (Ionenaustauscher)
ist eine ständige Kontrolle durch Blindwerte erforderlich. Es
darf nicht vergessen werden, daß bei der Titration mit 0,01 M
Lösungen noch 0,1 mg Ca und Mg nachgewiesen werden können. Eventuell muß zweifach destilliertes Wasser (Quarzglasapparatur) verwendet werden.

6.5.3 Atomabsorptions-Spektralphotometrie

      Reagenzien: 0,1 g Ca-Lösung für die Atomabsorption
                  0,1 g Al-Lösung für die Atomabsorption
                  Cäsiumchlorid (Suprapur von E. Merck mit max.
                  0,05 ppm Ca), Cäsiumchlorid-Lösung mit 2% Cs:
                  2,53 g CsCl auf 100 ml mit dest. Wasser lösen

      Geräte: Meßkolben, 50, 250, 500, 1000 ml
                  Pipetten verschiedener Größe

Herstellung der Ca- und Al-Lösungen:

Stammlösung (Stl.) mit 100 ppm Ca: 0,1 g Ca im 1000 ml-Meßkolben mit dest. Wasser auffüllen.

Zwischenverdünnung (Zwv.) mit 10 ppm Ca: 50 ml der Stammlösung
   im 500 ml-Meßkolben mit dest. Wasser auffüllen. 10 ppm Ca =
   14 ppm CaO.

Lösung mit 200 ppm Al: 0,1 g Al im 500 ml-Meßkolben mit dest.
   Wasser auffüllen. 200 ppm Al = 377,8 ppm Al_2O_3.

Eichlösungen:

      1 ppm Ca: 5 ml Zwv.+ 2,5 ml Al-Lsg.+2,5 ml Cs-Lsg.+H_2O auf 50ml
      2 ppm Ca: 10 ml Zwv.+ 2,5 ml Al-Lsg.+2,5 ml Cs-Lsg.+H_2O auf 50ml
      4 ppm Ca: 20 ml Zwv.+ 2,5 ml Al-Lsg.+2,5 ml Cs-Lsg.+H_2O auf 50ml
      6 ppm Ca: 30 ml Zwv.+ 2,5 ml Al-Lsg.+2,5 ml Cs-Lsg.+H_2O auf 50ml
      8 ppm Ca: 40 ml Zwv.+ 2,5 ml Al-Lsg.+2,5 ml Cs-Lsg.+H_2O auf 50ml

Die Bestimmung von Calcium erfolgt mit einer Distickstoffmonoxid-
Azetylenflamme (z.B. BUCKLEY u. CRANSTON, 1971; GALLE, 1968;
LUECKE, 1971; s. auch CHESTER et al., 1971, über die Atomisierungs-
wirksamkeit verschiedener Flammengasgemische). Nicht eliminier-
bare Interelementeffekte durch Al und Si sowie eine Ionisation
des Ca in der Flamme können Störungen verursachen (LUECKE, 1971).
Si wird bereits beim Säureaufschluß aus der Probe entfernt. Die
Anwesenheit von Al in den Aufschlußlösungen silikatischer Proben
bewirkt eine Absorptionsminderung bei der Calciumbestimmung. Dieser Effekt kann durch einen Zusatz von Al zu den Eichlösungen
berücksichtigt werden. Eine Absorptionssteigerung wird nach
LUECKE (1971) erreicht durch die Zugabe von Cäsium zu den Eich-
und Analysenlösungen. Cäsium hat deionisierende Wirkung auf Calcium. Die Zugabe von Lanthan anstelle von Cäsium ist weniger zu
empfehlen, da der Anteil an Ca in dem käuflichen Lanthannitrat
höher ist als im Cäsiumchlorid Suprapur. Außerdem ist die deionisierende Wirkung von Lanthan nicht besser als die von Cäsium.
Ein Gehalt von $\leq$ 0,1 N H_2SO_4 in der Aufschlußlösung (5.3.1)
stört die Ca-Bestimmung nicht. Es wird in den angegebenen Mengen
zu jeder Eichlösung Al und Cs zugesetzt.

Analysenlösungen, Blindlösung:

Von der Säureaufschlußlösung (5.3, 5.4) muß zunächst eine Zwischenverdünnung (V_1) hergestellt werden: 50 ml der Aufschlußlösung (mit 100 mg Analysensubstanz) werden in einen 250 ml-Meß-

kolben pipettiert und mit dest. Wasser aufgefüllt. Bei $\approx$ 7% CaO
(5% Ca) in der Probe werden davon 10 ml und bei $\approx$ 1,4% CaO (1%
Ca) in der Probe 40 ml in einen 50 ml-Meßkolben pipettiert,
2,5 ml der 2%igen Cs-Lösung hinzugefügt und mit dest. Wasser
aufgefüllt. Bei noch niedrigeren Ca-Gehalten (0,14% CaO bzw.
0,1% Ca) ist die Herstellung einer Zwischenverdünnung überflüssig. Auch hier den Cs-Zusatz nicht vergessen. Die Verdünnungen
sollen so gewählt werden, daß die Meßwerte in den mittleren Bereich der Eichkurve fallen. Wenn in den Analysensubstanzen viel
höhere Ca-Gehalte vorliegen (z.B. Kalksteine), müssen entweder
stärkere Zwischenverdünnungen hergestellt oder von vornherein
kleinere Substanzmengen aufgeschlossen werden (5.3.1).

Eine Blindlösung wird hergestellt durch Verdünnung von 2,5 ml
Al-Lösung und 2,5 ml Cs-Lösung (2%ig) mit dest. Wasser auf
50 ml.

<u>Messung der Lösungen:</u>

Mit einer Ca-Hohlkathodenlampe wird bei 4226,7 Å gemessen. Weitere Meßdaten für Ca sind aus der Tabelle 23, allgemeine Hinweise aus Abschnitt 6.2.4.1 (S. 111 - 113) zu entnehmen.

<u>Berechnung:</u> (s. 6.1.3, S. 87, 88 und 6.2.4.1, S. 113, 114).

Umrechnungsfaktoren für Ca und CaO s. 6.5.1 (S. 126).

<u>6.6 MgO</u>

<u>6.6.1 Gravimetrie</u>

Das Magnesium wird als Magnesiumammoniumphosphat ($MgNH_4PO_4.6H_2O$)
gefällt und durch Glühen in Magnesiumdiphosphat (Magnesiumpyrophosphat) überführt. Die Löslichkeit des Magnesiumammoniumphosphats (52 mg in 100 g Wasser bei 20°C) wird durch Ammonium- und
Phosphat-Ionen herabgesetzt. Allerdings darf der Niederschlag
nicht mit ammoniumphosphathaltigem Wasser gewaschen werden. Diese Verbindung ist nicht flüchtig, und es verbleibt daher im Niederschlag etwas vom Fällungsmittel. Es wird nur stark verdünnte
Ammoniaklösung (s. Reagenzien) als Waschflüssigkeit verwendet.
Die Löslichkeit von Magnesiumammoniumphosphat in einer 1 M Ammoniaklösung beträgt $\approx$1 mg ($\approx$0,1 mg Mg) in 100 g Lösung bei
20°C.

Die Verwendung nichtphosphathaltiger Ammoniumverbindungen wie
Ammoniumchlorid oder Ammoniumnitrat als Zusatz zur Waschflüssigkeit ist nicht zu empfehlen, da sich wegen der Pufferwirkung
dieser Verbindungen Magnesiumhydrogenphosphat (sekundäres Mag-
nesiumphosphat) bilden kann. Letzteres geht beim Glühen zwar
ebenfalls in $Mg_2P_2O_7$ über, ist aber wegen fehlender gemeinsamer
Ionen mit der Waschflüssigkeit löslicher als das Magnesiumammoniumphosphat.

Die Anwesenheit eines großen Überschusses von Ammoniumverbindungen
während der Fällung kann die teilweise Bildung von Triammonium-
phosphat zur Folge haben, welches dann beim Glühen in Metaphos-

phat übergeht. Ein großer Überschuß an OH-Ionen während der Fällung bewirkt die Bildung von $Mg_3(PO_4)_2$, welches beim Glühen kein Diphosphat ergibt. Das Ergebnis ist dann zu niedrig. Deshalb darf die Zugabe der Phosphat-Fällungslösung nicht in ammoniakalischer Lösung erfolgen.

Der Magnesiumammoniumphosphat-Niederschlag bildet sich langsam. Die Lösung sollte deshalb über Nacht stehen, bevor sie filtriert wird. Das Filtrat ist aufzubewahren und am nächsten Tag auf eine Nachfällung zu prüfen.

Einzelne Stellen der Becherglaswand können wegen ihrer rauhen Oberfläche als "Keime" wirken. Hier bildet sich bevorzugt ein ziemlich fest haftender Niederschlag. Daher ist ein möglichst glattwandiges Becherglas zu benutzen, und beim Rühren darf mit dem Glasstab weder der Boden noch die Wand des Becherglases berührt werden.

Reagenzien: Diammoniumphosphat (3 g $(NH_4)_2HPO_4$ in 30 ml dest. Wasser lösen, (die Lösung enthält 2 g PO_4, für 1 mg MgO werden etwa 2 mg PO_4 zur Bildung von $MgNH_4PO_4$ benötigt)
Ammoniaklösung, 25%ig
Salpetersäure, 65%ig, daraus 20%ige HNO_3 herstellen
Salzsäure, 36%ig
Silbernitrat
Waschlösung (5 ml 25%ige Ammoniaklösung + 95 ml dest. Wasser)
Methylrot

Geräte: Porzellanfiltertiegel A 2, oder Glasfiltertiegel G 3 (Firma Schott & Gen., Mainz), Tiegelschuh
Analysentrichter, 7 cm oberer Ø
Filter, 11 cm Ø (z.B. Weißband der Firma Schleicher & Schüll)
Bechergläser, 250 ml, Pipette, Peleusball
Porzellanschale (16 - 18 cm Ø), innen dunkel glasiert
Glasstab, 10 cm länger als der Durchmesser der Schale
Uhrgläser
Saugtopf mit Filtrationseinrichtung, Wasserstrahlpumpe
Muffelofen (z.B. Simon-Müller-Ofen)

<u>Arbeitsvorschrift</u>:

1. Entfernung der Ammoniumsalze:

Die Filtrate 1 und 2 der Calcium-Fällung (6.5.1,S. 125,126) enthalten einen großen Überschuß an Ammoniumoxalat und Ammoniumchlorid, welches sich bei der Neutralisation der HCl-haltigen Lösung gebildet hat. Aus dieser Lösung soll jetzt das Magnesiumammoniumphosphat gefällt werden. Da beide Verbindungen die Bildung des Niederschlages beeinflussen, müssen das Ammoniumoxalat und Ammoniumchlorid aus der Lösung entfernt werden. Zu diesem Zweck werden die Filtrate 1 und 2 getrennt eingeengt, bis die Lösung in den Bechergläsern etwa noch 2 cm hoch steht. Dann gibt man

Filtrat 2 zu Filtrat 1 (Becherglas dreimal ausspülen) und engt
weiter ein, bis die vereinigte Lösung wieder nur noch 2 cm hoch
im Becherglas steht. Vorsichtig und langsam bei aufgelegtem Uhrglas 25 - 30 ml konzentrierte Salpetersäure zugeben, das Becherglas bedeckt stehen lassen, bis die Gasentwicklung aufgehört hat.
Die Lösung in eine Porzellanschale überführen und die Ammoniumsalze abrauchen wie unter 6.2.1 (S. 96, 97) beschrieben. Nach der
Entfernung der Ammoniumsalze wird der trockene Rückstand mit 5 ml
konzentrierter Salzsäure befeuchtet und die Lösung mit dest.
Wasser auf etwa 150 ml verdünnt (die Lösung ist etwa 0,3 M an
Salzsäure).

2. Fällung:

Zu der kalten Lösung 20 ml Diammoniumphosphatlösung zusetzen.
Es darf sich dabei kein Niederschlag bilden, die Lösung muß noch
sauer reagieren. Bei der anschließenden Zugabe von 3 Tropfen
Methylrot ist die Lösung also noch deutlich rot gefärbt. Dann
aus einer Pipette mit Peleusball unter Rühren tropfenweise konzentrierte Ammoniaklösung zusetzen, bis der Indikator nach gelb
umgeschlagen ist. Einige Minuten rühren, dann noch etwa 20 - 30 ml
konzentrierte Ammoniaklösung zu der Fällung hinzugeben und über
Nacht stehen lassen.

Bei geringen Magnesiumgehalten in der Lösung kann es zu einer
Übersättigung kommen, das heißt es bildet sich zunächst kein
Niederschlag. In diesem Fall wird empfohlen, etwa 10 Min. mit
einem Gummiwischer die Lösung zu rühren (nicht an der Wand des
Becherglases kratzen).

3. Filtration (Filtrat 1):

Der Niederschlag wird durch ein Weißbandbilter mit 11 cm ∅ filtriert, ohne ihn vollständig auf das Filter zu bringen. Zweibis dreimal Becherglas und Filter mit der Waschflüssigkeit waschen. Das Filtrat beschriftet mit "Filtrat 1 von Magnesium"
aufheben (eventuell Nachfällung von Magnesiumammoniumphosphat
infolge nicht vollständig aufgehobener Übersättigung).

Der Niederschlag wird in genau der gleichen Weise, wie das bei
der gravimetrischen Calciumbestimmung in Abschnitt 6.5.1 (S. 125)
beschrieben ist, mit warmer verdünnter Salzsäure wieder in Lösung gebracht, und zwar in das zur 1. Fällung benutzte Becherglas. Das Volumen der Lösung, aus der das Magnesiumammoniumphosphat zum zweiten Mal gefällt wird, soll etwa 100 - 150 ml betragen. Eventuell wieder etwas einengen.

4. Umfällung:

Die Lösung zunächst mit 3 - 4 ml konzentrierter Salzsäure versetzen, anschließend 5 ml Diammoniumphosphatlösung (s. Reagenzien) und 3 Tropfen Methylrot hinzufügen. Dann die Fällung wie
unter Punkt 2 beschrieben ausführen.

5. Filtration (Filtrat 2):

Den Niederschlag über Nacht stehen lassen und dann durch einen
bei etwa 850°C gewichtskonstant geglühten Porzellanfiltertiegel

A 2 abfiltrieren. Dabei bereitet die vollständige Überführung
des Niederschlages in den Filtertiegel infolge des Festsitzens
von Niederschlag an der Glaswand häufig Schwierigkeiten. Es ist
besser, in diesem Fall sofort einen Gummiwischer zu benutzen,
als mit Hilfe großer Mengen an Waschflüssigkeit ein Abspülen von
der Glaswand zu versuchen (Löslichkeit des Magnesiumammoniumphosphats in der Waschflüssigkeit).

Ist der Niederschlag vollständig im Filtertiegel und das Becherglas quantitativ ausgespült, muß der Niederschlag mit möglichst
wenig Waschlösung gewaschen und auf Abwesenheit von Chloriden
geprüft werden. Das Filtrat (Filtrat 2 von Magnesium) wird ebenfalls aufbewahrt, um festzustellen, ob noch nachträglich eine
Fällung stattfindet.

6. Glühen des Niederschlages:

Die Überführung des $MgNH_4PO_4.6H_2O$ in $Mg_2P_2O_7$ erfolgt unter Abgabe
von Ammoniak und Wasser bei möglichst niedriger Temperatur. Der
Porzellanfiltertiegel wird auf einen Tiegelschuh in einen kalten
Simon-Müller-Ofen gestellt und bei abgenommenem Ofendeckel langsam aufgeheizt, bis die Ammoniak-Entwicklung aufgehört hat. Dann
bei aufgelegtem Ofendeckel den Tiegel etwa 30 - 45 Min. bei 800° -
850^OC glühen. Auf Gewichtskonstanz prüfen.

Das Magnesiumammoniumphosphat kann aber auch in $MgNH_4PO_4.H_2O$
überführt und zur Auswaage gebracht werden. Zu diesem Zweck wird
der Niederschlag in einen Jenaer Glasfiltertiegel G 3 abfiltriert,
wie oben beschrieben gewaschen, zunächst einige Zeit bei 80° -
100^OC und anschließend bei 150^OC im Trockenschrank bis zur Gewichtskonstanz getrocknet. Zeitdauer etwa 1 - 2 Std.

7. Bestimmung von Mangan in $Mg_2P_2O_7$:

Der Niederschlag wird, falls erforderlich, in einigen ml 20%iger
Salpetersäure gelöst, die Lösung in einen 25 ml-Meßkolben gegeben und der Anteil des mit dem Mg ausgefallenen Mn spektralphotometrisch (6.11.1) oder mittels der Atomabsorptions-Spektralphotometrie (6.11.2) bestimmt. Es läßt sich dann der Endwert für Mg
berechnen. Die Differenz des an dieser Stelle gefundenen Mn zum
Gesamt-Mn ist der bereits bei den Sesquioxiden mitgefällte Mn-
Anteil. Das Gesamt-Mn wird spektralphotometrisch oder mittels
der Atomabsorptions-Spektralphotometrie aus einem gesonderten
Säureaufschluß bestimmt.

Berechnung:

$$\text{Auswaage mg } Mg_2P_2O_7 \cdot 0,2185 = Mg$$
$$\cdot 0,3622 = MgO$$

$$\text{Auswaage mg } MgNH_4PO_4.H_2O \cdot 0,1565 = mg\ Mg$$
$$\cdot 0,2595 = mg\ MgO$$

$$\frac{mg\ Mg_2P_2O_7 \cdot 0,3622 \cdot 100}{mg\ Einwaage} = \%\ MgO$$

Umrechnungsfaktoren: MgO · 0,6030 = Mg
                     Mg · 1,658 = MgO

6.6.2 Titration

Die Bestimmung von MgO erfolgt komplexometrisch in einem Teil
der Säureaufschlußlösung, wobei durch Summentitration zunächst
der Wert für CaO + MgO ermittelt wird. Der Gehalt an MgO in der
Analysensubstanz ergibt sich dann rechnerisch aus der Differenz
zu dem gesondert titrierten CaO-Wert.

Bei der Summentitration mit visueller Indikation des Äquivalenzpunktes (Farbindikator) werden die Störelemente maskiert, und
zwar Aluminium und Titan mit Triäthanolamin, während das in
warmer Lösung mit Hydroxylammoniumchlorid zu Fe(II) reduzierte
Eisen mit KCN (Vorsicht, giftig) in Kaliumhexacyanoferrat(II)
überführt wird (z.B. SHAPIRO u. BRANNOCK, 1962; WEIBEL, 1961).
Bei der Summentitration mit voltametrischer Indikation des Äquivalenzpunktes (KRAFT, 1968; KRAFT u. DOSCH, 1970; THIELICKE,
1968) müssen die störenden Elemente in der gleichen Weise maskiert oder durch Extraktion abgetrennt werden wie in 6.5.2
(S. 130, 131) beschrieben. Die Summentitration erfolgt mit ÄDTA-
Lösung bei pH 10.

Die Titration von Ca und in gesonderter Lösung von Ca+Mg ist zur
Bestimmung geringer CaO-Gehalte neben einem vielfachen Überschuß
an MgO in Gesteinen (z.B. Duniten, Peridotiten) besser geeignet
als die ebenfalls mögliche voltametrische Folgetitration von Ca
und Mg in der gleichen Lösung. Im letzteren Fall wird nach einem
von KRAFT u. DOSCH (1970) angegebenen Verfahren nach Ausfällung
von Mg als Hydroxid zunächst das Ca bestimmt, anschließend das
Magnesiumhydroxid in Lösung gebracht und mit der gleichen ÄDTA-
Lösung auch das Mg titriert. Bei Verhältnissen MgO : CaO = 100 : 1
oder größer gilt für die Mitfällung geringer Calciumanteile das
bereits in 6.5.2 (S. 126, 127) Gesagte. Außerdem ist es nicht möglich, für die Ca- und Mg-Titration eine ÄDTA-Lösung gleicher Molarität zu verwenden. Entweder wird der zu analysierende Teil
einer Aufschlußlösung dem Ca- oder dem Mg-Gehalt der Analysensubstanz angepaßt. In beiden Fällen würde man jeweils nur für ein
Element einen dem Bürettenvolumen des Titriergerätes angepaßten
Verbrauch an ÄDTA-Lösung erhalten. Die Folgetitration bleibt daher auf Proben mit Verhältnissen MgO : CaO = 1 : 1 beschränkt.

        Reagenzien (für visuelle und voltametrische Indikation):
                Äthylendinitrilotetraessigsäure, Dinatriumsalz,
                bzw. Äthylendiamintetraessigsäure, Dinatriumsalz
                (ÄDTA), z.B. 0,1 M Titriplex III-Lösung von E.
                Merck oder Idranal III-Lösung von Riedel-de Haën
                AG
                0,01 M und 0,05 M ÄDTA-Lösungen, herstellen durch
                Verdünnung einer 0,1 M Lösung mit dest. Wasser
                Eriochromschwarz T (0,2 g Indikator in 10 ml
                Triäthanolamin und 5 ml Äthanol lösen)
                Äthanol, absolut
                Hydroxylammoniumchlorid, daraus 10%ige wäßrige
                Lösung herstellen
                Kaliumcyanid (Vorsicht, giftig), daraus 10%ige
                wäßrige Lösung herstellen

Triäthanolamin, für Bestimmungen mit visueller
Indikation, Hinweise unter 6.5.2 (S. 128)
Triäthanolamin, für Bestimmung mit voltametrischer
Indikation (15 ml Triäthanolamin im 1000 ml-Meß-
kolben mit dest. Wasser auffüllen, kühl aufbewah-
ren)
Äthanolamin, zur Synthese (15 ml Äthanolamin auf
250 ml mit dest. Wasser auffüllen, kühl aufbe-
wahren)
di-Ammoniumhydrogencitrat, Kaliumnatriumtartrat
Maskierungslösung: s. 6.5.2 (S. 128)
Natriumhydroxid (Plätzchen), daraus 10%ige NaOH-
Lösung herstellen
Ammoniumchlorid
Ammoniaklösung, 25%ig, daraus 12%ige Ammoniaklö-
sung herstellen
Pufferlösung, pH 10, s. 6.5.2 (S. 128)
Chloroform (Qualität wie für Bestimmungen mit
Dithizon)
Kupferron, Kupferron-Lösung, s. 6.4.2 (S. 119)
Salzsäure, 36%ig, daraus 25%ige Salzsäure her-
stellen
Ammoniumacetat, daraus 30%ige wäßrige Lösung her-
stellen
Thallium(I)-chlorid
Lösung für die Herstellung der Tl_2O_3-Anode, s.
6.5.2 (S. 129)
Quecksilber
100 ppm Ca- und Mg-Lösungen für die Bestimmung
des Faktors der ÄDTA-Lösungen, s. 6.5.2 (S. 128)

Geräte (für visuelle und voltametrische Indikation): s. 6.5.2
(S. 129)

Arbeitsvorschrift:

I. Visuelle Indikation:

Ein Teil der Säureaufschlußlösung (5.3, 5.4) mit etwa 2 - 5 mg
MgO wird in einem Erlenmeyerkolben (bei Verwendung eines Magnet-
rührers 250 ml-Bechergläser benutzen) auf 100 - 150 ml mit dest.
Wasser verdünnt. Wenn die Aufschlußlösung nur Magnesium und kein
Calcium enthält, sollten 4 - 10 mg MgO in der zu titrierenden
Lösung vorhanden sein (das zu titrierende Volumen Aufschlußlösung
richtet sich natürlich immer nach den ungefähren Mengen CaO und
MgO in der Probe). Zur Maskierung werden 5 ml der 10%igen Hydro-
xylammoniumchlorid-Lösung und 10 ml Triäthanolamin hinzugefügt.
Gut schütteln oder rühren. 5 ml der 10%igen KCN-Lösung zugeben.
Vorsicht! KCN-Lösung nicht mit dem Mund in einer Pipette ansaugen.
Spezielle Pipettierhelfer oder Peleusball zum Ansaugen benutzen.
Sämtliche Arbeitsgänge unter einem gut absaugenden Abzug ausführen. Die Lösungen zum Sieden erhitzen, bis diese nach einiger
Zeit farblos geworden sind. Abkühlen. Durch Zugabe von Pufferlösung auf pH 10 einstellen. 2 - 4 Tropfen Eriochromschwarz T hin-
zufügen und sofort mit 0,01 M ÄDTA-Lösung bis zum Umschlag von
rot nach reinblau titrieren.

Bei MgO-Gehalten < 1% sollte besser mit 0,005 M ÄDTA-Lösung
titriert werden, oder die Mg-Bestimmung ist nach 6.6.3 mittels
der Atomabsorptions-Spektralphotometrie auszuführen.

II. Voltametrische Indikation:

a) Mit der Kombination amalgamierte Silberelektrode-Graphitelek-
trode und Maskierung der Störelemente

Der Arbeitsanleitung liegt das von THIELICKE (1968) beschriebene
Verfahren zugrunde. Für die Titration wird ein Teil der mit
Flußsäure-Perchlorsäure oder Flußsäure-Schwefelsäure-Salpetersäure aufgeschlossenen Substanz verwendet. Das Volumen der zu
analysierenden Lösung ist so zu bemessen, daß $\leq$ 9 ml der ÄDTA-
Lösung verbraucht werden. Bei CaO- und MgO-Gehalten bis 10% in
der Probe kann mit 0,01 M ÄDTA-Lösungen titriert werden, wobei
von basaltischen Gesteinen etwa 10 - 20 mg Analysensubstanz
(5 - 10 ml Aufschlußlösung), bei Graniten und Tonschiefern etwa
40 - 80 mg Substanz (20 - 40 ml Aufschlußlösung) benötigt werden.
Bei Gesteinen mit höheren MgO-Gehalten (z.B. Dunite, Peridotite,
Serpentinite) sollte besser mit einer 0,05 M ÄDTA-Lösung titriert
werden unter Anwendung von 10 ml Aufschlußlösung mit etwa 20 mg
Analysensubstanz. Die Maskierung der Störelemente, die Einstellung auf pH 10 sowie die Titration mit voltametrischer Indikation des Äquivalenzpunktes erfolgt wie unter 6.5.2 (S. 130) beschrieben. Die Auswertung wird graphisch durch Anlegen der Ver-
längerungsgeraden an die beiden Kurvenäste vorgenommen (6.2.2.1,
S. 100).

b) Mit Doppelplatinblech-Elektrode (Tl_2O_3-Anode) und Extraktion
der Störelemente

Der Arbeitsanleitung liegt das von KRAFT u. DOSCH (1970) beschriebene Verfahren zugrunde. Für die Titration wird ein Teil der mit
Flußsäure-Schwefelsäure-Salpetersäure aufgeschlossenen Substanz
verwendet (Hinweise zur Aufschlußlösung s. 6.5.2, S. 130).

Die Extraktion der Störelemente, die Einstellung auf pH 10 sowie
die Titration mit ÄDTA-Lösung und voltametrischer Indikation des
Äquivalenzpunktes erfolgt wie unter 6.4.2 (S. 120) und 6.5.2
(S. 131) beschrieben.

Bestimmung des Faktors der ÄDTA-Lösung:

Die Bestimmung des Faktors der 0,01 M bzw. 0,05 M ÄDTA-Lösung
erfolgt unter den gleichen Bedingungen wie unter visueller bzw.
voltametrischer Indikation beschrieben (Zusatz von Maskierungs-
lösungen nicht vergessen). Der Mittelwert wird aus mindestens
3 Einzelwerten gebildet.

In jedem Fall sollte der Faktor mit Lösungen bestimmt werden,
welche die gleichen oder ähnliche CaO : MgO-Verhältnisse aufwei-
sen wie die Analysensubstanzen (6.5.2, S. 131, 132). Der Faktor
der ÄDTA-Lösung für die Bestimmung von Ca+Mg und somit Mg bzw.
MgO wird nach KRAFT u. DOSCH (1970) wie folgt berechnet:

$$F_{Ca+Mg} = \frac{\dfrac{\text{mg Ca in vorgelegter Lsg.}}{\text{mg Ca = 1 ml ÄDTA-Lsg.}} + \dfrac{\text{mg Mg in vorgelegter Lsg.}}{\text{mg Mg = 1 ml ÄDTA-Lsg.}}}{\text{ml Gesamtverbrauch für Ca+Mg}}$$

Rechenbeispiel:

Es wird F_{Ca+Mg} für eine 0,01 M ÄDTA-Lösung berechnet.

In der vorgelegten Lösung befinden sich 5 mg Ca und 3 mg Mg.
1 ml 0,01 M ÄDTA-Lösung = 0,4008 mg Ca
$\qquad\qquad\qquad\qquad\quad$ = 0,2431 mg Mg

Für die Titration Ca+Mg werden 24,65 ml 0,01 M ÄDTA-Lösung verbraucht.

$$F_{Ca+Mg} = \frac{\dfrac{5\ \text{mg Ca}}{0,4008\ \text{mg Ca}} + \dfrac{3\ \text{mg Mg}}{0,2431\ \text{mg Mg}}}{24,65\ \text{ml}} = 1,0067$$

Wichtig ist die Prüfung des verwendeten Wassers auf mögliche
Mg-Verunreinigungen (6.5.2, S. 132).

Berechnung:

$\qquad$ 1 ml 0,01 M ÄDTA-Lösung = 0,2431 mg Mg
$\qquad\qquad\qquad\qquad\qquad\qquad$ = 0,4030 mg MgO

$\qquad$ 1 ml 0,05 M ÄDTA-Lösung = 1,216 $\quad$ mg Mg
$\qquad\qquad\qquad\qquad\qquad\qquad$ = 2,015 $\quad$ mg MgO

In einem ersten Schritt muß berechnet werden, welches Volumen
ÄDTA-Lösung bei der Titration Ca+Mg tatsächlich nur für Mg verbraucht worden ist. Wenn gleiche Volumina an Aufschlußlösung V_A
mit gleich molaren ÄDTA-Lösungen titriert worden sind, muß
lediglich der Verbrauch an ÄDTA-Lösung für Ca von dem entsprechenden Volumen für die Ca+Mg-Titration abgezogen werden. Bei
stark unterschiedlichen Ca-Mg-Verhältnissen in der Aufschlußlösung V_A muß für die Ca-Bestimmungen häufig mit anders molaren
Lösungen gearbeitet werden als bei der Ca+Mg-Titration. Die
folgende Formel berücksichtigt drei Möglichkeiten:

Ca und Ca+Mg wird titriert 1. mit verschieden molaren ÄDTA-Lösungen, 2. mit unterschiedlichen Volumina an Aufschlußlösung V_A,
3. mit verschieden starken Zwischenverdünnungen.

$$\left(V_{ÄDTA/Ca+Mg} \cdot F_{ÄDTA/Ca+Mg} \cdot \frac{M_{Ca+Mg}}{M_{Ca}} \right) - \left(V_{ÄDTA/Ca} \cdot F_{ÄDTA/Ca} \cdot \frac{\dfrac{ml_{Ca+Mg}}{f_{1\ Ca+Mg}}}{\dfrac{ml_{Ca}}{f_{1\ Ca}}} \right)$$

$$= V_{ÄDTA/Mg}$$

In einem zweiten Schritt wird mit dem jetzt bekannten Volumen
$V_{ÄDTA/Mg}$ der Gehalt an % MgO in der Probe berechnet, und zwar

im Prinzip nach der bereits bei Ca angegebenen Formel (6.5.2, S. 132):

$$V_{\text{ÄDTA/Mg}} \cdot \text{Äq}_{\text{Mg}} \cdot \frac{V_A}{\text{ml}_{\text{Ca+Mg}}} \cdot f_{1\text{Ca+Mg}} \cdot \frac{1}{G} \cdot 100 = \% \text{ Mg bzw. MgO}$$

In den Formeln bedeuten:

$V_{\text{ÄDTA/Ca}}$ = Verbrauch an ÄDTA- oder ÄGTA-Lösung für die Ca-Titration

$V_{\text{ÄDTA/Ca+Mg}}$ = Verbrauch an ÄDTA-Lösung für die Ca+Mg-Titration

$V_{\text{ÄDTA/Mg}}$ = zu berechnender Verbrauch an ÄDTA-Lösung für Mg

$F_{\text{ÄDTA/Ca}}$ = Faktor der ÄDTA- oder ÄGTA-Lösung für die Ca-Titration

$F_{\text{ÄDTA/Ca+Mg}}$ = Faktor der ÄDTA-Lösung für die Ca+Mg-Titration

Äq_{Mg} = Milligrammäquivalent Mg oder MgO zu 1 ml der ÄDTA-Lösung

M_{Ca} = Molarität der für die Ca-Titration verwendeten ÄDTA- oder ÄGTA-Lösung

$M_{\text{Ca+Mg}}$ = Molarität der für die Ca+Mg-Titration verwendeten ÄDTA-Lösung

V_A = Gesamtvolumen der Aufschlußlösung

$V_{1\text{Ca}}$ = Gesamtvolumen einer Zwischenverdünnung für die Ca-Titration, hergestellt aus V_A

$V_{1\text{Ca+Mg}}$ = Gesamtvolumen einer Zwischenverdünnung für die Ca+Mg-Titration, hergestellt aus V_A

ml_{Ca} = Teilvolumen der für die Ca-Titration verwendeten Aufschlußlösung. Dieses Teilvolumen kann direkt aus V_A oder einer Zwischenverdünnung $V_{1\text{Ca}}$ entnommen worden sein

$\text{ml}_{\text{Ca+Mg}}$ = Teilvolumen der für die Ca+Mg-Titration verwendeten Aufschlußlösung. Dieses Teilvolumen kann direkt aus V_A oder einer Zwischenverdünnung $V_{1\text{Ca+Mg}}$ entnommen worden sein

$\text{ml}_{1\text{Ca}}$ = Teilvolumen der zur Herstellung der Zwischenverdünnung $V_{1\text{Ca}}$ aus V_A entnommenen Aufschlußlösung

$\text{ml}_{1\text{Ca+Mg}}$ = Teilvolumen der zur Herstellung der Zwischenverdünnung $V_{1\text{Ca+Mg}}$ aus V_A entnommenen Aufschlußlösung

$f_{1\text{Ca}}$ = $\dfrac{V_{1\text{Ca}}}{\text{ml}_{1\text{Ca}}}$. Wenn keine Zwischenverdünnung hergestellt wird, ist $V_{1\text{Ca}} = \text{ml}_{1\text{Ca}}$. Das heißt, $f_{1\text{Ca}} = 1$

$f_{1\text{Ca+Mg}}$ = $\dfrac{V_{1\text{Ca+Mg}}}{\text{ml}_{1\text{Ca+Mg}}}$. Wenn keine Zwischenverdünnung hergestellt wird, ist $V_{1\text{Ca+Mg}} = \text{ml}_{1\text{Ca+Mg}}$. Das heißt, $f_{1\text{Ca+Mg}} = 1$

G   = Die für den Aufschluß verwendete Probemenge in mg
100   = Umrechnung in Gew.%

Rechenbeispiel:

In einer Aufschlußlösung V_A wird der MgO-Gehalt einer Probe bestimmt. Ca wird mit einer 0,01 M und Ca+Mg mit einer 0,05 M
ÄDTA-Lösung titriert. Außerdem werden für beide Titrationen unterschiedliche Volumina von V_A und einer Zwischenverdünnung
V_{1Ca+Mg} verwendet. In dem Beispiel wird die 0,05 M Lösung in
Verbrauch an 0,01 M ÄDTA-Lösung umgewandelt.

$V_{ÄDTA/Ca}$ $=$ 17,24 ml

$V_{ÄDTA/Ca+Mg}$ $=$ 5,03 ml

$V_{ÄDTA/Mg}$ wird berechnet

$F_{ÄDTA/Ca}$ $=$ 1,0230

$F_{ÄDTA/Ca+Mg}$ $=$ 0,9940

$Äq_{Mg}$ $=$ 0,4030 mg MgO entsprechen 1 ml 0,01 M ÄDTA-
                         Lösung

M_{Ca} $=$ 0,01 M

M_{Ca+Mg} $=$ 0,05 M

V_A $=$ 250 ml

V_{1Ca} $=$ es wurde keine Zwischenverdünnung hergestellt

V_{1Ca+Mg} $=$ 200 ml

ml_{Ca} $=$ 35 ml aus V_A

ml_{Ca+Mg} $=$ 50 ml aus V_{1Ca+Mg}

ml_{1Ca} $=$ es wurde keine Zwischenverdünnung hergestellt

ml_{1Ca+Mg} $=$ 100 ml aus V_A

f_{1Ca} $=$ 1

f_{1Ca+Mg} $=$ $\frac{200\ ml}{100\ ml} = 2$

G $=$ 500 mg

$$\left(5,03\ ml \cdot 0,9940 \cdot \frac{0,05\ M}{0,01\ M}\right) - \left(17,24\ ml \cdot 1,0230 \cdot \frac{\frac{50\ ml}{2}}{\frac{35\ ml}{1}}\right)$$

$$= \underline{12,40\ ml}\ \text{Verbrauch an 0,01 M ÄDTA-Lösung für MgO } (V_{ÄDTA/Mg})$$

Mit dem nächsten Schritt erfolgt die Umrechnung in % MgO:

$$12,40\ ml \cdot 0,4030\ mg \cdot \frac{250\ ml}{50\ ml} \cdot 2 \cdot \frac{1}{500\ mg} \cdot 100 = \underline{9,99\%\ MgO}$$

Umrechnungsfaktoren für Mg und MgO s. 6.6.1 (S. 138).

6.6.3 Atomabsorptions-Spektralphotometrie

Reagenzien: 0,1 g Mg-Lösung für die Atomabsorption
            Lanthannitrat, Lanthannitrat-Lösung mit 8,5% La:

                       26,6 g La(NO$_3$)$_3$.6H$_2$O auf 100 ml mit dest. Wasser
                       lösen

     Geräte: Meßkolben, 50, 250, 500, 1000 ml
                       Pipetten verschiedener Größe

<u>Herstellung der Mg-Lösungen:</u>

Stammlösung (Stl.) mit 100 ppm Mg: 0,1 g Mg im 1000 ml-Meßkol-
    ben mit dest. Wasser auffüllen.

Zwischenverdünnung (Zwv.) mit 5 ppm Mg: 25 ml der Stammlösung
    im 500 ml-Meßkolben mit dest. Wasser auffüllen.

<u>Eichlösungen:</u>

    0,5 ppm Mg: 5 ml Zwv. + 2,5 ml La-Lösung + H$_2$O auf 50 ml
    1   ppm Mg: 10 ml Zwv. + 2,5 ml La-Lösung + H$_2$O auf 50 ml
    2   ppm Mg: 20 ml Zwv. + 2,5 ml La-Lösung + H$_2$O auf 50 ml
    3   ppm Mg: 30 ml Zwv. + 2,5 ml La-Lösung + H$_2$O auf 50 ml
    4   ppm Mg: 40 ml Zwv. + 2,5 ml La-Lösung + H$_2$O auf 50 ml

Nach ALTHAUS (1966) wird die Bestimmung von Mg gestört durch die
Anwesenheit von Aluminium, Schwefelsäure und Phosphorsäure, dagegen nicht durch Alkalien und Salzsäure. Der Einfluß von Aluminium kann vollständig, der von Schwefelsäure nur teilweise
durch die Zugabe von 4000 ppm La (= 2,5 ml der 8,5%igen La-Lösung
auf 50 ml) zu den Eich- und Analysenlösungen beseitigt werden
(über die Unterdrückung von Interferenzen durch Zusatz von Sr
s. z.B. SVEJDA, 1971).

Die Herabsetzung der Absorption durch Schwefelsäure läßt sich
vermeiden, wenn der Gehalt an H$_2$SO$_4$ in der Aufschlußlösung nicht
mehr als 0,1 N beträgt (5.3.1). Zur Information sei an dieser
Stelle auf eine Studie von THOMAS u. PICKERING (1971) über die
Rolle von Lösungsgleichgewichten in der Atomabsorptions-Spektralphotometrie hingewiesen.

<u>Analysenlösungen, Blindlösung:</u>

Von der Säureaufschlußlösung (5.3, 5.4) muß zunächst eine Zwischenverdünnung (V$_1$) hergestellt werden, wobei die für die Ca-
Bestimmung hergestellte Lösung V$_1$ verwendet werden kann (6.5.2,
S. 133, 134). Bei etwa 8% MgO ($\approx$ 5% Mg) in der Probe werden von
dieser Zwischenverdünnung 10 ml und bei etwa 1,7% MgO ($\approx$ 1% Mg)
20 - 30 ml in einen 50 ml-Meßkolben pipettiert, 2,5 ml der La-
Lösung hinzugefügt und mit dest. Wasser aufgefüllt. Bei noch
niedrigeren Mg-Gehalten (0,4% MgO bzw. 0,25% Mg oder kleiner) ist
die Herstellung einer Zwischenverdünnung überflüssig. Die Verdünnungen sollen so gewählt werden, daß die Meßwerte in den mittleren
Bereich der Eichkurve fallen. Wenn in der Analysensubstanz viel
höhere Mg-Gehalte vorliegen (z.B. Dunite, Peridotite, Serpentinite), müssen entweder stärkere Zwischenverdünnungen hergestellt
oder von vornherein kleinere Substanzmengen aufgeschlossen werden (5.3.1).

Eine Blindlösung wird hergestellt durch Verdünnung von 2,5 ml La-Lösung auf 50 ml mit dest. Wasser.

Prüfung des verwendeten Wassers auf mögliche Mg-Verunreinigungen (6.5.2, S. 132).

<u>Messung der Lösungen:</u>

Mit einer Luft-Azetylen-Flamme und einer Mg-Hohlkathodenlampe wird bei 2852 Å gemessen. Weitere Meßdaten für Mg sind aus Tabelle 23, allgemeine Hinweise aus 6.2.4.1 (S. 111 - 113) zu entnehmen.

<u>Berechnung</u>: (s. 6.1.3, S. 87, 88 und 6.2.4.1, S. 113, 114).

Umrechnungsfaktoren für Mg und MgO s. 6.6.1 (S. 138).

<u>6.7 Na$_2$O</u>

<u>6.7.1 Flammenphotometrie</u>

    Reagenzien: 0,1 g Na- und K-Lösungen für die Atomabsorption
              Cäsiumchlorid (Suprapur von E. Merck mit max.
              5 ppm Na und K), Cäsiumchlorid-Lösung mit 8% Cs:
              10 g CsCl auf 100 ml mit dest. Wasser lösen
              Netzmittelzusatz, alkalifrei (z.B. Titrisol Nr.
              9979 von E. Merck, Ampullenfüllung auf 1000 ml
              mit dest. Wasser auffüllen)

    Geräte: Meßkolben, 50, 100, 250, 1000 ml
              Pipetten verschiedener Größe

Falls die Meßkolben mit einem alkalihaltigen Spezialreinigungsmittel behandelt wurden, müssen die Kolben mehrfach mit dest. Wasser nachgespült werden. Sonst ist mit Sicherheit mit einer Verfälschung der Alkaliwerte zu rechnen (s. auch 7.2).

<u>Herstellung der Na- und K-Lösungen:</u>

Stammlösung (Stl.) mit je 100 ppm Na und K: Je 0,1 g Na und K
   in e i n e m 1000 ml-Meßkolben mit dest. Wasser auffüllen.

Zwischenverdünnung (Zwv.) mit je 8 ppm Na und K: Je 80 ml der
   Stammlösung in einem 1000 ml-Meßkolben mit dest. Wasser auffüllen.

<u>Eichlösungen:</u>

    0,4 ppm Na+K: 5 ml Zwv.+5 ml Cs-Lsg.+10 ml Netzm.+H$_2$O auf 100 ml
    0,8 ppm Na+K:10 ml Zwv.+5 ml Cs-Lsg.+10 ml Netzm.+H$_2$O auf 100 ml
    1,6 ppm Na+K:20 ml Zwv.+5 ml Cs-Lsg.+10 ml Netzm.+H$_2$O auf 100 ml
    2,4 ppm Na+K:30 ml Zwv.+5 ml Cs-Lsg.+10 ml Netzm.+H$_2$O auf 100 ml
    3,2 ppm Na+K:40 ml Zwv.+5 ml Cs-Lsg.+10 ml Netzm.+H$_2$O auf 100 ml

Eine gegenseitige Anregungsbeeinflussung von Na und K wird durch den Zusatz von 0,4% Cs zu den Eich- und Analysenlösungen beseitigt (SCHUHKNECHT u. SCHINKEL, 1963). Das entspricht 5 ml der

8%igen Cs-Lösung auf 100 ml. Auf den von den gleichen Autoren
empfohlenen Zusatz von Aluminiumnitrat zur Unterdrückung der
Querempfindlichkeit der Erdalkalien kann im vorliegenden Fall
verzichtet werden. Dagegen ist ein Zusatz von 10 ml eines alkali-
freien Netzmittels auf 100 ml zu den Eich- und Analysenlösungen
zu empfehlen.

<u>Analysenlösungen, Blindlösung:</u>

Von der Säureaufschlußlösung muß eine Zwischenverdünnung hergestellt werden, wobei die für die Ca-Bestimmung hergestellte Lösung V_1 verwendet werden kann (6.5.2, S. 133, 134). Bei etwa 5%
Na$_2$O in der Probe werden von dieser Zwischenverdünnung 5 ml und
bei etwa 1,4% Na$_2$O 20 ml in einen 50 ml-Meßkolben pipettiert,
2,5 ml der 8%igen Ca-Lösung sowie 5 ml Netzmittel hinzugefügt
und mit dest. Wasser auf 50 ml aufgefüllt. Bei Gesteinen mit
niedrigen Na-Gehalten (z.B. Dunite, Peridotite, Serpentinite,
Kalksteine) können ohne Zwischenverdünnung aus der Säureaufschlußlösung 40 ml abpipettiert und nach Cs- und Netzmittelzusatz auf
50 ml aufgefüllt werden. Die Verdünnungen sollen so gewählt werden, daß die Meßwerte in den mittleren Bereich der Eichkurve fallen. Wenn in der Aufschlußlösung ausschließlich Bestimmungen
mittels der Flammenphotometrie oder Atomabsorptions-Spektralphotometrie ausgeführt werden sollen, genügen kleinere Einwaagen.
Auf diese Weise entfallen die Zwischenverdünnungen der Analysenlösungen (5.3.1, S. 6_4).

Eine Blindlösung wird hergestellt durch die Verdünnung von 2,5 ml
Cs-Lösung und 5 ml Netzmittel auf 50 ml mit dest. Wasser.

Die verdünnten Eich- und Analysenlösungen müssen gleich gemessen
werden, da sich bei mehrtägigem Stehen im Meßkolben die Na+K-
Gehalte der Lösungen verändern können. Beim Überprüfen der Eichkurve ist die Zwischenverdünnung immer neu aus der Stammlösung
mit 100 ppm Na+K herzustellen.

<u>Messung der Lösungen:</u>

Die Messungen werden mit einer Sauerstoff-Azetylen-Flamme (Reihenfolge beim An- und Abstellen der Gase beachten, 6.2.4.1,
S. 111, 112) bei einer Wellenlänge von 589 nm ausgeführt. Es ist
zu prüfen, ob die eingestellte Wellenlänge bereits den maximalen
Ausschlag am Anzeigegerät ergibt. Die Monochromatoreinstellung
wird um einen kleinen Betrag nach links und rechts von dem ein-
gestellten Wert 589 nm verändert und der Ausschlag auf der Skala
bzw. dem Schreiber beobachtet. Weitere Meßdaten sind aus Tabelle
22 zu entnehmen.

Eine Registrierung der Meßwerte mit dem Schreiber ist auf jeden
Fall einer visuellen Ablesung vorzuziehen.

Die Einstellung auf 100 Skalenteile erfolgt mit der Eichlösung,
welche die höchsten Mengen an Na+K enthält. Aus den angegebenen
Eichlösungen ist das die Konzentration 3,2 ppm Na+K. Lösung für
die 100-Einstellung, Blindlösung und Probe werden im Wechsel zerstäubt:

1. Blindlösung, etwa 30 Sek.
2. Mit der 3,2 ppm Na+K-Lösung 100 Skalenteile einstellen
3. Blindlösung
4. Eichlösung mit niedrigster Konzentration
5. 100-Einstellung (3,2 ppm Na+K)
6. Blindlösung
7. Eichlösung mit nächsthöherer Konzentration etc.
   Anschließend die Analysenlösungen

Vor dem Schluß jeder Meßreihe noch dest. Wasser zerstäuben, um
das Eintrocknen von Proberückständen am Brenner zu verhindern.

Die Analysenlösungen direkt aus den Kolben absaugen, oder erst
kurz vor Meßbeginn in Petrischalen füllen und letztere abdecken.
Die Meßwerte der Eich- und Analysenlösungen sollten im Bereich
20 - 80 Skalenteile liegen.

Zu hohe Gehalte an Lösungsgenossen in Eich- und Analysenlösungen
ergeben gekrümmte Eichkurven und neigen zum Verstopfen des Zer-
stäubers.

Berechnung:

Zur Aufstellung der Eichkurve wird vom Gesamtausschlag in Skalenteilen für die einzelnen Lösungen der Ausschlag in Skalenteilen
für den Untergrund abgezogen. Daraus ergibt sich der Nutzaus-
schlag N = G - U. Dieser wird auf Millimeterpapier als Ordinate
in Abhängigkeit von der Konzentration in ppm auf der Abszisse
aufgetragen. Die aus der Eichkurve in ppm abgelesenen Gehalte
an Na bzw. Na$_2$O werden mit der in 6.1.3 (S. 87, 88) angegebenen
Formel in % umgerechnet. In 6.2.4.1 (S. 113, 114) ist ein Rechenbeispiel für die Fe$_2$O$_3$-Bestimmung mittels der Atomabsorptions-
Spektralphotometrie angegeben.

Umrechnungsfaktoren: Na$_2$O · 0,7419 = Na
                     Na · 1,348 = Na$_2$O

6.7.2 Atomabsorptions-Spektralphotometrie

    Reagenzien: 0,1 g Na- und K-Lösungen für die Atomabsorption
                Cäsiumchlorid (Suprapur von E. Merck mit max.
                5 ppm Na und 5 ppm K), Cäsiumchlorid-Lösung mit
                2% Cs: 2,53 g CsCl Suprapur auf 100 ml mit dest.
                Wasser lösen

    Geräte: Meßkolben, 50, 100, 1000 ml
                Pipetten verschiedener Größe

S. 6.7.1 (S. 145) über die Reinigung der Meßkolben mit alkalihaltigen Spezialreinigungsmitteln.

Herstellung der Na- und K-Lösungen:

Stammlösung (Stl.) mit je 100 ppm Na und K: Je 0,1 g Na und K in
   e i n e m 1000 ml-Meßkolben mit dest. Wasser auffüllen.

Zwischenverdünnung (Zwv.) mit je 5 ppm Na und K: 50 ml der Stammlösung in einem 1000 ml-Meßkolben mit dest. Wasser auffüllen.

Eichlösungen:

      0,5 ppm Na+K: 5 ml Zwv. + 2,5 ml Cs-Lsg. + H_2O auf 50 ml
      1,0 ppm Na+K: 10 ml Zwv. + 2,5 ml Cs-Lsg. + H_2O auf 50 ml
      2,0 ppm Na+K: 20 ml Zwv. + 2,5 ml Cs-Lsg. + H_2O auf 50 ml
      3,0 ppm Na+K: 30 ml Zwv. + 2,5 ml Cs-Lsg. + H_2O auf 50 ml
      4,0 ppm Na+K: 40 ml Zwv. + 2,5 ml Cs-Lsg. + H_2O auf 50 ml

Zur Beseitigung einer gegenseitigen Störung der Alkalielemente
muß die Elektronenkonzentration in der Flamme möglichst hoch
sein. Dieser Effekt wird erreicht durch den Zusatz von 1000 ppm
Cs zu den Eich- und Analysenlösungen (ALTHAUS, 1966). Das entspricht 2,5 ml der 2%igen Cs-Lösung auf 50 ml.

Analysenlösungen, Blindlösung:

Die Verdünnung der Analysenlösungen kann wie unter 6.7.1 (S. 146)
erfolgen, wobei zwei Abweichungen zu beachten sind:

Kein Netzmittel zu den Lösungen geben. Anstelle der 8%igen Cs-
Lösung sind 2,5 ml einer 2%igen Cs-Lösung auf 50 ml zuzusetzen.

Eine Blindlösung wird hergestellt durch die Verdünnung von 2,5 ml
der 2%igen Cs-Lösung auf 50 ml mit dest. Wasser.

Messung der Lösungen:

Mit einer Luft-Azetylen-Flamme und einer Na-Hohlkathodenlampe
wird bei 5890 Å gemessen. Weitere Meßdaten für Na sind aus der
Tabelle 23, allgemeine Hinweise aus 6.2.4.1 (S. 111 - 113) zu
entnehmen.

Berechnung: (s. 6.1.3, S. 87, 88 und 6.2.4.1, S. 113, 114).

Umrechnungsfaktoren für Na und Na_2O s. 6.7.1 (S. 147).

6.8 K_2O

6.8.1 Flammenphotometrie

    Reagenzien und Geräte: s. 6.7.1 (S. 145).

Herstellung der Na- und K-Lösungen, Eichlösungen: s. 6.7.1
(S. 145, 146).

Analysenlösungen, Blindlösung:

Die Herstellung der Meßlösungen über Zwischenverdünnungen sowie
der Meßlösungen bei Substanzen mit niedrigen K-Gehalten erfolgt
in gleicher Weise wie in 6.7.1 (S. 146) beschrieben. Das gleiche
gilt für die Herstellung einer Blindlösung. In den meisten Fällen
wird es möglich sein, für die flammenphotometrischen K_2O-Bestim-

mungen die gleichen Meßlösungen zu benutzen wie für die Na$_2$O-
Bestimmungen.

Messung der Lösungen:

Siehe 6.7.1 (S. 146, 147). Die Messungen werden bei einer Wellenlänge von 768 nm ausgeführt. Weitere Angaben für die K-Bestimmung
sind aus Tabelle 22 zu entnehmen.

Berechnung: (s. 6.7.1, S. 147, 6.1.3, S. 87, 88 und 6.2.4.1,
            S. 113, 114).

Umrechnungsfaktoren: K$_2$O · 0,8302 = K
                     K · 1,2046 = K$_2$O

6.8.2 Atomabsorptions-Spektralphotometrie

   Reagenzien und Geräte: s. 6.7.2 (S. 147).

Herstellung der Na- und K-Lösungen, Eichlösungen: s. 6.7.2
(S. 147, 148).

Analysenlösungen, Blindlösung:

Die Herstellung der Meßlösungen über Zwischenverdünnungen sowie
der Meßlösungen bei Substanzen mit niedrigen K-Gehalten erfolgt
in gleicher Weise wie in 6.7.1 (S. 146) beschrieben. In den meisten Fällen wird es möglich sein, für die K$_2$O-Bestimmungen die
gleichen Meßlösungen zu benutzen wie für die Na$_2$O-Bestimmungen.

Zwei Abweichungen sind zu beachten, wenn die Meßlösungen nicht
für die Flammenphotometrie sondern für die Atomabsorption verwendet werden sollen:

Kein Netzmittel zu den Lösungen geben. Anstelle der 8%igen Cs-
Lösung sind 2,5 ml einer 2%igen Cs-Lösung auf 50 ml zuzusetzen.

Eine Blindlösung wird hergestellt durch die Verdünnung von 2,5 ml
der 2%igen Cs-Lösung auf 50 ml mit dest. Wasser.

Messung der Lösungen:

Mit einer Luft-Azetylenflamme und einer K-Hohlkathodenlampe wird
bei 7665 Å gemessen. Weitere Meßdaten für K sind aus der Tabelle 23, allgemeine Hinweise aus 6.2.4.1 (S. 111 - 113) zu entnehmen.

Berechnung: (s. 6.1.3, S. 87, 88 und 6.2.4.1, S. 113, 114).

Umrechnungsfaktoren für K und K$_2$O s. 6.8.1 (S. 149).

6.9 TiO$_2$

6.9.1 Spektralphotometrie

In den meisten magmatischen, metamorphen und sedimentären Gesteinen liegen die TiO$_2$-Gehalte zwischen ≈ 0,1 - 3%. Im gravimetrischen Trennungsgang kann TiO$_2$ bestimmt werden nach dem Schmelz-

aufschluß der geglühten Sesquioxide mittels einer Mischung Natriumkarbonat und di-Natriumtetraborat (6.2.1, S. 96) oder
aus einem Flußsäure-Schwefelsäure-Salpetersäure-Aufschluß (5.3.1).
Die Flußsäure muß durch Abrauchen mit Schwefelsäure vollständig
entfernt werden. In beiden Fällen ist eine spektralphotometrische Titanbestimmung geeignet, welche auf der Bildung eines zi-
tronengelb gefärbten Ti(IV)-Komplexes mit Brenzcatechindisulfon-
säure-(3,5) Dinatriumsalz (Tiron[15]) beruht. YOE u. ARMSTRONG
(1974) schlagen dieses Verfahren vor, welches später von SHAPIRO
u. BRANNOCK (1962) als Schnellverfahren zur Bestimmung bis 3%
TiO_2 in Gesteinen angewendet wurde und der folgenden Arbeitsanleitung entspricht. Die Gelbfärbung ist in einer acetatgepuffer-
ten Lösung (pH 4,3 - 7) mehrere Stunden beständig.

Eine hier nicht beschriebene spektralphotometrische Methode be-
ruht auf der Bildung eines gelben Komplexes von Ti mit H_2O_2. Das
Verfahren ist recht zuverlässig. Arbeitsvorschriften gibt z. B.
MAXWELL (1968).

       Reagenzien: 0,1 g Ti-Lösung für die Atomabsorption, oder TiO_2
                    (z.B. "Specpure" der Firma Johnson Matthey Chem-
                    icals Limited, London)
                    Brenzcatechindisulfonsäure-(3,5) Dinatriumsalz
                    (Tiron)
                    Natriumdithionit
                    Ammoniumacetat
                    Essigsäure, etwa 96%ig (Eisessig)
                    Pufferlösung: 40 g Ammoniumacetat und 15 ml Eis-
                    essig mit dest. Wasser auf 1000 ml auffüllen
                    Kaliumdisulfat ($K_2S_2O_7$)
                    Schwefelsäure, 95 - 97%ig, Verdünnung 1 Teil
                    H_2SO_4 + 3 Teile H_2O
                    Schwefelsäure, 0,5 und 0,1 N

       Geräte: Bechergläser, 250 ml
                    Meßkolben, 50, 100, 250, 1000 ml
                    Pipetten verschiedener Größe
                    Platintiegel, Platinzange, Platindreieck
                    Stativ, Stativring

Herstellung der Ti- bzw. TiO_2-Lösungen:

1. Aus 0,1 g Ti-Lösung:

Stammlösung (Stl.) mit 100 ppm Ti: 0,1 g Ti in einem 1000 ml-
   Meßkolben mit 0,5 N Schwefelsäure auffüllen.

Zwischenverdünnung (Zwv.) mit 10 ppm Ti: 100 ml der Stammlösung
   in einem 1000 ml-Meßkolben mit 0,1 N Schwefelsäure auffüllen.
   1 ppm Ti = 1,67 ppm TiO_2.

---

[15] Das Reagenz wird für die Bestimmung von <u>Ti</u>tan und <u>Iron</u> (Eisen)
benutzt, daher der Name Tiron.

2. Aus TiO$_2$:

Stammlösung (Stl.) mit 400 ppm TiO$_2$: In einen Platintiegel werden
0,10 g TiO$_2$ und 3 g gepulvertes Kaliumdisulfat eingewogen und
mit einem Glasstab homogenisiert. Nicht wie beim Na$_2$CO$_3$-Auf-
schluß im Wägeglas homogenisieren. Beim Überführen der Aufschlußmischung in den Platintiegel lassen sich die an der
Wandung haftenden Substanzreste nur schwer aus dem Wägeglas
entfernen. Der bedeckte Platintiegel wird zunächst vorsichtig
erhitzt, bis das Kaliumdisulfat geschmolzen ist (es soll möglichst keine Substanz an den Deckel des Platintiegels spritzen).
Bei etwa 450°C beginnt SO$_3$ zu entweichen. Es ist darauf zu achten, daß sich beim Aufschluß möglichst wenig SO$_3$ entwickelt,
da das entstehende K$_2$SO$_4$ keine Aufschlußwirkung mehr besitzt.
Den Tiegel höchstens bis zu schwacher Rotglut des Bodens erhitzen. Das TiO$_2$ ballt sich manchmal zu kleinen Klümpchen zusammen, die nur langsam aufgeschlossen werden. Daher den Tiegel leicht umschwenken und längere Zeit das Aufschlußmittel
auf TiO$_2$ einwirken lassen. Die Vollständigkeit des Aufschlusses ist an einer völlig klaren Schmelze zu erkennen. Falls
sich bereits zuviel K$_2$SO$_4$ gebildet hat, neigt die Schmelze zum
schnellen Erstarren und zur Trübung. Die Schmelze läßt man in
einem schräggestellten Tiegel erkalten (s. 5.2.1, S. 61). Sie
wird dann in ein 250 ml-Becherglas überführt. Im Tiegel zurück-
bleibende Reste werden mit verdünnter Schwefelsäure (1 Teil
H$_2$SO$_4$ + 3 Teile H$_2$O) gelöst und in das Becherglas übergespült.
In das Becherglas 150 ml verdünnte Schwefelsäure geben. Keinesfalls die Schmelze erst mit Wasser und dann mit Schwefelsäure behandeln. Das Auflösen nimmt längere Zeit in Anspruch.
Am besten über Nacht stehen lassen. Auch die am Platindeckel
befindlichen Schmelzreste sind mit verdünnter Schwefelsäure
zu lösen. Die Lösung wird dann in einen 250 ml-Meßkolben überführt und mit 0,5 N H$_2$SO$_4$ aufgefüllt. Falls die Lösung nicht
ganz klar ist, war der Aufschluß unvollständig.

Zwischenverdünnung (Zwv.) mit 20 ppm TiO$_2$: 50 ml der Stammlösung
in einem 1000 ml-Meßkolben mit 0,1 N Schwefelsäure auffüllen.
20 ppm TiO$_2$ = 12 ppm Ti.

<u>Eichlösungen:</u>

Die Angaben beziehen sich auf die Zwischenverdünnung mit 20 ppm
TiO$_2$.

    0,5 ppm TiO$_2$: 2,5 ml Zwv. + Reagenzien + H$_2$O auf 100 ml
    1,0 ppm TiO$_2$: 5,0 ml Zwv. + Reagenzien + H$_2$O auf 100 ml
    2,0 ppm TiO$_2$: 10,0 ml Zwv. + Reagenzien + H$_2$O auf 100 ml
    3,0 ppm TiO$_2$: 15,0 ml Zwv. + Reagenzien + H$_2$O auf 100 ml
    4,0 ppm TiO$_2$: 20,0 ml Zwv. + Reagenzien + H$_2$O auf 100 ml

<u>Arbeitsvorschrift:</u>

Ohne Eichkurve:

In zwei 50 ml-Meßkolben je 5 ml Aufschlußlösung (Säureaufschluß)
und in drei 50 ml-Meßkolben je 5 ml der Zwischenverdünnung mit
20 ppm TiO$_2$ pipettieren. Ein sechster 50 ml-Meßkolben wird für
die Blindlösung bereitgestellt. In jeden Meßkolben je 100 - 150 mg

Tiron und 40 ml Pufferlösung geben. Dann 10 - 20 mg Natriumdithionit in die Meßkolben mit den Säureaufschlußlösungen geben,
bis die violette Eisenfärbung verschwindet (umschütteln). Zu den
anderen Meßkolben fügt man die gleiche Menge Natriumdithionit
hinzu und schüttelt (Natriumdithionit-Überschuß vermeiden). Die
Meßkolben mit dest. Wasser auffüllen. Die Lösungen müssen klar
sein. Natriumdithionit kann sich langsam unter Schwefelbildung
zersetzen.

Die drei Meßkolben mit je 5 ml der Zwischenverdünnung enthalten
die Vergleichslösung (Standardlösung) mit bekannter TiO$_2$-Konzen-
tration. Bei Verwendung von 5 ml Zwischenverdünnung sind das
2 ppm TiO$_2$.

Nach 5 Min. kann bei einer Wellenlänge von 430 nm (PECK, 1964,
gibt 410 nm an) und 0,02 - 0,03 mm Spaltbreite gegen die Blindlösung gemessen werden. Schichtlänge der Küvetten: 1 oder 2 cm.
Weitere Meßdaten sind aus der Tabelle 21, allgemeine Hinweise
aus 6.1.3 (S. 87) zu entnehmen.

Mit Eichkurve:
Die Reagenzienzusätze zu den Eich- und Analysenlösungen auf 100 ml
sind die gleichen wie auf 50 ml.

Mögliche Störungen:

1. Fe(III) bildet mit Tiron einen violett gefärbten Komplex.
Dieser wird zerstört durch die Zugabe von Natriumdithionit. Fe(II)
bildet keinen gefärbten Komplex.

2. Sowohl Cr(III) als auch Cr(VI) verursachen zu hohe Meßwerte,
sobald der Gehalt in der Analysensubstanz höher ist als 0,2%
Cr$_2$O$_3$ = 0,14% Cr. Die Abweichung ist nicht proportional der
Chrommenge. Übersteigt der Cr-Gehalt in der Substanz 1% Cr$_2$O$_3$ =
0,7% Cr, so ist die Tironmethode für die Ti-Bestimmung nicht mehr
brauchbar.

3. Vanadium (V) bildet mit Tiron eine schmutziggrau gefärbte Lösung. Nach der Zugabe von Natriumdithionit wird diese innerhalb
weniger Minuten gelb. Durch 1% V$_2$O$_5$ = 0,56% V wird $\approx$ 0,2% TiO$_2$
vorgetäuscht. Enthält die Analysensubstanz weniger als 0,1%
V$_2$O$_5$, was normalerweise der Fall ist, kann der Fehler vernach-
lässigt werden.

4. Nach NICHOLS (1960) ist das Lambert-Beer'sche Gesetz bei pH 3
und 405 nm gültig bis 0,8 ppm Ti. RIGG u. WAGENBAUER (1961) verwendeten anstelle von Natriumdithionit Thioglycolsäure zur Reduktion von Fe(III). Bei pH 3,8 und 380 nm (Thioglycolsäure absorbiert nicht bei 380 nm, dagegen Natriumdithionit stark bei
< 410 nm) ist nach diesen Autoren das Lambert-Beer'sche Gesetz
gültig bis 4 ppm TiO$_2$.

Berechnung:

     Ohne Eichkurve: s. Abschnitt 6.2.3 (S. 105, 106).
     Mit Eichkurve: s. Abschnitt 6.1.3 (S. 87 - 90).

Umrechnungsfaktoren: $TiO_2 \cdot 0,5995 = Ti$
$\qquad\qquad\qquad\quad Ti \cdot 1,668 \ = TiO_2$

6.9.2 Atomabsorptions-Spektralphotometrie

Reagenzien: 0,1 g Ti-Lösung für die Atomabsorption
0,1 g Al-Lösung für die Atomabsorption
Cäsiumchlorid (Suprapur von E. Merck), Cäsiumchlorid-Lösung mit 2% Cs: 2,53 g CsCl auf 100 ml
mit dest. Wasser lösen
Schwefelsäure, 0,5 und 0,1 N

Geräte: Meßkolben, 25, 50, 500, 1000 ml
Pipetten verschiedener Größe

Herstellung der Ti- und Al-Lösungen:

Stammlösung (Stl.) mit 100 ppm Ti: 0,1 g Ti in einem 1000 ml-
Meßkolben mit 0,5 N Schwefelsäure auffüllen.

Zwischenverdünnung (Zwv.) mit 8 ppm Ti: 40 ml der Stammlösung
in einem 500 ml-Meßkolben mit 0,1 N Schwefelsäure auffüllen.
1 ppm Ti = 1,67 ppm TiO_2.

Lösung mit 200 ppm Al: 0,1 g Al in einem 500 ml-Meßkolben mit
dest. Wasser auffüllen.

Eichlösungen:

```
 1,6 ppm Ti: 10 ml Zwv.+ 20 ml Al-Lsg.+5 ml Cs-Lsg.+H₂O auf 50ml
 4,0 ppm Ti: 25 ml Zwv.+ 20 ml Al-Lsg.+5 ml Cs-Lsg.+H₂O auf 50ml
10,0 ppm Ti:  5 ml Stl.+ 20 ml Al-Lsg.+5 ml Cs-Lsg.+H₂O auf 50ml
20,0 ppm Ti: 10 ml Stl.+ 20 ml Al-Lsg.+5 ml Cs-Lsg.+H₂O auf 50ml
40,0 ppm Ti: 20 ml Stl.+ 20 ml Al-Lsg.+5 ml Cs-Lsg.+H₂O auf 50ml
```

Die Bestimmung von Titan erfolgt mit einer Distickstoffmonoxid-
Azetylenflamme (z.B. BERNAS, 1968; BUCKLEY u. CRANSTON, 1971;
GALLE, 1968; LUECKE, 1971). Interferenzen bewirken eine Erhöhung
der Absorption bei Anwesenheit von Al, Fe, Zr, Cs, HF als Lösungs-
genossen (z.B. AMOS u. WILLIS, 1966; GALLE, 1968; LUECKE, 1971).
Die Eichlösungen müssen daher für bestimmte Komponenten den Ana-
lysenlösungen angeglichen werden. Es sollten auf jeden Fall nur
Säureaufschlüsse verwendet werden, aus denen durch Abrauchen die
Flußsäure vollständig entfernt worden ist.

Bei der Untersuchung basaltischer, intermediärer und granitischer
Gesteine werden daher zu jeder Eichlösung 80 ppm Al zugegeben.
Bei der Analysierung von Peridotiten, Duniten, Serpentiniten und
Kalksteinen genügt ein Zusatz von 20 ppm Al zu den Eichlösungen.
Diese Angaben gehen davon aus, daß von den Gesteinsproben etwa
100 mg Substanz für 100 ml Aufschlußlösung verwendet worden ist.
Es sei darauf hingewiesen, daß die angegebenen Mengen nur Richt-
werte darstellen. Der Analytiker muß selbst entscheiden, wie der
Al-Gehalt der Eichlösungen den verschiedenen Analysenlösungen am
günstigsten angeglichen werden kann.

Analysenlösungen, Blindlösung:

In den Aufschlußlösungen silikatischer Gesteine kann das Titan
ohne weitere Zwischenverdünnung bestimmt werden. Allerdings
müssen zu jeder Probelösung 2,5 ml der 2%igen Cs-Lösung auf
25 ml hinzugefügt werden. Daher werden 20 ml der Säureaufschlußlösung in einen 25 ml-Meßkolben pipettiert, 2,5 ml Cs-Lösung
hinzugefügt und mit dest. Wasser auf 25 ml aufgefüllt. Die Bestimmung von Ti in Gesteinen mittels der Atomabsorptions-Spektralphotometrie ist mit einer Skalendehnung (z.B. dreifach) bis
etwa 0,4% TiO$_2$ (0,2% Ti) noch möglich (bei 0,1 g Probe in 100 ml
Aufschlußlösung). Kleinere Ti-Gehalte können mit einer weiteren
Skalendehnung nicht mehr sicher erfaßt werden. Unter diesen Umständen ist die spektralphotometrische Ti-Bestimmung vorzuziehen.

Eine Blindlösung wird wie folgt hergestellt: Entsprechend den
Al-Gehalten der Analysensubstanz werden 20 ml (80 ppm Al) oder
5 ml (20 ppm Al) der 200 ppm Al-Lösung, 5 ml der 2%igen Cs-Lösung
und 10 ml 0,1 N H$_2$SO$_4$ in einem 50 ml-Meßkolben mit dest. Wasser
aufgefüllt.

Messung der Lösungen:

Die Distickstoffmonoxid-Azetylenflamme muß unter reduzierenden
Bedingungen (brenngasreich) brennen. Die optimale N$_2$O-Azetylen-
Mischung ist vor jeder Meßreihe mit der 40 ppm Ti-Lösung auszu-
probieren, da die Größe des Absorptionswertes empfindlich davon
abhängt. Am Schlitz des Brennerkopfes setzt sich leicht Kohlenstoff ab. Dieser ist während der Meßserie mehrmals zu entfernen
(Schaber aus Metall, Flamme muß nicht gelöscht werden), andern-
falls ist mit einer Verfälschung der Absorptionswerte zu rechnen.

Mit einer Ti-Hohlkathodenlampe wird bei 3643 Å gemessen. Weitere
Meßdaten für Ti sind aus Tabelle 23, allgemeine Hinweise aus
6.2.4.1 (S. 111 - 113) zu entnehmen.

Berechnung: (s. 6.1.3, S. 87, 88 und 6.2.4.1, S. 113, 114).

Umrechnungsfaktoren für Ti und TiO$_2$ s. 6.9.1 (S. 153).

6.10 P$_2$O$_5$

In den meisten magmatischen, metamorphen und sedimentären Gesteinen betragen die P$_2$O$_5$-Gehalte $\leqq$ 1% (Tabelle 15). Das P$_2$O$_5$
ist normalerweise im Apatit fixiert. Die Bestimmung erfolgt aus
einem Säureaufschluß, wobei zu beachten ist, daß ein starkes
Abrauchen der Schwefelsäure zu P$_2$O$_5$-Verlusten führt (5.3.1,
S. 64). Dagegen ist ein Verdampfen von HCl, HNO$_3$ und HF nicht
mit Minusfehlern bei der P$_2$O$_5$-Bestimmung verbunden (MAXWELL,
1968).

P$_2$O$_5$ wird meistens spektralphotometrisch bestimmt. Bei Gesteinen
mit P$_2$O$_5$-Gehalten von mehreren % müssen die Analysenlösungen
stark verdünnt werden. Verschiedene Autoren empfehlen daher für
diese Fälle eine gravimetrische P$_2$O$_5$-Bestimmung. Im vorliegen-

den Text wird zur Information eine solche Methode kurz beschrieben.

6.10.1 Gravimetrie

Die Arbeitsanleitung beruht auf einer Abtrennung des P_2O_5 als
Ammoniumphosphormolybdat von störenden Komponenten. Da diese
Verbindung für eine Endauswaage nicht immer einwandfrei stöchio-
metrisch definiert ist, wird eine Umfällung als Magnesiumammo-
niumphosphat mit anschließendem Glühen zu $Mg_2P_2O_7$ empfohlen
(MAXWELL, 1968).

Reagenzien: Ammoniumheptamolybdat, 5%ige Lösung zur Fällung:
25 g $(NH_4)_6Mo_7O_{24}$.4 H_2O in etwa 250 ml dest. Wasser bei 50° - 60^oC lösen, mehrere Stunden stehen
lassen, durch ein quantitatives Filter (z.B. Weißband von Schleicher & Schüll) filtrieren, auf
500 ml mit dest. Wasser verdünnen
Salpetersäure, 65%ig, Verdünnung 1 Teil HNO_3 +
1 Teil H_2O
Ammoniumnitrat, 50%ige Lösung: 250 g NH_4NO_3 in
250 ml dest. Wasser lösen, nach einigen Stunden
durch ein Weißbandfilter filtrieren, mit dest.
Wasser auf 500 ml verdünnen
2%ige Waschlösung: 20 ml der 50%igen Ammoniumnitratlösung mit dest. Wasser zunächst auf 400 ml
verdünnen, dann mit 1 + 1 verdünnter HNO_3 die Lösung schwach sauer machen und mit dest. Wasser auf
500 ml auffüllen
Magnesiumchlorid
Ammoniumchlorid
Ammoniaklösung, 25%ig, Verdünnung 1 Teil NH_4OH
+ 1 Teil H_2O
Salzsäure, 36%ig, Verdünnung 1 Teil HCl + 1 Teil
H_2O
Salzsäure, 5%ig: 30 ml 36%ige Salzsäure und 180 ml
dest. Wasser mischen
Magnesiumlösung für die Phosphatfällung: 25 g
$MgCl_2$.6 H_2O und 50 g NH_4Cl in 250 ml dest. Wasser
lösen, ammoniakalisch machen und einige Stunden
stehen lassen. Dann durch ein Weißbandfilter filtrieren, mit 1 + 1 verdünnter Salzsäure auf pH
3 - 4 einstellen, auf 500 ml verdünnen
di-Ammoniumhydrogencitrat (Ammoniumcitrat)
Reagenz zum Auflösen des Ammoniumphosphormolybdat-
Niederschlages: 4 g di-Ammoniumhydrogencitrat in
150 ml dest. Wasser auflösen, 40 ml einer 25%igen
Ammoniaklösung hinzufügen und mit dest. Wasser
auf 200 ml auffüllen
Methylrot

Geräte: Porzellanfiltertiegel A 2, oder Glasfiltertiegel
G 3 (Firma Schott & Gen., Mainz), Tiegelschuh
Analysentrichter, 7 cm oberer Ø
Filter, 11 cm Ø (z.B. Weißband von Schleicher &
Schüll)
Pipetten verschiedener Größe, Peleusball

Bechergläser, 250, 500 ml
Uhrgläser
Saugtopf mit Filtrationseinrichtung, Wasserstrahl-
pumpe
Muffelofen

<u>Arbeitsvorschrift:</u>

Entsprechend der Höhe des P_2O_5-Gehaltes in der Probe kann ein
Teil der Säureaufschlußlösung (Flußsäure-Perchlorsäure, 5.3.2)
angewendet werden. Es ist aber zu empfehlen, für die P_2O_5-Bestim-
mung einen gesonderten Salpetersäure-Flußsäure-Aufschluß (10 ml
konz. Salpetersäure und 10 ml konz. Flußsäure) auszuführen. Nach
Angaben von PECK (1964) verzögern organische Komponenten die
Fällung. Diese sollten daher durch Erhitzen der Substanz vor dem
Aufschluß der Probe zerstört werden. Außerdem soll die Aufschlußlösung nicht mehr als 600 mg Fluor und 40 mg SiO_2 enthalten
(PECK, 1964). Bei einer Substanzmenge von 1000 mg in 250 ml mit
10% P_2O_5 kann von 100 ml Aufschlußlösung ausgegangen werden.

Die Aufschlußlösung wird in ein 250 ml-Becherglas pipettiert.
5 ml 65%ige Salpetersäure sowie 15 ml 50%ige Ammoniumnitratlösung hinzufügen. Nach Zusatz von 20 ml der 5%igen Ammoniummolybdatlösung solange rühren, bis die Fällung von Ammoniumphosphormolybdat beginnt. Anschließend die Lösung 15 Min. auf 60°C erwärmen und nochmals 10 ml der Ammoniummolybdatlösung hinzufügen.
Die Fällung bleibt über Nacht stehen. Der Niederschlag wird durch
ein Weißbandfilter filtriert. Becherglas und Niederschlag je
fünfmal mit der 2%igen Ammoniumnitratlösung waschen, Filtrat
verwerfen. Das Becherglas mit den Resten des Ammoniumphosphor-
molybdat-Niederschlages wird unter den Analysentrichter mit dem
Niederschlag gestellt, letzterer aufgelöst mit der Ammoniak-Am-
moniumcitrat-Lösung in der Reihenfolge: Ammoniak-Ammoniumcitrat-
Lösung - dest. Wasser - 5%ige Salzsäure - dest. Wasser - Ammoniak-
Ammoniumcitrat-Lösung. Das Endvolumen mit dem aufgelösten Niederschlag sollte 50 ml oder weniger betragen. Zu dieser Lösung einige Tropfen Methylrot zusetzen, tropfenweise 1 + 1 verdünnte
Salzsäure bis zum Indikatorumschlag nach rot und noch 10 ml dieser Salzsäure im Überschuß hinzufügen. Anschließend zu der Lösung
10 ml Magnesiumlösung für die Phosphatfällung geben und ammoniakalisch machen. Nach einigen Minuten 10 ml 1 + 1 verdünnte Ammoniaklösung hinzufügen und über Nacht stehen lassen. Die 1. Filtration des Magnesiumammoniumphosphats, die Umfällung, die 2.
Fällung und das Glühen des Niederschlages zu $Mg_2P_2O_7$ oder Trocknen zu $MgNH_4PO_4 \cdot H_2O$ erfolgt in der gleichen Weise wie in 6.6.1
(S. 136, 137 unter den Punkten 3 - 6) beschrieben. Die einzige
Ausnahme besteht darin, daß immer die Magnesiumlösung (s. Reagenzien) für die Phosphatfällung benutzt werden muß.

<u>Berechnung:</u>

$$\text{Auswaage mg } Mg_2P_2O_7 \cdot 0,2785 = \text{mg P}$$
$$\cdot\, 0,6378 = \text{mg } P_2O_5$$

$$\frac{\text{mg } Mg_2P_2O_7 \cdot 0,6378 \cdot 100}{\text{mg Einwaage}} = \%\ P_2O_5$$

Umrechnungsfaktoren: $P_2O_5 \cdot 0,4364 = P$
$P \cdot 2,2914 = P_2O_5$

6.10.2 Spektralphotometrie

Eine spektralphotometrische Bestimmungsmethode von P_2O_5 in silikatischen Gesteinen beruht auf der Bildung einer gelb gefärbten Heteropolysäure durch Reaktion von Vanadat und Molybdat in saurer Lösung mit Orthophosphat. Das nachfolgend beschriebene Verfahren von SHAPIRO u. BRANNOCK (1962) wird als Schnellverfahren empfohlen.

Reagenzien: Kaliumdihydrogenphosphat (primäres Kaliumphosphat) KH_2PO_4
Ammoniummonovanadat
Salpetersäure, 65%ig, Verdünnung 1 Teil HNO_3 + 1 Teil H_2O
Ammonium-molybdat-vanadat-Lösung: 0,75 g NH_4VO_3 in 200 ml 1 + 1 verdünnter HNO_3 lösen, gesondert 45 g $(NH_4)_6Mo_7O_{24}.4\ H_2O$ in 200 ml dest. Wasser lösen, beide Lösungen mischen, eventuell filtrieren, im Meßkolben auf 500 ml auffüllen

Geräte: Meßkolben, 50, 500, 1000 ml
Pipetten verschiedener Größe

Herstellung der P_2O_5-Lösungen:

Stammlösung (Stl.) mit 400 ppm P_2O_5: 0,7670 g Kaliumdihydrogenphosphat (0,40 g P_2O_5) in einem 1000 ml-Meßkolben mit dest. Wasser lösen und bis zur Eichmarke auffüllen. Das KH_2PO_4 muß vor der Einwaage bei 100°C getrocknet werden.

Zwischenverdünnung (Zwv.) mit 20 ppm P_2O_5: 50 ml der Stammlösung in einem 1000 ml-Meßkolben mit dest. Wasser auffüllen. 1 ppm P_2O_5 = 0,44 ppm P.

Eichlösungen:

 2 ppm P_2O_5: 5 ml Zwv.+ 10 ml Amm.-Mol.-Van.-Lsg.+H_2O auf 50 ml
 6 ppm P_2O_5: 15 ml Zwv.+ 10 ml Amm.-Mol.-Van.-Lsg.+H_2O auf 50 ml
12 ppm P_2O_5: 30 ml Zwv.+ 10 ml Amm.-Mol.-Van.-Lsg.+H_2O auf 50 ml
16 ppm P_2O_5: 40 ml Zwv.+ 10 ml Amm.-Mol.-Van.-Lsg.   auf 50 ml
40 ppm P_2O_5: 5 ml Stl.+ 10 ml Amm.-Mol.-Van.-Lsg.+H_2O auf 50 ml

Arbeitsvorschrift:

Ohne Eichkurve:

In zwei 50 ml-Meßkolben je 15 ml Aufschlußlösung (Säureaufschluß) und in drei 50 ml-Meßkolben je 15 ml der Zwischenverdünnung mit 20 ppm P_2O_5 pipettieren. Einen sechsten 50 ml-Meßkolben für die Blindlösung bereitstellen. In jeden Meßkolben 10 ml der Ammonium-molybdat-vanadat-Lösung geben. Umschwenken. Bis zur Eichmarke mit dest. Wasser auffüllen. Gut umschütteln. Nach 10 Min. kann gegen die Blindlösung bei einer Wellenlänge von 430 nm und einer Spaltbreite von 0,02 - 0,03 mm gemessen werden. SHAPIRO u. BRANNOCK

(1962) empfehlen 420 nm, um den störenden Einfluß von Eisen gering zu halten. Schichtlänge der Küvetten: 1, 2 oder 5 cm. Weitere Meßdaten sind aus Tabelle 21, allgemeine Hinweise aus 6.1.3
(S. 87) zu entnehmen.

Die drei Meßkolben mit je 15 ml der Zwischenverdünnung enthalten
die Vergleichslösung (Standardlösung) mit bekannter P_2O_5-Konzen-
tration. Bei Verwendung von 15 ml Zwischenverdünnung sind das
6 ppm P_2O_5.

Mit Eichkurve:

Reagenzienzusätze zu den Eichlösungen wie oben beschrieben. Bei
der 16 ppm Lösung sollte ein trockener 50 ml-Meßkolben benutzt
werden, da zu den 40 ml Zwischenverdünnung noch 10 ml Reagenz
zugesetzt werden müssen.

Mögliche Störungen:

Eisen läßt die Meßergebnisse zu hoch ausfallen. Der Fehler beträgt bei 10% Gesamteisen (Fe_2O_3) etwa 0,025% P_2O_5. Der P_2O_5-
Wert kann wie folgt korrigiert werden (MAXWELL, 1968):

    % P_2O_5 korrigiert = % P_2O_5 spektralphotometrisch gemessen -
    (% Σ Fe_2O_3 · 0,0025)

Fluoridionen beeinträchtigen die Entstehung der Farbreaktion.
Daher ist die Flußsäure mit HNO_3 nach dem Aufschluß abzurauchen.
Rückstand nicht über 250°C erhitzen, da sonst P_2O_5-Verluste auf-
treten können (MAXWELL, 1968).

Berechnung:

    Ohne Eichkurve: s. 6.2.3 (S. 105, 106).
    Mit Eichkurve: s. 6.1.3 (S. 87 - 90).

Umrechnungsfaktoren für P und P_2O_5 s. 6.10.1 (S. 157).

6.11 MnO

6.11.1 Spektralphotometrie

Hinweise auf das·Verhalten von Mangan im gravimetrischen Trennungsgang s. 6.2.1 (S. 92).

Die spektralphotometrische Bestimmung von Mangan beruht auf der
Oxidation des Mn(II) zu Mn(VII) durch Kalium-meta-perjodat in
saurer Lösung (Bildung des violett gefärbten Permanganat-Ions).
Ein Überschuß von Perjodat hat keinen Einfluß auf die Farbinten-
sität. Der Säuregehalt der Lösung muß hoch sein, weil sich sonst
die Färbung zu langsam entwickelt. Die KJO_4-haltige Permanganat-
lösung ist bei Zimmertemperatur mehrere Stunden unverändert haltbar. Für die Analyse wird ein Teil der Säureaufschlußlösung
(5.3 und 5.4) verwendet. Für die spektralphotometrische MnO-Bestimmung ist der Flußsäure-Schwefelsäure-Salpetersäure-Aufschluß
(5.3.1) geeignet. Bei der Anwendung des Flußsäure-Perchlorsäure-

Aufschlusses (5.3.2) sind die Chloride durch mehrmaliges Abrauchen mit Salpetersäure oder Schwefelsäure zu entfernen. Andern-
falls dauert es oft mehrere Stunden, bis sich die violette Per-
manganatfärbung entwickelt.

Reagenzien: 0,1 g Mn-Lösung für die Atomabsorption, oder
            Mangan, metallisch (z.B. "Specpure" der Firma
            Johnson Matthey Chemicals Limited, London)
            Kalium-meta-perjodat, 4%ige KJO_4-Lösung: 1 g KJO_4
            in 40 ml 1 + 1 verdünnter HNO_3 unter Erwärmen
            lösen, in einem 100 ml-Meßkolben mit dest. Wasser
            auffüllen, nicht den Meßkolben erwärmen
            ortho-Phosphorsäure, 85%ig
            Salpetersäure, 65%ig, Verdünnung 1 Teil HNO_3 +
            1 Teil H_2O
            Schwefelsäure, 95 - 97%ig
            Schwefelsäure, 0,1 N
            Säuremischung: 100 ml ortho-Phosphorsäure und
            250 ml 95 -97%ige Schwefelsäure mit dest. Wasser
            in einem 1000 ml-Meßkolben auffüllen

Geräte: Bechergläser, 250 ml
            Meßkolben, 100, 500, 1000 ml
            Pipetten verschiedener Größe

Herstellung der Mn- bzw. MnO-Lösungen:

1. Aus 0,1 g Mn-Lösung:

Stammlösung (Stl.) mit 100 ppm Mn: 0,1 g Mn in einem 1000 ml-
    Meßkolben mit 0,1 N Schwefelsäure auffüllen.

Zwischenverdünnung (Zwv.) mit 10 ppm Mn: 50 ml der Stammlösung
    im 500 ml-Meßkolben mit dest. Wasser auffüllen. 1 ppm Mn =
    1,29 ppm MnO.

2. Aus metallischem Mn:

Stammlösung (Stl.) mit 200 ppm MnO: 0,1549 g Mn (0,200 g MnO)
    in 20 ml heißer 1 + 1 verdünnter Salpetersäure lösen. Stick-
    oxide verkochen, Lösung in einen 1000 ml-Meßkolben spülen
    und mit dest. Wasser auffüllen.

Zwischenverdünnung (Zwv.) mit 10 ppm MnO: 50 ml der Stammlösung
    in einem 1000 ml-Meßkolben mit dest. Wasser auffüllen. 1 ppm
    MnO = 0,77 ppm Mn.

Eichlösungen:

Die Angaben beziehen sich auf die Stammlösung mit 200 ppm MnO
und die Zwischenverdünnung mit 10 ppm MnO.

 1 ppm MnO:10 ml Zwv.+50 ml Säurem.+5 ml KJO_4-Lsg.+H_2O auf 100 ml
 2 ppm MnO:20 ml Zwv.+50 ml Säurem.+5 ml KJO_4-Lsg.+H_2O auf 100 ml
 4 ppm MnO:40 ml Zwv.+50 ml Säurem.+5 ml KJO_4-Lsg.+H_2O auf 100 ml
 8 ppm MnO: 4 ml Stl.+50 ml Säurem.+5 ml KJO_4-Lsg.+H_2O auf 100 ml
10 ppm MnO: 5 ml Stl.+50 ml Säurem.+5 ml KJO_4-Lsg.+H_2O auf 100 ml

<u>Arbeitsvorschrift:</u>

Ohne Eichkurve:

In zwei 250 ml-Bechergläser je 20 ml Aufschlußlösung (Säureaufschluß) und in drei 250 ml-Bechergläser je 40 ml der Zwischenverdünnung mit 10 ppm MnO pipettieren. In ein sechstes Becherglas
für die Herstellung der Blindlösung 20 ml dest. Wasser pipettieren. Dann in jedes Becherglas 50 ml der Säuremischung und 5 ml
der KJO_4-Lösung geben. Die Bechergläser eine Stunde auf ein etwa
$95^{\circ}C$ heißes Wasserbad stellen. Nach dem Abkühlen der Lösungen
auf Zimmertemperatur diese in sechs 100 ml-Meßkolben überspülen,
mit dest. Wasser auffüllen und gut durchmischen (Verfahren z.B.
bei MAXWELL, 1968; PECK, 1964; SHAPIRO u. BRANNOCK, 1956). Die
drei Meßkolben mit je 40 ml der Zwischenverdünnung enthalten
die Vergleichslösung (Standardlösung) mit bekannter MnO-Konzen-
tration. Bei Verwendung von 40 ml Zwischenverdünnung sind das
4 ppm MnO.

Die Lösungen werden bei einer Wellenlänge von 525 nm oder 545 nm
und einer Spaltbreite von 0,02 mm gegen die Blindlösung gemessen. Das Permanganat hat sein Absorptionsmaximum bei 525 nm,
aber auch Chromat absorbiert stark bei dieser Wellenlänge. Bei
545 nm ist die Absorption von Permanganat nur wenig, von Chromat
dagegen viel schwächer (MAXWELL, 1968). Je nach Intensität der
Färbung erfolgen die Messungen mit Küvetten von 2 oder 5 cm
Schichtlänge. Weitere Meßdaten sind aus Tabelle 21, allgemeine
Hinweise aus 6.1.3 (S. 87) zu entnehmen.

Mit Eichkurve:

Die Eichlösungen werden ebenfalls zunächst in Bechergläsern mit
den Reagenzien versetzt und erwärmt.

<u>Mögliche Störungen:</u>

Alle Ionen mit Eigenfarbe stören. Von Bedeutung für die Gesteinsanalyse sind nur Eisen und in Sonderfällen auch Chrom. Die Zugabe von ortho-Phosphorsäure (Säuremischung) beseitigt die Störung durch Eisen (farbloser Komplex). Störungen durch Chrom
können nicht in der gleichen Weise verhindert werden. Es besteht
die Möglichkeit, in diesem Fall die Wellenlänge zu ändern. Merkliche Fehler treten erst bei Cr_2O_3-Gehalten > 1% auf.

Wichtig ist die Entfernung aller reduzierenden Substanzen, da
sonst die Oxidation von Mangan beeinträchtigt oder verhindert
wird.

Lösungen, in denen keine Färbung auftritt, sollten 24 Std. stehen
bleiben. Erst dann kann die An- oder Abwesenheit von Mangan beurteilt werden (MAXWELL, 1968).

<u>Berechnung:</u>

    Ohne Eichkurve: s. 6.2.3 (S. 105, 106).
    Mit Eichkurve: s. 6.1.3 (S. 87 - 90).

Umrechnungsfaktoren: MnO $\cdot$ 0,7745 = Mn
                     Mn $\cdot$ 1,2912 = MnO

6.11.2 Atomabsorptions-Spektralphotometrie

Reagenzien: 0,1 g Mn-Lösung für die Atomabsorption

Geräte: Meßkolben, 100, 500, 1000 ml
               Pipetten verschiedener Größe

Herstellung der Mn-Lösungen:

Stammlösung (Stl.) mit 100 ppm Mn: 0,1 g Mn in einem 1000 ml-
    Meßkolben mit dest. Wasser auffüllen.

Zwischenverdünnung (Zwv.) mit 10 ppm Mn: 50 ml der Stammlösung
    in einem 500 ml-Meßkolben mit dest. Wasser auffüllen.

Eichlösungen:

     0,5 ppm Mn: 5 ml Zwv. + H_2O auf 100 ml
     1,0 ppm Mn: 10 ml Zwv. + H_2O auf 100 ml
     2,0 ppm Mn: 20 ml Zwv. + H_2O auf 100 ml
     5,0 ppm Mn: 50 ml Zwv. + H_2O auf 100 ml
    10,0 ppm Mn: Zwischenverdünnung

Bei dreifacher Skalendehnung kann mit den Eichlösungen 0,5, 1,
2 und 4 ppm Mn (für letztere 40 ml Zwv. + H_2O auf 100 ml) gemessen werden.

Mit Störungen durch andere Kationen und Anionen ist bei der Mn-
Bestimmung nicht zu rechnen (ALTHAUS, 1966).

Analysenlösungen, Blindlösung:

Bei Gehalten zwischen 0,04 - 0,65% MnO (0,03 - 0,5% Mn) in der
Analysensubstanz muß keine Verdünnung der Säureaufschlußlösung
vorgenommen werden.

Als Blindlösung kann dest. Wasser verwendet werden.

Messung der Lösungen:

Mit einer Luft-Azetylenflamme wird bei 2795 Å, 2798 Å, 2801 Å
(Mn-Hohlkathodenlampe) gemessen. Weitere Meßdaten für Mn sind
aus der Tabelle 23, allgemeine Hinweise aus 6.2.4.1 (S. 111 - 113)
zu entnehmen.

Berechnung: (s. 6.1.3, S. 87, 88 und 6.2.4.1, S. 113, 114).

Umrechnungsfaktoren für Mn und MnO s. 6.11.1 (S. 161).

6.12 Gesamt-, Karbonat- und Nichtkarbonat-Kohlenstoff

Nahezu alle magmatischen, metamorphen und sedimentären Gesteine
enthalten Kohlenstoff in unterschiedlichen Mengen von wenigen

ppm bis mehr als 12% (z.B. HOEFS, 1969). Diese Kohlenstoffgehalte kommen als Karbonate sowie als Nichtkarbonat-Kohlenstoff (organischer bzw. anorganischer Kohlenstoff) in den Gesteinen vor.
Bei den Karbonaten handelt es sich im wesentlichen um Calcit,
Dolomit und Siderit. CO_3 ist ferner in Mineralen wie Cancrinit
und teilweise in Apatit enthalten. Der Nichtkarbonat-Kohlenstoff
ist zum größten Teil in organischen Komponenten (Bitumen usw.)
und als Graphit fixiert.

Bei der Analyse von Silikaten und anderen Materialien werden die
verschiedensten Kohlenstoffanteile durch Erhitzen oder die Einwirkung von Säuren direkt als CO_2 freigesetzt bzw. mit einem
Oxidationsmittel in diese Verbindung überführt. Anschließend erfolgt die Bestimmung des CO_2 hauptsächlich gravimetrisch, gas-
volumetrisch oder titrimetrisch (Übersicht für Silikate z.B. bei
MAXWELL, 1968).

Die in 6.12.1 und 6.12.2 angegebene gravimetrische bzw. titrimetrische Methode läßt sich mit einer einfachen Apparatur ausführen. Die Verfahren erlauben die Bestimmung von Karbonat-Kohlenstoff, der durch die Einwirkung von Säuren als CO_2 freigesetzt
wird. Es ist möglich, auch den Anteil an Nichtkarbonat-Kohlenstoff zu bestimmen. Das kann einmal geschehen durch die Einwirkung einer oxidierenden Säure auf die Substanz im Zersetzungskolben (Abb. 16). Hierfür werden verschiedene Säuremischungen
(z.B. Chromsäure und Phosphorsäure) angegeben. Vielfach wird
mit einem ersten Schritt durch die Anwendung einer nichtoxidierenden Säure der Karbonat-Kohlenstoff bestimmt, dann nach Zusatz
eines Oxidationsmittels auch der Nichtkarbonat-Kohlenstoff. Beim
heutigen Stand der Analysentechnik kommt diesem Verfahren zur
Bestimmung von Nichtkarbonat-Kohlenstoff nur noch eine unterge-
ordnete Bedeutung zu. Daher wurde auf eine Beschreibung verzichtet.

Gegenüber der Einwirkung oxidierender Säuren ist eine Erhitzung
der Probe auf etwa 1000°C in einem oxidierenden Gasstrom (z.B.
Sauerstoff, CO_2-frei) zur Bestimmung von Gesamt-, Karbonat- und
Nichtkarbonat-Kohlenstoff vorzuziehen. Der Zersetzungskolben
(Abb. 16) wird in diesem Fall durch einen Röhrenofen ersetzt und
das beim Erhitzen freiwerdende CO_2 ebenfalls mit der beschriebenen Glasapparatur nach entsprechender Reinigung des Gasstromes
von SO_2, H_2O etc. gravimetrisch oder titrimetrisch (visuelle
Indikation) bestimmt. Die Ofeneinheit und das Prinzip zur Bestimmung von Gesamt-, Karbonat- und Nichtkarbonat-Kohlenstoff entspricht den Angaben in 6.12.3, die sinngemäß auch auf 6.12.1
und 6.12.2 übertragen werden können.

In den letzten Jahren hat sich ein coulometrisches Verfahren
(coulometrische Titration) zur Bestimmung von Gesamtkohlenstoff
mit einer möglichen Unterscheidung zwischen Karbonat- und Nichtkarbonat-Kohlenstoff in Gesteinen und Mineralen bewährt. Es ist
gekennzeichnet durch gute Reproduzierbarkeit, kleine Standardabweichungen und kurze Analysenzeiten von wenigen Minuten mit
handelsüblichen Geräten. Aus diesen Gründen wurde die coulometrische Titration als Schiedsverfahren zur Bestimmung des Ge-
samtkohlenstoffs in Eisen, Stahl, Ferrolegierungen sowie Nicht-
metallen eingeführt. Die Methode ersetzt dort die bisher üblichen

gasvolumetrischen oder gewichtsanalytischen Verfahren (Handbuch
für das Eisenhüttenlaboratorium, Bd. 5, 1971). Ihre Anwendung
auf Gesteine und Minerale ist in 6.12.3 ausführlich beschrieben.

6.12.1 Karbonat-Kohlenstoff, gravimetrisch mittels Natronasbest oder Natronkalk

In einem Zersetzungskolben wird aus der Analysensubstanz mit
einer starken, nichtoxidierenden Säure CO_2 freigesetzt. Das CO_2
wird durch einen CO_2-freien Luftstrom in Ü-Röhrchen geleitet
und dort an Natronasbest oder Natronkalk gebunden. Da bei dieser
Reaktion Wasser frei wird, müssen die U-Röhrchen gleichzeitig
eine wasseraufnehmende Substanz enthalten. Die Differenz der beiden Wägungen des U-Röhrchens vor und nach der CO_2-Aufnahme ergibt direkt die Menge an freigesetztem CO_2 in der Analysensubstanz. Andere gasförmige Verbindungen, die bei dem Einwirken der
Säure auf die Probe ebenfalls entstehen können (z.B. Schwefelwasserstoff), müssen durch die Zwischenschaltung von Gefäßen mit
entsprechenden Auffangmitteln aus dem Gasstrom entfernt werden.

        Reagenzien: Natronasbest oder Natronkalk mit Indikator (Korn-
                    größe 1 - 2 mm)
                    Magnesiumchlorat für Trocknungszwecke
                    Calciumchlorid, gekörnt, für Trocknungszwecke,
                    Korngröße 1 - 2 mm (die Substanzen zur CO_2-Bindung
                    sollen möglichst keine Körnungen > 2 mm haben, da
                    hierbei die für die Reaktion zur Verfügung ste-
                    hende Oberfläche in ungünstiger Weise verkleinert
                    wird)
                    Kupfersulfat, wasserfrei
                    Schwefelsäure, 95 - 97%ig
                    Chromschwefelsäure (Herstellung s. 7.2)
                    Salzsäure, 36%ig
                    Glaswolle oder Selecta-Filterflockenmasse (Firma
                    Schleicher & Schüll)
                    Calciumkarbonat, gefällt, Urtitersubstanz

Arbeitsvorschrift:

1. Einwaage der Analysensubstanz:

Die Einwaage für die CO_2-Bestimmung richtet sich nach dem Karbo-
natgehalt der Probe. Die Auswaage soll etwa 20 - 40 mg betragen.
Ist sie kleiner, werden die Wägefehler zu groß. Ist sie viel
größer, wird möglicherweise das CO_2 nicht quantitativ gebunden,
und außerdem verbraucht sich die Füllung der Röhrchen schnell.

        > 40 CO_2 = $\leq$ 100 mg Einwaage
        40 - 20% CO_2 = 100 - 200 mg Einwaage
        20 - 10% CO_2 = 200 - 400 mg Einwaage
        10 - 5% CO_2 = 400 - 800 mg Einwaage
        < 5% CO_2 =   > 1000 mg Einwaage

2. Dichtigkeit der Apparatur:

Vor der Analyse ist die Apparatur auf Dichtigkeit zu prüfen. Das
geschieht durch Öffnen der Hähne vom Ende der Apparatur (also
die der Wasserstrahlpumpe oder der Saugflasche am nächsten befindlichen Seite, auf der Abb. 16 rechts). Durch Ansaugen von

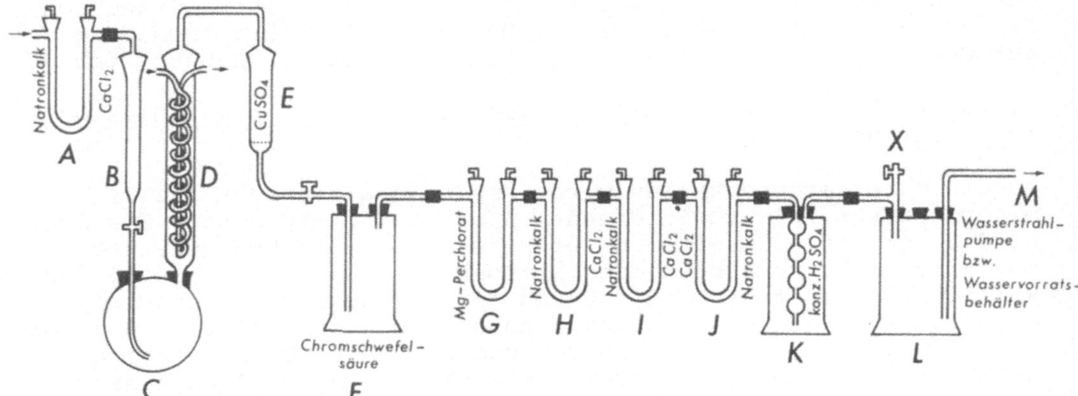

Abb. 16. Apparatur für die gravimetrische CO_2-Bestimmung

Beschreibung der Apparatur auf Abb. 16

- A = etwa 14 cm langes U-Rohr, linke Hälfte mit Natronasbest oder Natronkalk, rechte Hälfte mit Magnesiumperchlorat oder Calciumchlorid gefüllt
- B = Trichtergefäß zur Aufnahme der Salzsäure
- C = Zweihals-Kolben, etwa 150 ml Inhalt
- D = Rücklaufkühler
- E = Patrone mit eingeschmolzener Glasfritte (G 1 der Firma Schott & Gen., Mainz) zur Aufnahme von wasserfreiem $CuSO_4$. Letzteres bindet Reste von HCl-Gas und eventuell vorhandenen Schwefelwasserstoff
- F = Waschflasche mit Chromschwefelsäure (dient ebenfalls zur Reinigung und Trocknung des Gasstroms)
- G = etwa 14 cm langes U-Rohr, gefüllt mit Magnesiumperchlorat zur Trocknung des Gasstroms. Eventuell noch ein zweites mit Magnesiumperchlorat gefülltes U-Rohr anschließen; keinesfalls Calciumchlorid an dieser Stelle zur Trocknung verwenden, da dieses einen Teil des CO_2 binden könnte
- H = etwa 14 cm langes U-Rohr, linke Hälfte mit Natronasbest oder Natronkalk, rechte Hälfte mit Magnesiumperchlorat oder Calciumchlorid gefüllt
- I = wie H; die U-Röhrchen H und I dienen zur Bindung des aus der Analysensubstanz freigesetzten CO_2
- J = wie H und I, nur die Füllung in den beiden Hälften des U-Röhrchens vertauscht
- K = Blasenzähler mit konzentrierter Schwefelsäure
- L = Woulffsche Flasche mit Hahn X
- M = Wasserstrahlpumpe oder besser eine 20 l Wasservorrats- flasche mit zwei Hähnen am oberen Flaschenrand und einem Hahn über dem Boden der Flasche. Diese Flasche dient als Regelgefäß für den durch die Apparatur zu leitenden Gas- strom und gestattet normalerweise eine bessere Regulierung als eine Wasserstrahlpumpe. Bei letzterer machen sich Schwankungen des Wasserdrucks störend bemerkbar

Luft wird festgestellt, ob noch Gas durch den Blasenzähler perlt
(die Hähne des U-Röhrchens A müssen geschlossen bleiben). Wenn
keine Blasen mehr im Zähler K aufsteigen, ist die Apparatur dicht.
Für die Verbindung der Apparateteile sollten möglichst viel Glas-
schliffe Verwendung finden. In den Schlauchverbindungen zwischen
den U-Röhrchen muß stets Glas an Glas stoßen. Die Gummischläuche
sind häufiger zu erneuern. Es ist von Vorteil, die Schliffe der
Gaswaschflaschen, Rückflußkühler usw. zwecks guter Abdichtung
mit Teflonmanschetten zu überziehen. Falls sich eine Überbrückung
von Anschlußstücken mit verschiedenem Durchmesser nicht vermeiden läßt, dürfen nur Glasoliven verwendet werden.

3. Gewichtskonstanz der U-Röhrchen:

Zunächst müssen die U-Röhrchen H und I auf Gewichtskonstanz gebracht werden. Das geschieht durch ein 30 Min. dauerndes Hindurchsaugen von CO_2-freier Luft durch die Apparatur oder besser die
Zersetzung einer gewogenen Menge Calciumkarbonat (z.B. 100 mg)
in dem Zweihalskolben wie unter Punkt 4 beschrieben. Eventuell
den Arbeitsgang mehrmals wiederholen. Die Auswaage sollte bei
einer Einwaage von 100 mg $CaCO_3$ 43,98 mg CO_2 betragen. Durch
die Bindung von CO_2 in frisch gefüllten U-Röhrchen wird am
schnellsten eine Gewichtskonstanz erreicht. Außerdem hat man
gleichzeitig eine Kontrolle, ob die Apparatur einwandfrei funk-
tioniert. Es ist zweckmäßig, die U-Röhrchen nach jedem Stehen
der Apparatur bzw. bei Analysenserien an jedem Tag auf Gewichtskonstanz zu prüfen.

4. Funktion der Apparatur und Analysengang:

a) Die Substanz wird in den Zweihals-Kolben C mit dest. Wasser
(CO_2-frei) überspült. Es ist darauf zu achten, daß keine Substanz am Hals oder an einem oberen Teil des Kolbens hängen bleibt.
Dann wird der Kolben an die Apparatur angeschlossen und der feste
Sitz der Schliffe durch Federsicherungen hergestellt. Auch alle
anderen Schliffe (außer an den U-Röhrchen) sollten durch Federn
gesichert sein.

b) In dem auf dem Zweihals-Kolben befindlichen Tropftrichter B
werden 10 ml (bei größeren Einwaagen 20 ml) konzentrierte Salzsäure gefüllt. Das Ende des Trichterrohres muß mit Säure bedeckt
sein.

c) Sämtliche Hähne an der Apparatur sind geschlossen, ausgenommen
der Hahn X an der Woulffschen Flasche L (Abb. 16). Zur Inbetriebnahme der Apparatur wird zunächst das Kühlwasser für den Rückflußkühler D aufgedreht. Dann wird die Wasserstrahlpumpe ange-
stellt, bzw. es wird an der Wasservorratsflasche der untere Auslaufhahn und der obere Verbindungshahn zur Apparatur geöffnet.
Den Auslaufhahn der Wasservorratsflasche nicht ganz öffnen, da
sonst leicht Luft in den Vorratsbehälter zurückschlägt. Jetzt
wird der Hahn X an der Woulffschen Flasche geschlossen und die
Verbindung zum Blasenzähler K geöffnet. Man wartet, bis die Luft
aus diesem Teil der Apparatur abgesaugt ist. Dann öffnet man in
der Reihenfolge die Verbindungen zu J, I, H, G, F, E und D.
Wenn die Luft aus diesem Teil der Apparatur abgesaugt ist, können
die Hähne von B und A geöffnet werden. Dann den Zulaufhahn von

B langsam öffnen und etwas Salzsäure tropfenweise in den Zersetzungskolben laufen lassen. Erst wenn die Gasentwicklung aufgehört hat, kann weitere Salzsäure zugegeben werden. Der Gasstrom kann mit einem Hahn am Blasenzähler oder mit einem Mohrschen Quetschhahn hinter dem U-Rohr J reguliert werden. Es dürfen nur 1 - 2 Blasen pro Sek. im Blasenzähler aufsteigen. Eine
Regulierung des Gasstroms ist auch möglich mit einem Schlauch-
stück und einem Mohrschen Quetschhahn vor dem U-Rohr A. Die HCl-
Konzentration im Reaktionskolben soll nicht größer als 6 N sein.

d) Wenn die sichtbare CO_2-Entwicklung aufgehört hat, wird mit
einem Brenner der Inhalt des Zweihals-Kolbens 15 Min. zum Sieden
erhitzt. Dann die Flamme entfernen und nochmals 15 Min. weiter
Luft durch die Apparatur saugen.

e) Schließen der Hähne an der Apparatur nach Beendigung der Zersetzung: Falls vorhanden die beiden Hähne am Blasenzähler K,
dann die Hähne an den U-Röhrchen J, I, H und G zudrehen. Anschließend den Hahn am Tropftrichter und die beiden Hähne an dem
U-Röhrchen A schließen. Jetzt den Hahn X an der Woulffschen
Flasche öffnen, die Wasserstrahlpumpe bzw. den Auslaufhahn am
Wasservorratsgefäß abstellen.

f) Die U-Röhrchen H und I werden in einen Exsikkator gelegt und
nach 20 Min. gewogen. Kurz vor der Wägung muß je ein Hahn an den
beiden U-Röhrchen kurz geöffnet und dann wieder geschlossen werden. Die Gewichtsdifferenz zwischen den U-Röhrchen vor und nach
der Bestimmung ergibt die Menge CO_2 in der Einwaage, wobei die
Gewichtszunahme für U-Rohr I möglichst $\leqq$ 10% der Gewichtszunahme
von U-Rohr H sein soll.

<u>Berechnung:</u>

$$\frac{\text{mg Differenz U-Rohr H + mg Differenz U-Rohr I} \cdot 100}{\text{mg Einwaage}} = \text{\% } CO_2$$

Umrechnungsfaktoren: $CO_2 \cdot 0,2729 = C$
                      $C \cdot 3,6641 = CO_2$

<u>Bemerkungen für den Betrieb der Apparatur:</u>

Ein kontinuierliches Arbeiten bei Serienanalysen ist möglich
durch die Benutzung von je 2 Stück der U-Röhrchen H und I. Natronasbest ist verbraucht, wenn die dunklen Körnchen weiß werden.
Der mit einem Indikator versehene Natronkalk ist nicht mehr wirk-
sam, wenn eine Blaufärbung auftritt. Die Füllungen sollten bereits
vor dem Verbrauch der letzten Menge Natronasbest bzw. Natronkalk
erneuert werden. Vor jeder Füllung müssen die Röhrchen sorgfältig
gereinigt werden, auch die Schliffe mit Aceton oder Tetrachlorkohlenstoff. Anschließend sind die Hähne neu zu fetten (aber
nicht zu stark). Über die Füllung wird an den beiden Enden der
U-Röhrchen eine Schicht Glaswolle gebracht, damit bei der Wägung
des Röhrchens die Absorptionsmittel nicht an die Schliffe kommen.
Es empfiehlt sich, in einem U-Rohr zwischen die Berührungsstellen
von Absorptionsmittel und dem Trocknungsreagenz ebenfalls eine
Lage Glaswolle zu stopfen. Anstelle von Glaswolle kann auch die
in der Handhabung bessere Selecta-Filterflockenmasse verwendet

werden. Die U-Röhrchen nur mit geschlossenen Hähnen aufbewahren.
Vor jeder neuen Analyse müssen die Zersetzungskolben, das untere
Ende des Rücklaufkühlers und der Tropftrichter sorgfältig von
allen Salzsäure-Resten der vorhergehenden Bestimmung gereinigt
werden.

6.12.2 Karbonat-Kohlenstoff, titrimetrisch mit visueller Indikation des Äquivalenzpunktes

Das CO_2 wird in der gleichen Apparatur und in derselben Weise aus
der Analysensubstanz freigesetzt wie bei der gravimetrischen CO_2-
Bestimmung beschrieben. Lediglich anstelle der mit Natronasbest
bzw. Natronkalk und Calciumchlorid bzw. Magnesiumperchlorat gefüllten U-Röhrchen H und I (6.12.1) wird ein Erlenmeyerkolben
zwischengeschaltet und der CO_2-Gasstrom durch ein bestimmtes
Volumen 0,1 N Bariumhydroxid-Lösung geleitet. Dabei bildet sich
eine dem CO_2 äquivalente Menge Bariumkarbonat. Durch Titration
mit Salzsäure kann festgestellt werden, wieviel Bariumhydroxid
nach der Reaktion noch unverbraucht ist (z.B: BUSH, 1970).

Auch Titrationen mit nichtwäßrigen Lösungen zur Bestimmung des
Kohlenstoffgehaltes in Gesteinsproben wurden beschrieben (z.B.
BOUVIER et al., 1972; SEN GUPTA, 1970).

    Reagenzien: Wie Abschnitt 6.12.1 mit folgendem Zusatz:
                 Bariumhydroxid-Lösung, 0,1 N
                 Salzsäure, 0,1 N
                 n-Pentan, 95%ig
                 Thymolphthalein, Indikator (50 mg in 50 ml Ätha-
                 nol lösen)

    Apparatur: Wie Abschnitt 6.12.1. Anstelle der U-Rohre H und
                 I wird ein graduierter 250 ml-Erlenmeyerkolben
                 (4 cm Normalschliff) mit Gaseinleitungs- und Gas-
                 austrittsrohren zwischengeschaltet (Abb. 17)
                 Magnetrührer
                 Pipette, 40 ml
                 Bürette, 50 ml

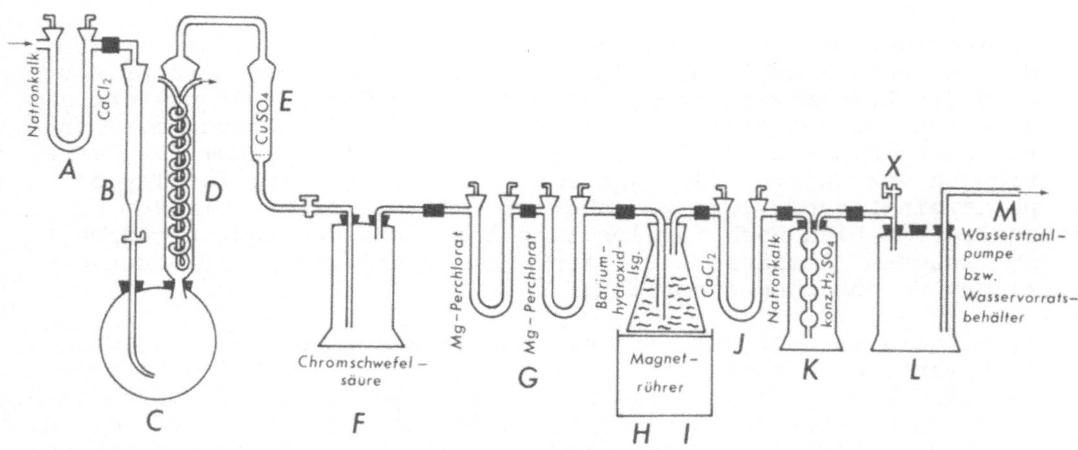

Abb. 17. Apparatur für die titrimetrische CO_2-Bestimmung

Arbeitsvorschrift:

1. Einwaage der Analysensubstanz:

Die Einwaage für die CO_2-Bestimmung richtet sich nach dem Karbo-
natgehalt der Probe. Die durch Bariumhydroxid zu bindende CO_2-
Menge sollte 20 - 30 mg nicht übersteigen.

```
> 40%    CO₂ =        ≤   50 mg Einwaage
40 - 20% CO₂ =        ≅  100 mg Einwaage
20 - 10% CO₂ = 100 -  200 mg Einwaage
10 -  5% CO₂ = 200 -  500 mg Einwaage
<  5%    CO₂ =        ≅ 1000 mg Einwaage
```

2. Dichtigkeit der Apparatur:

Siehe entsprechenden Abschnitt bei 6.12.1 unter Berücksichtigung
des Austauschs der U-Rohre H und I gegen einen Erlenmeyerkolben.

3. Funktion der Apparatur und Analysengang:

Siehe entsprechenden Abschnitt bei 6.12.1 mit folgenden Abweichungen:

a) In den Erlenmeyerkolben werden 40 ml einer 0,1 N Bariumhydroxid-Lösung pipettiert. Die Lösung darf nicht mit dem Mund (CO_2
der Atemluft), sondern nur mit einem Peleusball angesaugt werden.
Mit dest. Wasser (CO_2-frei) auf 200 ml verdünnen, ein Magnet-
Rührstäbchen einlegen und den Kolben an die Apparatur anschließen.
Der untere Durchmesser des Gaseinleitungsrohres im Erlenmeyerkolben darf 1 mm nicht überschreiten.

b) In der unter 6.12.1 beschriebenen Weise wird der Gasstrom
durch die Apparatur geleitet. Während der Gasdurchleitung durch
die Bariumhydroxid-Lösung muß mit Hilfe des Magnetrührers intensiv gerührt werden. Der Erfolg der Bestimmung hängt im wesentlichen von einer quantitativen Reaktion des CO_2 mit der Bariumhydroxid-Lösung ab. Daher muß genügend Lösung im Erlenmeyerkolben sein. Die Länge des Aufstieges der Gasblasen durch die Lösung sollte mindestens 5 cm betragen.

c) Nach der Behandlung der Analysensubstanz mit Salzsäure (15
Min. kochen, anschließend 15 Min. Luft durch die Apparatur saugen)
wird der Erlenmeyerkolben abgenommen, das Gaseinleitungsrohr mit
dest. Wasser gut abgespült (auch innen) und die Lösung mit Pen-
tan überschichtet, um die Einwirkung von Luft-CO_2 bei der Titration zu verhindern. Dann die Lösung mit etwa 5 Tropfen Thymol-
phthalein-Lösung versetzen und mit 0,1 N Salzsäure bis zum Umschlag von blau nach farblos titrieren. Vor dem Äquivalenzpunkt
nur langsam Salzsäure zutropfen, da der Indikator mit einer geringen Verzögerung anspricht.

d) Wichtig ist bei der titrimetrischen Bestimmung von CO_2 der
Blindwert. Zu dessen Ermittlung werden 40 ml der 0,1 N Bariumhydroxid-Lösung in den Erlenmeyerkolben gegeben. Der Kolben wird
an die Apparatur angeschlossen und 30 Min. CO_2-freie Luft durch
die Lösung geleitet. Durch Titration mit 0,1 N Salzsäure ergibt
sich der Blindwert.

e) Die einwandfreie Funktion der Apparatur kann geprüft werden
durch die Zersetzung einer bestimmten Menge Calciumkarbonat (z.B.
50 mg = 22 mg CO_2) in dem Zweihals-Kolben unter den oben beschriebenen Bedingungen.

Berechnung:

Durch die Titration der vorgelegten 0,1 N $Ba(OH)_2$-Lösung mit
0,1 N HCl wird festgestellt, wieviel ml Bariumhydroxid durch die
Bildung von $BaCO_3$ ($Ba(OH)_2$ + $CO_2 \longrightarrow BaCO_3$ + H_2O) verbraucht worden sind. Blindwert (V_{Bl}) und $Ba(OH)_2$-Verbrauch für die Probe

(V_{Probe}) werden getrennt berechnet nach

$$\text{ml } Ba(OH)_2 \cdot F_{Ba(OH)_2} - \text{ml } HCl \cdot F_{HCl}$$

$F_{Ba(OH)_2}$ und F_{HCl} sind die Faktoren der 0,1 N $Ba(OH)_2$- und HCl-
Lösungen.

Der Blindwert sollte unter den beschriebenen Bedingungen 0,05 -
0,10 ml $Ba(OH)_2$-Lösung nicht übersteigen.

Die Umrechnung in % CO_2 geschieht wie folgt:

$$\frac{\text{ml } V_{Probe} - \text{ml } V_{Bl} \cdot 2,2005 \text{ mg } CO_2 \cdot 100}{\text{mg Einwaage}} = \% \, CO_2$$

1 ml 0,1 N $Ba(OH)_2$-Lösung = 2,2005 mg CO_2

Umrechnungsfaktoren für C und CO_2 s. 6.12.1 (S. 166).

6.12.3 Coulometrisches Verfahren für Gesamt-, Karbonat- und Nichtkarbonat-Kohlenstoff

Die Probe wird bei 1200° - $1250^{\circ}C$ im Sauerstoffstrom erhitzt.
Dabei wird aus den Karbonaten CO_2 freigesetzt, C zu CO_2 oxidiert.
Das CO_2 reagiert mit einer Bariumperchloratlösung von pH $\approx$ 10,1
unter Bildung von Bariumkarbonat. Dabei werden Hydroxid-Ionen verbraucht, der pH-Wert nimmt ab. Durch Elektrolyse wird die verbrauchte Menge Hydroxid-Ionen neu gebildet, bis das Ausgangs-pH
wieder erreicht ist. Die verbrauchte Strommenge ist äquivalent
dem CO_2, das mit der $Ba(ClO_4)_2$-Lösung reagierte. Die folgende
Arbeitsvorschrift wurde von HERRMANN u. KNAKE (1973) für Gesteine vorgeschlagen.

        Reagenzien: Sauerstoff, handelsübliches Gas; muß vor der
                    Verbrennung der Probe von kohlenstoffhaltigen Ver-
                    unreinigungen befreit werden
                    Natronkalk, Korngröße 2 - 5 mm, mit Indikator
                    Perhydrit-Tabletten (Wasserstoffperoxid-Harnstoff-
                    Gemisch), vor Gebrauch die Tabletten auf etwa 5 mm
                    Korngröße zerkleinern
                    Bariumperchlorat (wasserfrei) A. Absorptionslö-
                    sung für CO_2 mit 20% $Ba(ClO_4)_2$: 50 g Bariumper-
                    chlorat auffüllen auf 250 ml mit doppeldest. Wasser.
                    Filtrieren durch ein Blaubandfilter. B. 12,5%ige

Bariumperchloratlösung zum Aufbewahren der Glas-
elektrode in der betriebsfreien Zeit. Nur Membran
eintauchen, nicht das Diaphragma (KRAFT u. KAHLES,
1969)
Bariumkarbonat
Propanol-(2)
Phosphat-Pufferlösung pH 6,88, Borat-Pufferlösung
pH 9,22
Silberwolle
Kupfer in Drahtform
Quarzwolle
Äthanol, absolut
Salzsäure, 36%ig
Perchlorsäure, 20%ig, Verdünnung 1 Teil $HClO_4$ +
1 Teil H_2O
Calciumkarbonat, gefällt, Urtitersubstanz

Apparatur: Für die vorliegende Methode wurde der Coulomat
7012 der Firma Ströhlein u. Co., Düsseldorf, verwendet. Das Gerät hat 2 Meßbereiche für Kohlenstoff, wobei 1 Digit entweder $2 \cdot 10^{-7}$g C oder
$3,75 \cdot 10^{-8}$g C entsprechen. Der Aufbau und das
Funktionsschema der Apparatur ist aus Abb. 18
zu ersehen. Das Gerät setzt sich aus 3 Teilen
zusammen: einer Ofeneinheit, dem Titriergefäß mit
Thermostat und Dosierpumpe sowie dem eigentlichen
Coulometer. Die Förder- und Dosierpumpe ermöglicht eine Gasregulierung, wobei entweder 100%
oder nur 10% des aus der Probe freigesetzten CO_2
in die Bariumperchlorat-Lösung gelangen. Das hat
den Vorteil, daß bei Proben mit hohen CO_2-Gehal-
ten (z.B. Kalkstein, Dolomit) die Einwaage relativ groß sein kann (etwa 100 mg) und trotzdem
keine sehr hohen Impulszahlen (> 10 000, schneller
Verbrauch der $Ba(ClO_4)_2$-Lösung) registriert werden. Entsprechend der Betriebsanleitung der Herstellerfirma ist die einwandfreie Funktionsweise
des Gerätes vor jeder Meßserie bzw. jeden Tag mit
Standardsubstanzen (z.B. Calciumkarbonat) zu überprüfen.

Arbeitsvorschrift:

Gesamt-Kohlenstoff:

Für alle Kohlenstoffbestimmungen muß die Mineral- bzw. Gesteinsprobe auf Korngrößen < 0,125 mm aufgemahlen werden. Die Einwaage
richtet sich nach dem Kohlenstoffgehalt der Substanz. Als Richtwerte können die Angaben aus dem "Handbuch für das Eisenhüttenlaboratorium, Bd. 5" (1971) verwendet werden:

Kohlenstoffgehalt in %	Einwaage in g	Teilerpumpe (% Gas)
$\leqq$ 0,08	etwa 0,5	100
0,08 - 0,15	etwa 0,25	100
0,15 - 0,80	etwa 0,5	10
0,80 - 1,50	etwa 0,25	10
> 1,50	etwa 0,10	10

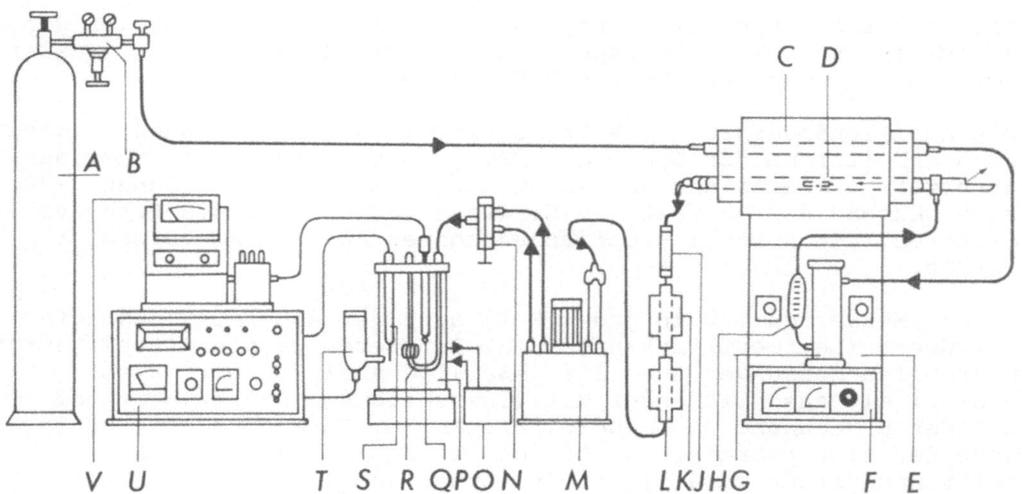

Abb. 18. Funktionsschema eines Coulomaten zur Bestimmung von
Gesamt-, Karbonat- und Nichtkarbonat-Kohlenstoff in Gesteinen.
A Sauerstoff-Flasche; B Reduzierventil; C Röhrenofen; D Verbrennungsrohr; E Transformator; F Temperatur-Regelautomat; G Natronkalk; H Strömungsmesser; J Perhydritvorlage; K Kontaktofen mit
Silberwolle, eventuell Cu-Draht; L Kontaktofen mit Silberwolle;
M Förder- und Dosierpumpe; N Kolbenhahn zur Regulierung des Gasstromes; O Thermostat; P Absorptionsgefäß; Q Einstabmeßkette;
R Gaseinleitungsrohr; S Kathodenrohr; T Anodengefäß; U Coulometer; V pH-Meter. Der Coulomat entspricht dem Gerät der Fa. Ströhlein & Co., Düsseldorf. (Aus HERRMANN u. KNAKE,1973)

Die Erhitzung der Substanz erfolgt in Porzellanschiffchen (80 ×
13 × 9 mm), welche unmittelbar vor Gebrauch etwa 30 - 45 Sek.
bei 1200°C ausgeglüht werden. Anschließend dürfen die Schiffchen
nur noch mit einer Tiegelzange oder Pinzette angefaßt werden
(nicht die Finger benutzen). Die Probe wird ohne weitere Zusätze
(im Gegensatz zu verschiedenen Stahlsorten) mit einem Metallstab
(kohlenstoffarm) in die 1200° - 1250°C heiße Zone des Verbrennungsrohres geschoben. In einem CO_2-freien Sauerstoffstrom wird
dann der Gesamt-Kohlenstoffgehalt der Probe in CO_2 überführt.
Da bei der Verbrennung bestimmter Substanzen staubförmiges Material in den Gasstrom gelangen kann, muß am Ende des Verbrennungsrohres eine Schicht Quarzwolle angebracht werden. Anschließend
wird das Gas zur Entfernung von Schwefeloxiden durch ein mit
"festem Wasserstoffperoxid" (Perhydrit-Tabletten) gefülltes Rohr
geleitet. Es ist darauf zu achten, daß die Füllung des Rohres
immer trocken ist. Daher empfiehlt es sich, ständig mehrere
frisch gefüllte Rohre griffbereit zu haben. Der Austausch kann
dann praktisch ohne Unterbrechung des Meßbetriebes mit wenigen
Handgriffen erfolgen. Der CO_2-haltige Gasstrom gelangt über die
Dosierpumpe in das Kathodengefäß des Titriergefäßes. Hier ist
auf eine gute Zerteilung des Gases in möglichst kleine Blasen
durch eine geeignete Rührvorrichtung zu achten, ferner muß die
mit NaCl-Lösung gefüllte Einstabmeßkette ständig in einem einwandfreien Zustand sein (Aufbewahrung in der betriebsfreien Zeit
s. Hinweis unter Reagenzien). Bevor die Elektrode wieder in das

Titriergefäß eingesetzt wird, muß die Membran mit einer 10%igen
Perchlorsäure-Lösung abgespült und anschließend mit dest. Wasser
gewaschen werden (KRAFT u. KAHLES, 1969).

Die Analysendauer für eine Probe beträgt 3 - 5 Min. Wenn im gleichen Arbeitsraum der Coulomat (möglichst mit Meßwertdrucker aus-
gerüstet) und eine Analysenwaage aufgestellt werden können, läßt
sich während der Meßzeit die Einwaage für die nächste Probe vor-
bereiten. Die Porzellanschiffchen können nur einmal verwendet
werden.

Zu den Meßwerten muß in jedem Fall auch der apparativ bedingte
Blindwert (Leerwert) bekannt sein. Letzterer wird ermittelt durch
mehrmalige Messungen über die jeweilige Analysenzeit (also 3 -
5 Min.) mit anschließender Mittelwertbildung. Dieser Wert ist
bei der Berechnung zu berücksichtigen (s. Berechnung). Er unter-
scheidet sich praktisch nicht von Messungen, bei denen sich im
Verbrennungsrohr zusätzlich ein vorher ausgeglühtes Prozellan-
schiffchen befand. Werden dagegen Analysenproben mit bestimmten
Zuschlägen oder Verdünnungssubstanzen untersucht, so muß auch
der Blindwert dieser Zusätze ermittelt und in die Rechnung mit
einbezogen werden.

Karbonat-Kohlenstoff (als C oder CO_2) und Nichtkarbonat-Kohlenstoff:

Unabhängig von der Gesamt-Kohlenstoffbestimmung erfolgt die
Analyse des Karbonat- und Nichtkarbonat-Kohlenstoffs in einem
zweiten Schritt mit einer gesonderten Einwaage. Durch die Zugabe
von Salzsäure wird der Karbonatanteil zersetzt, zurück bleibt
der Anteil an Nichtkarbonat-Kohlenstoff. Dieser wird ebenfalls
coulometrisch bestimmt. Aus der Differenz zu dem Gesamt-Kohlenstoff läßt sich dann der Gehalt an Karbonat-Kohlenstoff berechnen (FOSCOLOS u. BAREFOOT, 1970).

In die ausgeglühten Porzellanschiffchen wird die Analysensubstanz
eingewogen. Die Einwaage richtet sich nach dem ungefähren Karbonatanteil in der Probe. Als Richtwerte können aber auch bei der
Bestimmung von Karbonat- und Nichtkarbonat-Kohlenstoff die Angaben aus dem Abschnitt Gesamt-Kohlenstoff übernommen werden.
Die Substanz wird dann in dem Schiffchen zunächst mit einigen
Tropfen Äthanol befeuchtet, anschließend ≈ 1 ml konz. Salzsäure
hinzugefügt. Das Äthanol soll vor allem bei kohligem Material
eine bessere Benetzbarkeit der Analysensubstanz herbeiführen.
Das Abrauchen der Salzsäure erfolgt auf einem Aluminiumblock bei
150° - 200°C, wobei die Zersetzungstemperatur durch eine Heizbank reguliert werden kann (s. Fußnote 10, S. 70). Der Aluminiumblock besitzt in einem Abstand von jeweils 4 cm nebeneinander
10 Vertiefungen zur Aufnahme einer entsprechenden Anzahl von
Schiffchen. Das Abrauchen der Salzsäure dauert 30 - 45 Min. und
muß sorgfältig ausgeführt werden. Anschließend wird das Schiffchen in das Verbrennungsrohr geschoben und im Sauerstoffstrom
bei etwa 1250°C der Anteil an Nichtkarbonat-Kohlenstoff bestimmt.
Zu beachten ist, daß sich bei der Behandlung des Gesteinspulvers
mit Salzsäure Eisenchlorid gebildet hat. Dieses Eisenchlorid ist
flüchtig und gelangt in den Gasstrom. Außerdem sind in dem Gas
auch noch Wasserdampf, Reste von HCl und Schwefeloxide vorhanden.
Diese Komponenten müssen noch vor der Dosierpumpe (Korrosionsge-
fahr) sorfältig aus dem Gasstrom entfernt werden. Vor allem darf

keine Spur HCl in die Bariumperchloratlösung gelangen. Ein Teil
des Eisenchlorids wird bereits in der Quarzwolle am Ende des
Verbrennungsrohres aufgefangen (gelbgefärbte Quarzwolle austau-
schen). Ein anderer Teil kann sich noch in den Verbindungsschläu-
chen vor und hinter dem mit Perhydrit gefüllten Rohr abscheiden.
Daher müssen bei der Serienbestimmung von Karbonat- und Nichtkarbonat-Kohlenstoff die Schläuche häufiger auf Sauberkeit kontrolliert und erneuert werden. Das Wasser und die Schwefeloxide
werden vom Perhydrit gebunden. Im Gegensatz zur Bestimmung von
Gesamt-Kohlenstoff ist eine Perhydritfüllung bei der Analyse
der mit Salzsäure vorbehandelten Proben viel schneller verbraucht.
Hier müssen unbedingt Ersatzrohre zum sofortigen Wechsel bereit-
liegen. Reste von HCl werden in den Kontaktöfen K und L bei 500° -
550°C (Abb. 18) an Silber gebunden.

Die Bestimmung des Blindwertes (Leerwert) erfolgt wie unter Gesamt-Kohlenstoff beschrieben. Auch hier konnte keine Erhöhung
des Leerwertes festgestellt werden, wenn sich in dem Verbrennungsrohr zusätzlich ein vorher ausgeglühtes und anschließend mit Alkohol und Salzsäure behandeltes Schiffchen befand.

Das coulometrische Verfahren ermöglicht die Bestimmung von Kohlenstoffgehalten in Gesteinen im Bereich von etwa 10 ppm bis
$\geq$ 20%. Auch ein hoher Anteil an organischem Kohlenstoff in den
Gesteinsproben beeinträchtigt nicht die Qualität der Bestimmungen. Das Vorhandensein von leichtflüchtigen Bestandteilen (mehrere Prozent bis > 10%) führt manchmal zu Verpuffungserschei-
nungen beim sofortigen Einschieben des Schiffchens in den heißen
Teil des Verbrennungsrohres. Als Folge können bei Doppelbestimmungen Unterschiede auftreten, die weit außerhalb des zulässigen
Streubereichs liegen. SASSENSCHEIDT (1960) gibt eine Arbeitsvorschrift zur Bestimmung von Kohlenstoff in Kohle bzw. Kohlenstaub-
proben.

Wenn Proben über längere Zeit (mehrere Monate oder Jahre) in
PVC- und ähnlichen Flaschen oder Plastikbeuteln aufbewahrt werden, ist es denkbar, daß das Gesteinspulver mit Kohlenstoffver-
bindungen kontaminiert wird.

Berechnung:

Die Auswertung der am Coulomat angezeigten Zählwerkschritte bezieht sich auf die von der Herstellerfirma vorgenommene Eichung
der Digits.

$$\frac{(A - A_O) \cdot 2}{E \cdot 100} = \% \ C \ \text{(für Gesamt- und Nichtkarbonat-Kohlenstoff)}$$

A   = Zählwerkschritte Analysenprobe
A_O = Zählwerkschritte Blindwert (in gleicher Zeit wie die
      Meßdauer der Analysenprobe)
E   = Einwaage in Milligramm
100 = Umrechnung auf Gew.%
  2 = 1 Digit entspricht $2 \cdot 10^{-7}$ g C

% Karbonat-Kohlenstoff = % Gesamtkohlenstoff
                             - % Nichtkarbonat-Kohlenstoff

Umrechnungsfaktoren für C und CO_2 s. 6.12.1 (S. 166).

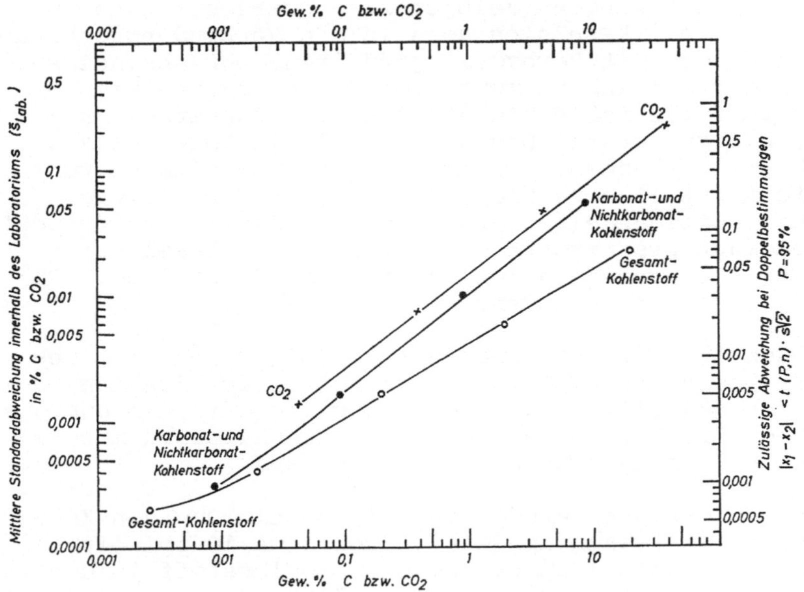

Abb. 19. Diagramm mit Richtwerten über die mittlere Standardabweichung und die zulässige Abweichung bei Doppelbestimmungen in
% C bzw. CO_2 für Kohlenstoffbestimmungen in magmatischen, metamorphen und sedimentären Gesteinen. (Aus HERRMANN u. KNAKE, 1973)

Abb. 19 gibt einen Anhaltspunkt über die zu erwartenden Standardabweichungen bei der Bestimmung von Gesamt-, Karbonat- (als C
und CO_2) und Nichtkarbonat-Kohlenstoff in Gesteinsproben. Da es
keine vollständige Reihe von Gesteinsreferenzproben mit ausreichend zuverlässig bekannten Kohlenstoffgehalten im Bereich von
wenigen ppm bis mehr als 12% gibt, wurden für die Analysen der
Abb. 19 Mischungen aus spektralreinem Kohlepulver, Calciumkarbonat (Urtitersubstanz) und Dörentruper Quarzsand als Matrixsub-
stanz hergestellt. Die an diesen Mischungen gemessenen Streube-
reiche sind vergleichbar mit entsprechenden Werten für Gesteine.
Für Kohlenstoffgehalte von 10 ppm bis 20% betragen die Richtwerte für die mittlere Standardabweichung etwa 0,0002 - 0,05%.
Abb. 19 gibt auf der rechten Ordinate außerdem eine Information
über die durchschnittlich zu erwartende Differenz zweier beliebig gewonnener Einzelmeßwerte (s. 2.3). Die Berechnung von CO_2
erfolgt aus den Daten für Karbonat-Kohlenstoff. Falls ausschließlich Informationen über CO_2-Gehalte benötigt werden, sollte das
Zählwerk des Gerätes gleich auf CO_2 geeicht werden.

6.13 H_2O^- (105° - 110°C)

6.13.1 Gewichtsdifferenz

Bei Gesteinsanalysen wird häufig der Wert % H_2O^- angegeben. Das
soll die Wassermenge sein, die aus der Analysensubstanz bei ei-

ner Temperatur von 105° - 110^OC entweicht. Die Angabe % H_2O^+ bezieht sich dagegen auf die Wassermenge, zu deren Bestimmung eine
Temperatur über 110^OC erforderlich ist. Dabei wird angenommen,
daß das H_2O^+ in den Mineralen vorwiegend im Gitter gebunden ist
(als H_2O oder OH), während das H_2O^- den Gesteinsporen entstammt
("Bergfeuchtigkeit") oder möglicherweise adsorptiv gebunden ist.
Zu beachten ist, daß die Temperaturgrenze 105° - 110^OC nur eine
Konvention ist und oft nichts über die Bindung des Wassers aus-
sagt. So geben die Minerale der Zeolithgruppe einen Teil des
Kristallwassers bereits unter 100^OC ab. Mengenmäßig wichti-
ger und häufiger sind Tonminerale. Die Abgabe des Zwischenschicht-
wassers der Montmorine beginnt schon unter 100^OC, ebenfalls bei
einer ganzen Reihe weiterer Tonminerale (z.B. quellfähige Chlo-
rite und andere Wechsellagerungsminerale, Fireclay u.a.). Besonders bei den Sedimenten ist somit die Zuordnung "Bergfeuchtigkeit" und im Gitter gebundenes Wasser in vielen Fällen nicht zu-
treffend. Trotzdem ist auch bei tonmineralhaltigen Sedimenten
eine gesonderte Bestimmung von H_2O^- und H_2O^+ gerechtfertigt, da
die Höhe des H_2O^--Wertes verschiedene Hinweise geben kann. Wichtig für die Analyse ist die Tatsache, daß der Wassergehalt quell-
fähiger Tonminerale mit der Luftfeuchtigkeit schwankt.

In neueren Arbeiten wird keine Unterscheidung mehr zwischen H_2O^-
und H_2O^+ vorgenommen, sondern ein Gesamt-H_2O-Wert angegeben.
Aus den oben genannten Gründen ist das jedoch nicht in jedem
Fall zweckmäßig.

<u>Arbeitsvorschrift:</u>

1 - 3 g der Analysensubstanz werden bei 105° - 110^OC in einem
Trockenschrank 3 Std. getrocknet. Die Probe wird in ein bei 110^OC
gewichtskonstant getrocknetes Wägeglas mit 5 - 6 cm Durchmesser
gefüllt, damit die Schichtdicke der Substanz während des Trock-
nens nicht zu groß ist. Das offene Wägeglas mit der getrockneten
Probe wird in einen Exsikkator gestellt und nach 30 Min. Abküh-
lungszeit gewogen. Vor der Wägung ist das Wägeglas mit dem Dek-
kel zu verschließen. Zur Prüfung auf Gewichtskonstanz nochmals
2 Std. bei 105° - 110^OC in den Trockenschrank und anschließend
wieder in den Exsikkator stellen.

Eine weitere Methode zur Bestimmung von H_2O^- ist in 6.14.2 erwähnt.

<u>Berechnung:</u>

$$\frac{\text{mg Gewichtsverlust} \cdot 100}{\text{mg Einwaage}} = \text{\% } H_2O^-$$

6.14 Gesamt-H_2O und H_2O^+

<u>6.14.1 Penfield-Verfahren (Gesamt-H_2O und H_2O^+)</u>

Allgemeine Bemerkungen zur Bestimmung von H_2O^- und H_2O^+ s. auch
6.13.1. Analytische Hinweise zu der von PENFIELD (1894) vorge-
schlagenen Methode gibt HARTWIG-BENDIG (1941).

Die der H_2O^--Bestimmung analoge indirekte Bestimmungsmethode,
nämlich die Feststellung des Gewichtsverlustes bei hohen Temperaturen, wird als Glühveränderung bezeichnet. Dieser Wert entspricht allerdings nur in seltenen Fällen dem Gesamtwasser.
Manchmal sind die OH-Gruppen so fest gebunden, daß sie mit ein-
fachem Glühen nicht quantitativ aus der Substanz entfernt werden
können (Minusfehler für das Wasser). Andererseits sind bei Glühtemperatur außer Wasser noch eine Reihe anderer Gesteinsbestand-
teile flüchtig: CO_2 durch Zersetzung der Karbonate und aus der
Oxidierung von Kohlenstoff und kohlenstoffhaltigen Verbindungen,
SO_2, F und andere. Diese Bestandteile vergrößern den Gewichtsverlust. Für den Wasserwert ergeben sich dabei Plusfehler. Eine
dritte Fehlerquelle sind die oxidierbaren Elemente, die beim
Glühen der Substanz in eine höhere Wertigkeitsstufe übergehen.
Mengenmäßig von Bedeutung ist hier das Fe(II). Der zur Oxidation
benötigte Sauerstoff wird zum größten Teil der Luft entnommen,
vor allem wenn das Glühen in einem schräggestellten Tiegel vorgenommen wird und die darin befindliche Substanz keine zu dicke
Schicht bildet. Durch den aufgenommenen Sauerstoff vergrößert
sich das Gewicht der Einwaage. Für den Wasserwert resultiert daraus wieder ein Minusfehler. Bei ungenügender Luftzufuhr kann
das Fe(II) beim Glühen auch aus dem Wasser Sauerstoff aufnehmen,
so daß nur der Wasserstoff als Gewichtsverlust registriert wird.
In diesem Fall ergibt sich für den Wasserwert ebenfalls ein Minusfehler. Daraus geht hervor, daß selbst die Anbringung einer Korrektur aus der gesonderten Bestimmung von Fe(II) mit Unsicher-
heiten behaftet ist. Korrekturen für Fe(II) und flüchtige Verbindungen sind nur sinnvoll, wenn das Gewicht der letzteren und
die Gewichtszunahme durch Sauerstoff klein sind gegenüber dem
Gewicht des Wassers. Wenn das nicht der Fall ist, hat das auf
diese Weise bestimmte Wasser nicht einmal mehr den Aussagewert
einer Größenordnung. Es ist daher in jedem Fall eine direkte
Bestimmungsmethode für die Ermittlung des in der Analysensubstanz vorhandenen Gesamt-H_2O und H_2O^+ anzuwenden.

Für die Bestimmung nach PENFIELD wird ein sogenanntes Penfield-
Rohr (Abb. 20) benötigt. Die Kugel A und das Ansatzrohr etwa bis
zur Stelle B sind aus schwer schmelzbarem Glas hergestellt, während die beiden Kugeln D und E aus Normalglas bestehen. In der
Kugel A wird die Substanz erhitzt. D und E sind die Auffangku-
geln für das freigesetzte Wasser, welche durch eine bei C anzu-
bringende Asbestpappe gegen die Erhitzungszone bei A abgeschirmt
werden. Außerdem erfolgt eine zusätzliche Kühlung der beiden
Kugeln D und E. Während des Erhitzens ist das Penfield-Rohr mit
einem Korken verschlossen, durch den eine Glaskapillare gesteckt
wird (F der Abb. 20). Zum Schluß wird das untere Stück des Penfield-Rohres etwa bei B abgeschmolzen und verworfen. Der obere
Teil mit den Kugeln D und E wird einmal mit Wasser und einmal
ohne das aufgefangene Wasser gewogen. Die Differenz aus beiden
Wägungen ist das Gesamt-H_2O.

Die Schwierigkeiten bei dieser Bestimmungsmethode sind grundsätzlich die gleichen wie bei der Wasserbestimmung aus der Glühveränderung. Einmal die Nichterfassung aller OH-Gruppen, Mitwägen
anderer flüchtiger Verbindungen, Verbrauch von Sauerstoff des
Wassers zur Oxidierung von Fe(II) (Luftsauerstoff steht nicht
zur Verfügung). Allerdings können solche Fehler durch Mischen

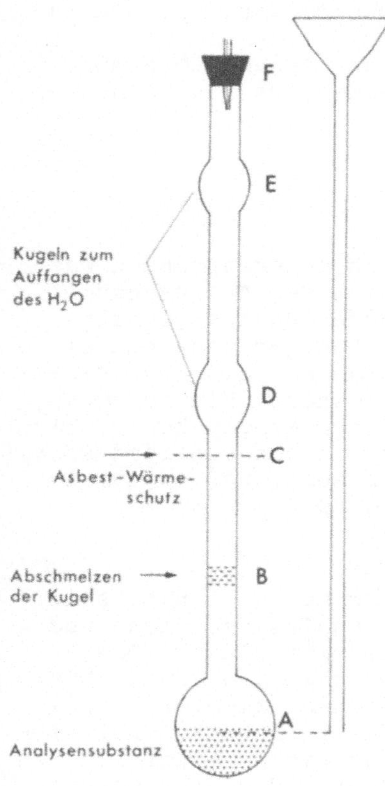

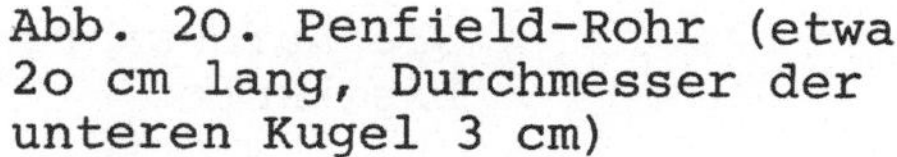
Abb. 20. Penfield-Rohr (etwa 2o cm lang, Durchmesser der unteren Kugel 3 cm)

der Analysensubstanz mit anderen Verbindungen weitgehend ausgeschaltet werden. Nach HARTWIG-BENDIG (1941) eignet sich besonders Bleichromat als Beimischung zu der Analysensubstanz. Das Bleichromat schmilzt zunächst unzersetzt, kann aber einen Teil seines Sauerstoffs an andere, auch schwer oxidierbare, Stoffe abgeben. Dadurch wird Fe(II) zu Fe(III), C zu CO_2, S zu SO_4 oxidiert. Fluor wird als PbF_2, Sulfat im $PbSO_4$ gebunden. Die flüchtigen Verbindungen von Fluor und Schwefel werden somit in nichtflüchtigen Verbindungen fixiert. Der Schmelzpunkt von PbF_2 beträgt 824°C, der Siedepunkt 1293°C. $PbSO_4$ schmilzt bei $\approx$ 1087°C. Das CO_2 wird zunächst $PbCO_3$ bilden, welches sich aber bereits über 300°C zersetzt. Da das freiwerdende CO_2 schwerer als Luft ist, wird es aus dem schräg nach unten geneigten Penfield-Rohr entweichen. Es ist wichtig, daß das CO_2 bereits bei relativ niedrigen Temperaturen aus der Analysensubstanz entfernt wird. Bereits in den Kugeln D und E kondensiertes Wasser vermag etwas CO_2 zu lösen.

Reagenzien: Bleichromat, $PbCrO_4$. Es genügt der Reinheitsgrad "gefällt, rot". Das Bleichromat muß für die Wasserbestimmung fein gepulvert und im elektrischen Ofen bei 450°C mehrere Stunden getrocknet werden.

Die Aufbewahrung erfolgt in einem Wägeglas im
Exsikkator

Geräte: Penfield-Rohr, Einfülltrichter, Kork mit Glaska-
           pillare (Abb. 20)
           Wägeglas, Stativ mit Klammer, Asbestpappe mit
           einer Öffnung zum Durchstecken des Penfield-
           Rohres, Gebläse

<u>Arbeitsvorschrift:</u>

1. Einwaage:

Die Einwaage richtet sich nach der Höhe des zu erwartenden Was-
sergehaltes. Bei 1 - 5% H_2O werden 0,5 - 1 g der Analysensubstanz eingewogen. Auch bei niedrigeren Wassergehalten sollte
die Einwaage nicht mehr als 1 g betragen. Dagegen kann bei einem
hohen Wasseranteil in der Probe die Einwaage auf 0,3 g verringert werden. Außerdem werden 2 g des getrockneten Bleichromats
auf einer Vorwaage abgewogen. Die angegebenen Mengen können nicht
vergrößert werden, da das Volumen der Kugel A des Penfield-Rohres
begrenzt ist. Die Kugel A darf nur so groß sein, daß sie vollständig von der Gebläseflamme eingehüllt wird.

2. Mischen der Substanz und Füllen des Penfield-Rohres:

Die Penfield-Rohre müssen vor der Benutzung gut gereinigt sein.
Eventuell Gewichtskonstanz kontrollieren. Analysensubstanz und
Bleichromat werden in einer Achatreibschale mit glatter Oberfläche (nicht angerauht) homogenisiert. Dann wird die Substanz
vorsichtig und in kleinen Anteilen durch einen Trichter in die
untere Kugel A des Penfield-Rohres eingefüllt. In der Achatreibschale noch etwas Bleichromat verreiben und dieses ebenfalls in
die Kugel A füllen. Auf die Öffnung des Penfield-Rohres wird
der Korkstopfen F mit der Glaskapillare gesteckt und die Kugel
A mittels einer durchbohrten Asbestscheibe abgeschirmt. Dann
wird das Rohr mit einer Klammer in der Weise am Stativ befestigt,
daß die Seite mit der Kapillare leicht nach unten geneigt ist
(Austritt des CO_2). Es ist zu beachten, daß aus der Kugel A keine Substanz in den Hals des Penfield-Rohres gelangt. Die zur Kon-
densation des Wassers bestimmten Kugeln D und E werden mit einem
Kleenextuch umwickelt, welches noch zusätzlich durch einen Gummi-
ring oder Reagenzglashalter am Rohr festgehalten werden kann.
Das Tuch wird mit dest. Wasser befeuchtet.

3. Erhitzen des Penfield-Rohres:

Die Kugel A wird zunächst mit kleiner Flamme eines Teclubrenners
fächelnd, dann unter langsamem Größerstellen der Flamme insgesamt
15 Min. erhitzt. Anschließend nochmals 15 Min. mit der heißen
Flamme des Teclubrenners die Probe erhitzen. In dieser Zeit erfolgen die wichtigsten Reaktionen. Anschließend wird die Kugel
15 Min. mit der Gebläseflamme geglüht. Gegen Schluß mit der Gebläseflamme mehrmals über das Ansatzrohr bis zur Asbestpappe
streichen, um etwa noch darin befindliche Wassermengen in die
Kugeln D und E zu treiben und dort zu kondensieren.

Unter der Einwirkung der Gebläseflamme ist die Kugel A bereits
erweicht und zusammengesunken. Es ist darauf zu achten, daß die
Kugel hierbei nicht aus dem heißen Teil der Gebläseflamme gerät.
Die Flamme wird nun etwa auf die Stelle B (Abb. 20) des Rohres
gerichtet, die Kugel A mit einer Tiegelzange angefaßt und unter
leichtem Drehen von dem Glasrohr abgezogen. Es ist darauf zu
achten, daß das untere Ende des Rohres vollständig zu- und rund-
geschmolzen wird. Während der Erhitzung ist das um die Kugeln D
und E gewickelte Kleenextuch mehrmals zu befeuchten.

4. Entfernung des im Penfield-Rohr kondensierten Wassers:

Nach dem Abschmelzen der Kugel A muß das Rohr zunächst völlig
abkühlen. Dann werden die Asbestpappe und das feuchte Kleenextuch entfernt, das Rohr mit einem sauberen Kleenextuch angefaßt,
aus der Stativklammer genommen und der Korkstopfen durch einen
Gummistopfen ersetzt. Das Rohr wird mit einem Kleenextuch abge-
trocknet, eine halbe Stunde verschlossen in den Exsikkator gelegt und dann mit dem Gummistopfen gewogen.

Den Gummistopfen dann von dem Rohr nehmen (den Stopfen nicht mit
in den Trockenschrank legen), dieses aufrecht in ein Becherglas
stellen und etwa 2 Std. bei 110°C in einem Trockenschrank trocknen. Anschließend das Rohr abkühlen lassen, 30 Min. in den Exsikkator legen und wiegen. Darauf achten, daß das Penfield-Rohr
wieder mit dem gleichen Gummistopfen gewogen wird. Bei allen
Manipulationen darf das Rohr nur mit einem sauberen Kleenextuch
angefaßt werden. Der Trockenvorgang ist bis zur Gewichtskonstanz
zu wiederholen.

PECK (1964) beschreibt einen Ofen mit elektrisch regulierbarer
Heizung, in welchem gleichzeitig 4 Penfield-Rohre erhitzt werden
können. Das ist eine wesentliche Arbeitsverbesserung und der Bau
eines solchen Ofens ist bei Serienbestimmungen zu empfehlen.
Die Kugeln der Rohre ragen in einen allseitig geschlossenen Heiz-
block (etwa bis B auf der Abb. 20). Die außerhalb des Heizblocks
befindlichen Enden mit den Wasserauffangkugeln werden in der
beschriebenen Weise gekühlt. Das Aufheizen erfolgt von Zimmertemperatur (bzw. etwa 100°C bei fortlaufend in Betrieb befindlichem
Ofen) bis etwa 800°C. Dann werden die Rohre aus dem Ofen genommen,
noch 5 Min. mit der Gebläseflamme geglüht und schließlich die
Kugel A (Abb. 20) abgeschmolzen.

Berechnung:

Die Gewichtsdifferenz zwischen dem Penfield-Rohr mit H$_2$O und dem
getrockneten Rohr entspricht dem Gesamt-H$_2$O in der angewendeten
Probemenge.

$$\frac{\text{mg Gewichtsdifferenz} \cdot 100}{\text{mg Einwaage}} = \% \text{ Gesamt-H}_2\text{O } (\text{H}_2\text{O}^- + \text{H}_2\text{O}^+)$$

Der Abzug des Wertes % H$_2$O$^-$ von dem nach der Penfield-Methode
bestimmten Gesamt-H$_2$O in % ergibt den Gehalt an % H$_2$O$^+$ in der
Probe.

Diese einfache Methode zur Bestimmung des Wassergehalts in silikatischen Proben liefert Werte, deren Genauigkeit für die Berechnung einer Gesteinsanalyse normalerweise ausreichend ist.

6.14.2 Titration nach der Methode von Karl Fischer (H_2O^- und H_2O^+)

LINDNER u. RUDERT (1969) beschreiben eine Apparatur, in welcher
das aus Silikaten durch Erhitzen freigesetzte Wasser nach der
Karl Fischer-Methode titriert werden kann. Die Aufheizung der
Probe wird stufenweise vorgenommen, so daß die Bestimmung von
H_2O^-, H_2O^+ und Gesamt-H_2O (Ofen bis 1600°C heizbar) hintereinander möglich ist.

6.14.3 Coulometrisches Verfahren zur Bestimmung von Gesamt-H_2O

Aus der Probe wird das Wasser durch Erhitzen freigesetzt, in
einem Röhrchen mittels P_2O_5 absorbiert und dann das H_2O elektro-
chemisch zersetzt. Vereinfacht läßt sich der Prozeß wie folgt
formulieren:

$$H_2O \text{ (Gas)} + P_2O_5 \longrightarrow P_2O_5.H_2O \longrightarrow P_2O_5 + H_2 \text{ (Gas)} + 1/2\ O_2 \text{ (Gas)}$$

Der dabei gemessene Strom ist ein Maß für die absorbierte Wassermenge. Nach diesem coulometrischen Prinzip arbeitet z.B. ein von
der Firma Consolidated Electrodynamics in Monrovia, California
(U.S.A.), hergestelltes Gerät. Die Anzeige erfolgt direkt in
Mikrogramm Wasser.

6.15 Schwefel, Fluor, Bor

6.15.1 Schwefel

Der Schwefelgehalt beträgt in den meisten magmatischen, metamor-
phen und sedimentären Gesteinen < 0,2%. Er ist fixiert als Sulfid, Sulfat und als Element. Als Sulfide treten am häufigsten
auf: Pyrit - FeS_2, Pyrrhotin (Magnetkies) - FeS, Chalkopyrit
(Kupferkies) - $CuFeS_2$, Bornit (Buntkupferkies) - Cu_5FeS_4. Schwe-
felführende Silikate sind: Nosean - $Na_8[SO_4|(AlSiO_4)_6]$ und Hauyn -
$(Na,Ca)_{8-4}\ [(SO_4)_{2-1}|(AlSiO_4)_6]$. An Sulfaten können vorkommen:
Gips - $CaSO_4.2\ H_2O$, Anhydrit - $CaSO_4$, Baryt - $BaSO_4$, Cölestin -
$SrSO_4$, Alunit - $KAl_3[(OH)_6|(SO_4)_2]$. Schwefel kann auch in Verbin-
dung mit organischen Komponenten auftreten.

Schwefelgehalte von mehreren Prozent schaffen analytische Probleme, z.B. bei der Bestimmung von FeO (6.3.1, S. 117). Es ist
möglich, analytisch zwischen Sulfid-, Sulfat- und Gesamt-Schwefel
zu unterscheiden. Zur näheren Information sei auf eine Darstellung bei MAXWELL (1968) verwiesen.

Prinzip zur Bestimmung von Sulfid-Schwefel:

Die Probe, welche Sulfide enthält, wird in einem Platintiegel mit
einer oxidierend wirkenden Schmelze aus Na_2CO_3 und KNO_3 aufgeschlossen. Der Schmelzaufschluß ist bei Sulfidgehalten > 2% einem
oxidierend wirkenden Säureaufschluß vorzuziehen, da bei letzterem
Sulfid während des Oxidationsprozesses verloren gehen kann (HILLE-

BRAND et al., 1953). Beim Schmelzaufschluß wird das Sulfid in
Sulfat überführt, die erstarrte Schmelze auf einem Wasserbad bei
etwa 95°C erhitzt und der unlösliche Rückstand abfiltriert. JAKOB
(1952) empfiehlt in einem weiteren Arbeitsgang durch Zusatz von
Ammoniumkarbonat die Abtrennung von SiO_2 und Aluminiumhydroxid.
Der entstandene Niederschlag wird abfiltriert und aus der Lösung
das Sulfat als $BaSO_4$ gravimetrisch bestimmt. Ein Säureaufschluß
hat den Vorteil, daß SiO_2 beim Aufschluß entfernt und keine Alkalielemente zusätzlich in die Analyse eingeführt werden (z.B.
JAKOB, 1952; MAXWELL, 1968).

Bei Anwesenheit von Sulfiden > 0,1% in einer Probe müssen Sauer-
stoffkorrekturen durchgeführt werden (2.4, S. 37). Das erfordert
Kenntnisse über die in der Probe vorhandenen Sulfidminerale. Das
Fe im Pyrit wird bei der Gesamt-Eisenbestimmung erfaßt und eben-
falls als Fe_2O_3 berechnet. Das heißt, es wird auch ein Teil des
Eisens als Oxid berechnet, welches tatsächlich in der Probe als
Sulfid vorliegt.

$2\ FeS_2 \equiv Fe_2O_3$, der Atommasse von 3 O stehen 4 S gegen-
(239,94 g)   (159,69 g)

über. $\dfrac{47,998\ g}{128,24\ g} = 0,374$. Der analytisch bestimmte Sulfidgehalt

multipliziert mit 0,374 ergibt den Sauerstoffanteil, der vom
Summenwert der Einzelkomponenten abzuziehen ist.

Magnetkies wird durch Säuren leichter aufgeschlossen und daher
bei der Fe(II)-Bestimmung erfaßt. Eine Korrektur kann, z.B. nach
MAXWELL (1968), in folgender Weise vorgenommen werden:

$Fe_7S_8 \equiv 7\ FeO$, der Atommasse von 7 O stehen 8 S gegen-
(647,41 g)   (502,92 g)

über. $\dfrac{111,99\ g}{256,48\ g} = 0,437$. Der analytisch bestimmte Sulfidgehalt

(gebunden an Magnetkies), multipliziert mit 0,437 ergibt den
Sauerstoffanteil, der vom Fe(II)-Gehalt, formuliert als FeO,
abzuziehen ist.

<u>Prinzip zur Bestimmung von Sulfat-Schwefel:</u>

Wenn in der Probe der gesamte Schwefel als Sulfat gebunden ist,
läßt sich letzteres nach einem Natriumkarbonat-Aufschluß mittels
einer der üblichen Methoden (z.B. als $BaSO_4$) bestimmen. Für spezielle Fälle kann es interessant sein, zwischen säurelöslichen
und säureunlöslichen Sulfaten zu unterscheiden. Die Probe wird
in diesem Fall mit verdünnter Salzsäure behandelt. Vor der Bestimmung der säureunlöslichen Sulfate (z. Baryt) müssen allerdings die in Säure schwer löslichen Sulfide wie Pyrit entfernt
werden. Das kann mit einer Mischung von Königswasser und Brom
erfolgen. Anschließend wird der Rückstand mit den säureunlöslichen Sulfaten mittels Natriumkarbonat aufgeschlossen. Nähere Ausführungen s. z.B. bei MAXWELL (1968), zum selektiven Lösen von
Sulfiden aus Silikatgesteinen auch 5.5.3 (S. 75). Es sollte bei
diesen Arbeitsgängen nicht übersehen werden, daß beim selektiven
Lösen einer Komponente A von B ein teilweises Auflösen von B nicht
immer ausgeschlossen werden kann.

Prinzip zur Bestimmung von Gesamt-Schwefel:

Konventionell wird die Probe mit Na_2CO_3 und wenig KNO_3 aufgeschlossen, der Schwefel dabei in Sulfat überführt und anschließend als $BaSO_4$ gefällt.

Für Serienuntersuchungen ist aber eine instrumentelle Methode
vorzuziehen, wobei die Probe im Sauerstoffstrom auf 1400° -
2000°C erhitzt wird. Die SO_2-Verbrennungsprodukte lassen sich
entweder durch eine Jodat-Titration oder Infrarot-Messung bestimmen. Beispielsweise stellt die Firma Leco Instrumente GmbH[16]
automatische Schwefelanalysatoren mit Digitalanzeige her. Die
Analysenzeit beträgt 1 - 6 Min. pro Probe, der Meßbereich 1 ppm
- 10% S. BOUVIER et al. (1972) sowie FOSCOLOS u. BAREFOOT (1970)
beschreiben Verfahren zur Bestimmung von Gesamt-Schwefel nach
dem Prinzip der Jodat-Titration.

6.15.2 Fluor

Fluor ist in den meisten magmatischen, metamorphen und sedimentären Gesteinen keine Hauptkomponente. Die Gehalte variieren
zwischen < 0,1% bis 1% (in seltenen Fällen), wobei in granitischen Gesteinen im Durchschnitt höhere Konzentrationen zu erwar-
ten sind als in Basalten. Fluor ist eine Hauptkomponente in den
Mineralen Flußspat (Fluorit, CaF_2) und Kryolith (Na_3AlF_6). Gehalte bis zu mehreren Prozent finden sich in folgenden Silikat-
mineralen magmatischer Gesteine: Fluorapatit (2 - 3% F), Turmalin (0,07 - 1,3% F), Biotit (0,1 - 3,5% F), Muskowit (0,02 - 2%
F), Phlogopit (0,05 - 6,8% F), Amphibole (0,1 - 2,7% F). Die
Zahlenwerte in Klammern sind einer Zusammenstellung von KORITNIG
(1972) entnommen.

Für die verschiedenen Konzentrationsbereiche kommen unterschiedliche Fluor-Bestimmungsmethoden zur Anwendung, deren Beschreibung
über den Rahmen des Praktikumsbuches hinausgehen würde. Analytische Hinweise geben unter anderem KOCH u. KOCH-DEDIC (1974) sowie
MAXWELL (1968). Bei Fluorgehalten > 2% in Gesteinen treten analytische Probleme speziell im gravimetrischen Trennungsgang auf.
Nach Analysen von MUNSON (zitiert bei PECK, 1964) verursachen
hohe Fluorgehalte Verluste an SiO_2, CaO, den Sesquioxiden (Summenwert), dagegen weniger bei MgO, TiO_2 und Fe_2O_3. Bei der gravimetrischen SiO_2-Bestimmung führt die Flüchtigkeit von SiF_4 in sauren Lösungen um 100°C zu Minusfehlern. Auch der Borgehalt im
$Na_2B_4O_7$ (neben Na_2CO_3 als Aufschlußmittel zu verwenden) verhindert Verluste an Si nicht vollständig (MAXWELL, 1968). Es gibt
Möglichkeiten, den Schmelzaufschluß in bestimmter Weise zu lösen
und durch anschließende Fällungen das Si von F zu trennen. Aber
diese Arbeitsgänge sind sehr langwierig. Bei Gesteinen mit höheren Fluorgehalten erscheint es daher günstiger, einen Säureaufschluß unter Druck im Autoklaven auszuführen. Nach Zusatz von
Borsäure läßt sich das SiO_2 dann mittels der Atomabsorptions-
Spektralphotometrie bestimmen.

---

[16] Leco Instrumente GmbH, 4000 Düsseldorf-Oberkassel, Hohen-
staufenstraße 2.

6.15.3 Bor

Bor ist mit durchschnittlich 1 - 100 ppm ein Spurenelement in
vielen magmatischen, metamorphen und sedimentären Gesteinen.
BROCKAMP (1973) beschreibt ein spektralphotometrisches Verfahren
zur Bestimmung niedriger Borgehalte in Tonmineralen.

Bei der Analyse der Hauptkomponenten können Probleme durch die
Anwesenheit von Borsilikaten wie vor allem Turmalin, seltener
Datolith und Axinit, auftreten. Bei der gravimetrischen SiO_2-
Bestimmung wird Bor teilweise im SiO_2-Niederschlag fixiert, mit
dem "Roh"-SiO_2 gewogen und dann als BF_3 verflüchtigt. Das ergibt
Plusfehler bei "Rein"-SiO_2. Meistens läßt sich Bor vor dem Analysengang durch eine Behandlung der Probesubstanz mit Methylal-
kohol bei Wasserbadtemperaturen um 95^OC entfernen (MAXWELL,
1968).

7. Anhang

7.1 Behandlung von Platingeräten

Für die im analytischen Labor verwendeten Platingeräte hat sich
eine Legierung aus 95% Pt und 5% Au bewährt. Sie besitzt eine
höhere Elastizität als Reinplatin und ist widerstandsfähiger
gegen Verformungen.

Platin ist hitzebeständig und resistent gegenüber vielen chemischen Verbindungen. Trotzdem sind Platingeräte empfindlich und
erfordern eine sorgsame Behandlung. Folgende Punkte müssen berücksichtigt werden:

1. Beim Glühen von Platintiegeln und Platinschalen wird die Benutzung eines Metalldreiecks mit seitlichen Platinhalterungen
empfohlen. Auf diese Weise kommt nur Platin mit Platin in Berührung. Steht ein solches Dreieck nicht zur Verfügung, kann auch
ein Quarzdreieck verwendet werden. Keine Porzellandreiecke benutzen.
Heiße Platingeräte nicht auf den Labortisch stellen.

2. Keinesfalls Königswasser (1 Teil konzentrierte Salpetersäure
+ 3 Teile konzentrierte Salzsäure) oder Salpetersäure und Salzsäure in anderen Mischungsverhältnissen auf Platin einwirken
lassen. Platin geht in Lösung.

3. Platingeräte dürfen weder mit elementarem Chlor (oder Brom)
noch mit Gemischen, aus denen dieses entstehen könnte (also Königswasser, ferner bei Anwesenheit von Chromsäure, Manganaten
oder Ferrisalzen), in Berührung kommen.

4. Keine Berührung der Platingeräte mit heißen Metallen wie Blei
oder Zinn, bzw. Substanzen, aus denen solche durch Reduktion entstehen können. Immer darauf achten, daß beim Aufschluß von Silikaten das Fe(II) durch Zusatz von wenig Natriumnitrat in Fe(III)
überführt wird.

5. Leicht reduzierbare Metalloxide, Phosphide, Sulfide und Ar-
senide dürfen nicht in Platingeräten erhitzt werden.

6. Platin reagiert mit elementarem Phosphor, Arsen, Antimon,
Wismut, Silicium, Bor und Kohlenstoff (sogenannte Platingifte).

7. Natriumnitrat, Alkalihydroxide, Borax, Alkalicyanide und Peroxide greifen in geschmolzenem Zustand Platin an. Daher diese
Substanzen nicht allein oder nur in Mischungen mit anderen Verbindungen (z.B. Natriumkarbonat-Borax) in Platingeräten schmelzen.

8. Aus Punkt 6 folgt, daß Platingeräte nicht mit der leuchten-
den (oder gar rußenden) Flamme (Erdgas oder Propangas) erhitzt
werden dürfen. Empfindlich ist Platin aber auch gegenüber CO
bei Glühtemperatur. Oxalate zersetzt man zunächst bei niedrige-
rer Temperatur (beginnende Rotglut), bevor man stärker glüht.
Platingeräte dürfen nicht dem inneren Flammenkegel ausgesetzt
werden. In bestimmten Fällen können elektrische Öfen (z.B. Simon-
Müller-Öfen) verwendet werden. Keine Silitstab-Kammeröfen benutzen, da dort an den Platingeräten eine Silicium-Korrosion
auftreten kann. Aufschlüsse nicht in elektrischen Öfen ausführen.

9. Das Veraschen der Filter in einem Platintiegel hat immer unter
genügender Luftzufuhr zu erfolgen (s. Punkte 6 und 8).

10. Falls Platingeräte stark verunreinigt sind, muß zunächst versucht werden, ob eine vorsichtige mechanische Reinigung möglich
ist (keine Gewalt anwenden, keine spitzen oder harten Gegenstände
benutzen). Dann versucht man eine Reinigung mit warmer Salzsäure.
Man muß aber wissen, womit das Pt-Gerät verunreinigt ist. Genügt
das nicht, muß zur Reinigung etwas Natriumkarbonat, oder mit
häufig noch besserem Erfolg etwas Kaliumdisulfat bis zur SO_3-
Entwicklung, oder ein Gemisch aus 5 Teilen wasserfreiem Natriumkarbonat und einem Teil Borax geschmolzen werden. Nach dem vollständigen Erstarren der Schmelze diese mit heißem Wasser herauslösen, den Rest eventuell mit Säure.

11. In Ausnahmefällen können Platingeräte zum Entfernen besonders
hartnäckig anhaftender Verunreinigungen innen und außen mit feuchtem Seesand behandelt werden. Die Quarzkörner müssen auf jeden
Fall gerundet sein. Scharfkantige Körner zerkratzen die Platin-
oberfläche, daher keine Putzmittel wie Ata etc. verwenden.

12. Ein Verbiegen der Platingeräte soll vermieden werden. Heiße
(nicht glühende) Platintiegel mit einer Platin-Tiegelzange stets
nur am unteren Teil umfassen. Es ist in vielen Fällen sinnvoll,
wenn nach beendetem Aufschluß der Tiegel im Platindreieck zunächst vollständig erkaltet. Die Schmelze muß nicht in jedem
Fall in noch flüssigem Zustand abgeschreckt werden. Bei dem Natriumkarbonat-Aufschluß kann die Schmelze ohne Abschreckung vollständig abkühlen, trotzdem löst sich diese nach der in 5.2.1 beschriebenen Technik vollständig aus dem Tiegel heraus.

13. Ist der Rand des Tiegels oder der Schale verbogen, kann er
mit einem Hornspatel oder einem passend abgedrehten Stück Hart-
holz auf einer Glasunterlage vorsichtig wieder geglättet werden.
Dazu aber keine Reagenzglashalter, Spatel, Pistille etc. verwenden.

14. Werden Platingeräte auf Sandbäder gestellt, darf der Sand
ebenfalls nur aus gerundeten Quarzkörnern bestehen. Es empfiehlt
sich, für die Füllung der Sandbäder besonders reinen Sand (z.B.
Dörentruper Quarzsand[17]) zu verwenden.

---

[17] Dörentruper Sand- und Thonwerke GmbH, Werk Grasleben, 3332
Grasleben.

15. In häufig zu Eisenbestimmungen benutzten Platintiegeln oder
durch Nichtbeachtung des Punktes 4 ist es möglich, daß sich Eisen
mit Platin legiert. Nach BILTZ, BILTZ u. FISCHER (1965) erfolgt
eine Reinigung der Pt-Gefäße mit konzentrierter Salzsäure (12
Std. stehen lassen) und anschließendem Ausglühen (1 Std.). Die
Prozedur ist solange zu wiederholen, bis kein Eisen mehr an die
Salzsäure abgegeben wird. Auch ein wiederholtes Ausschmelzen des
Platingefäßes mit Kaliumdisulfat und anschließender Reinigung
mit dest. Wasser bzw. Salzsäure wird empfohlen.

7.2 Hinweise zum Reinigen der Glasgeräte

Voraussetzung für jede quantitative Analyse ist die Verwendung
sauberer Glasgefäße. Vor allem bei Meßkolben, Büretten und Pipetten ist auf ein "fettfreies" Ablaufen der Lösungen zu achten,
das heißt, daß die Glaswandung überall gleichmäßig benetzt wird.
Wenn das nicht der Fall ist, bleiben am Glas in unregelmäßiger
Verteilung kleine Tröpfchen haften, die zu beträchtlichen Fehlern bei quantitativen Analysen führen können.

Folgende Reinigungsmittel werden im Laboratorium verwendet:

1. Chromschwefelsäure: Die Herstellung erfolgt durch Zugabe von
gepulvertem Kaliumdichromat in heiße konzentrierte Schwefelsäure,
bis sich beim Abkühlen CrO_3 ausscheidet. Bei der Herstellung Vorsicht! Schutzbrille! Schutzhandschuhe! Ebenfalls beim Umgang mit
Chromschwefelsäure Vorsicht! Stark ätzend! Chromschwefelsäure
verliert ihre Wirkung, wenn sich die Farbe von rot nach grün
verändert. Die Reinigungswirkung beruht auf der starken Oxida-
tionswirkung von Cr(VI).

2. Starke Kaliumpermanganatlösung (neutral, sauer oder alkalisch),
mit der die Geräte längere Zeit in Berührung gebracht werden.
Beim Nachspülen mit konzentrierter Salzsäure entsteht Chlor, das
eine besonders gründliche Oxidation bewirkt. Auch hier Vorsicht!
Schutzbrille, Schutzhandschuhe!

3. Fast wasserfreie Salpetersäure. Vorsicht vor Verätzungen der
Haut!

4. Spezialreinigungsmittel wie z.B. RBS 25, Extran, Mucasol. Verwendung nur nach Gebrauchsanweisung. Die Lösungen sind normalerweise ungiftig, ätzen nicht und bilden keinerlei Gase. Falls auf
diese Weise gereinigte Glasgeräte (z.B. Meßkolben) für Alkalibestimmungen verwendet werden sollen, ist ein besonders sorgfälti-
ges Nachspülen mit dest. Wasser notwendig.

Zur Säuberung von Pipetten, Büretten und Meßkolben dürfen nur
auf Zimmertemperatur erwärmte Reinigungsmittel verwendet werden.
Ebenso darf das Trocknen dieser Geräte nicht bei Temperaturen
> 25° - 30°C im Trockenschrank vorgenommen werden. Das Volumen
der Gefäße ändert sich hierbei und geht nicht oder nur langsam
auf den ursprünglichen Betrag zurück.

Bei zu langer Aufbewahrung von Pipetten in bestimmten Spezialreinigungsmitteln kann sich die Farbe der Beschriftung ablösen.

Nach Anwendung der genannten Reinigungsmittel müssen die Glasgefäße sorgfältig mit dest. Wasser ausgespült werden. Es ist
nicht zu empfehlen, wie häufig angegeben wird, Alkohol oder Äther
zum Trocknen der Geräte zu verwenden. Diese Flüssigkeiten sind
im Laboratoriumsgebrauch meistens unsauber und verunreinigen die
Glasoberfläche wieder. In diesem Fall wird der gesamte vorange-
gangene Reinigungseffekt wirkungslos. Das Trocknen der Meßgefäße
(speziell Pipetten) kann durch Hindurchsaugen eines Luftstromes
mit einer Wasserstrahlpumpe erfolgen. Damit keine Verunreinigungen in die Pipette gelangen, wird vor den Auslauf der Pipette
ein Stück Filtrierpapier gehalten, welches durch die angesaugte
Luft an der Pipette haftet. Preßluft aus Kompressoranlagen enthält Öldämpfe und sollte nicht zum Trocknen der gereinigten Gefäße verwendet werden. Einfacher ist die Benutzung spezieller
Trockenbehälter (z.B. für Pipetten) mit elektrischer Heizung.

Das zeitraubende Trocknen der Pipetten und Büretten kann man um-
gehen, wenn die Gefäße mit der gleichen Lösung ausgespült werden,
mit der sie gefüllt werden sollen. Das setzt jedoch voraus, daß
genügend Lösung zur Verfügung steht. Meßkolben brauchen normalerweise nur bei der Eichung trocken zu sein.

Die Reinigungsmittel sollten etwa 24 Std. auf die zu säubernde
Glaswand einwirken, mindestens jedoch über Nacht.

Bei der Verwendung spezieller Spülmaschinen zum Reinigen der
Glasgeräte ist eine Nachreinigung durch Hand (nochmaliges Spülen
mit dest. Wasser) zu empfehlen.

7.3 Hinweise zur Verhütung von Unfällen beim analytischen Arbeiten

1. Nur während der festgelegten Dienstzeiten experimentell im
Labor arbeiten! Es muß immer mindestens eine zweite Person zur
sofortigen Hilfeleistung im Institut zu erreichen sein.

2. Jeder Mitarbeiter sollte die "Richtlinien für chemische Laboratorien", herausgegeben von der Berufsgenossenschaft für chemische Industrie, lesen.

3. Jeder Mitarbeiter hat immer eine Schutzbrille griffbereit im
Laborkittel bei sich zu tragen.

4. Arbeiten mit konzentrierten Laugen, mit Flußsäure, Perchlorsäure und anderen Säuren, Schwefelwasserstoff, Cyaniden, Quecksilber sowie Arbeiten mit gefährlicher Gasentwicklung nur in gut
ziehenden speziellen Abzügen (Stinkraum) oder in geschlossener
Apparatur durchführen. Hierzu gehört auch das Abrauchen von
Schwefelsäure und Ammoniumchlorid. Bei den genannten Arbeiten
immer die notwendige Schutzkleidung (Laborkittel) einschließlich
Schutzbrille und Schutzhandschuhe tragen.

5. Das Ansaugen gefährlicher Flüssigkeiten mit dem Mund ist zu
unterlassen. Es müssen Saugkolben-Pipetten verwendet werden,
oder in Kombination mit normalen Meß- oder Vollpipetten spezielle

Pipettierhelfer oder wenigstens ein Peleusball. Auch die Anwendung von Hebern und Wasserstrahlpumpen wird empfohlen.

6. Scherben und andere scharfkantige Abfälle nicht in Papierkörbe werfen, sondern in besonderen Abfallkästen sammeln.

7. Gefährliche Abfälle in gesonderten Behältern sammeln. Keinesfalls Abfälle, die zur Selbstentzündung neigen oder die Gase und Dämpfe abgeben, in die normalen Abfallbehälter werfen. Auch keine brennenden oder glimmenden Streichhölzer! Darin befindliches Papier kann sich entzünden. Nichts in die Ausgüsse werfen, sonst besteht die Gefahr einer Verstopfung der Abflußrohre.

8. Im Labor sollte nicht geraucht werden. Essen und Trinken sowie die Aufbewahrung von Lebensmitteln ist in den Laboratorien ebenfalls zu unterlassen.

9. Benutzte Gefäße sofort selbst reinigen. Nur der Benutzer der Geräte weiß, welche Chemikalien darin enthalten waren und wie diese zweckmäßig zu entfernen sind. Es dürfen keine Mitarbeiter mit der Reinigung von Gefäßen mit unbekanntem Inhalt beauftragt werden. Viele Unfälle sind dadurch schon entstanden.

10. Mit organischen Lösungsmitteln immer unter dem Abzug arbeiten, wobei keine offene Flamme in der Nähe sein darf. Daran denken, daß Dämpfe dieser Lösungsmittel manchmal schwerer als Luft sind (z.B. Ätherdämpfe). Sie können an der Tischoberfläche oder am Boden entlangkriechen und sich an glühenden Spiralen bzw. Stäben von Heizgeräten entzünden.

11. Besondere Vorsicht beim Umgang mit Perchlorsäure. Keinesfalls organische Substanzen mit Perchlorsäure in Berührung bringen.

12. Gasbrenner niemals mit der Hand unter mit Lösungen gefüllten Glasgefäßen, Tiegeln etc. regulieren. Bei Aufschlüssen in Tiegeln können diese "durchgehen". Wenn in diesem Augenblick der Brenner reguliert wird, entstehen schwere Verbrennungen und Verätzungen auf der Hand. Daher folgendes beachten:

a) In etwa 15 cm Entfernung vom Brenner den Gasschlauch anfassen und damit den Brenner unter dem Gefäß wegziehen.

b) Erst jetzt regulieren.

c) Durch Anfassen am Gasschlauch den Brenner wieder unter das Gefäß schieben.

d) Bitte im eigenen Interesse diese Manipulation durchführen. Sorgloses Arbeiten kann schwere Verletzungen zur Folge haben. Die Regulierung eines Gasbrenners kann eventuell auch mit einer Tiegelzange vorgenommen werden.

13. Die Gebrauchsanweisungen für Löschdecken und Feuerlöscher müssen bekannt sein. Im Laboratorium immer Kohlensäurelöscher benutzen. Beim Einsatz von Tetrachlorkohlenstoff-Löschern kann das giftige Phosgen ($COCl_2$) entstehen, z.B. durch die Einwirkung von Tetrachlorkohlenstoff auf rauchende Schwefelsäure. Die über

den Labortüren angebrachten Brausen sind jeden Monat auf ihre
Funktionsfähigkeit zu überprüfen. Löschsand bereitstellen.

14. Gasschutzmaske und Gasfilter (Filter gegen Ammoniak-, Schwe-
felwasserstoff- und Quecksilberdämpfe; Filter gegen organische
Dämpfe und Lösungsmittel; Filter gegen saure Gase) außerhalb des
Labors griffbereit aufbewahren. Eventuell spezielles CO-Filter
bereitlegen.

7.4 Erste Hilfe bei Unfällen

Bei ernsteren Unfällen: Sofort Arzt rufen und/oder Unfallwagen
bestellen und eventuell telefonische Voranmeldung in der Klinik.
Der Benutzer dieses Praktikumsbuches sollte die für ihn in Frage
kommenden Telefonnummern in die folgende Liste eintragen:

Augenklinik   Tel.: ....
Chirurgische Klinik   Tel.: ....
Hals-Nasen-Ohren-Klinik   Tel.: ....
Hautklinik   Tel.: ....
Krankentransport (Rotes Kreuz)   Tel.: ....
Medizinische Klinik   Tel.: ....
Unfall-Verletzten Transport (Feuerwehr) Tel.: ....

In der Bundesrepublik Deutschland und in anderen europäischen
Ländern gibt es in verschiedenen Städten Informations- und Be-
handlungszentren für Vergiftungsfälle entweder mit 24-Std.-Dienst
oder mit teilweise begrenzten Öffnungszeiten. Die Anschriften
mit den gültigen Telefonnummern können aus der jeweils neuesten
"Roten Liste" entnommen werden (z.B. "Rote Liste 1974", Ergänzungen dazu in "Deutsche Apotheker-Zeitung, 114, 1974").

Die folgenden Hinweise wurden teilweise aus BILTZ et al. (1971)
entnommen.

1. Hautverätzungen. Verätzte Stelle sofort und gründlich unter
der Wasserleitung abspülen. Dann bei Laugenverätzungen mit 1%iger
Essigsäure, bei Säuren mit 1%iger Natriumhydrogenkarbonat-Lösung
benetzen. Diese Lösungen stehen im Labor deutlich gekennzeichnet
griffbereit. Bei Flußsäure keine Ammoniaklösung, sondern viel
Wasser verwenden. Bei großflächigen Verätzungen am besten mit
einer Brause abspülen. Die verätzten Stellen mit trockenem und
keimfreiem Schutzverband bedecken. Keine "keimtötende Flüssigkeit", keine Wundsalbe, keine Watte verwenden. Bei inneren Verätzungen, z.B. durch Verschlucken (ausgenommen bei Kupfer- und
Phosphorverbindungen), reichlich Wasser, Milch oder Haferschleim
trinken lassen.
In jedem Fall sofort zum Arzt.

2. Augenverätzungen: Sofort ausgiebig mit Wasser spülen, Lider
notfalls mit der Hand öffnen. Eine spezielle Augenwaschflasche
mit dest. Wasser muß immer griffbereit dastehen.
Sofort zum Arzt.

3. Brandwunden: Kein Wasser, keine Watte, Brandblasen nicht ver-
letzen. Verbrennungen mit trockenem, keimfreiem Verband abdecken.

Niemals Öl, Salben, Fette, Mehl oder ähnliches verwenden, da
dadurch erfolgreiche Behandlung mit schneller und narbenloser
Heilung meistens unmöglich ist.
S o f o r t   z u m   A r z t .

4. Schnittwunden: Nicht berühren; nicht auswaschen. Ausnahme:
Ätzende Stoffe in offenen Wunden. Keine "keimtötenden Flüssig-
keiten", keine Wundsalben, keine blutstillende Watte verwenden.
Wunden mit trockenem und keimfreiem Schutzverband (Verbandpäck-
chen) bedecken. Große und schmerzende Wunden im Tragetuch oder
mit Schienen ruhigstellen. Den Verletzten wegen Schockgefahr
hinlegen und warm zudecken.
Spritzende Blutgefäße zwischen Wunde und Herz abbinden (breiter
Gummischlauch, Krawatte etc., keine Schnur oder Draht).
S o f o r t   z u m   A r z t .

Eine vorbeugende Tetanusschutzimpfung für alle im Labor arbei-
tenden Personen kann von Vorteil sein.

5. Ätzende Gase, nichtreizende, giftige Gase: Frische Luft! Be-
engende und giftstoffgetränkte Kleidung entfernen. Völlige Kör-
perruhe. Bei Gefahr des Atemstillstandes künstliche Atmung.
Bei Cyanwasserstoff (Blausäure) sofort 50 - 100 ml 2%ige Natrium-
thiosulfatlösung trinken (steht im Labor bereit). Bei Bewußtlosigkeit keine Flüssigkeit einflößen.
S o f o r t   U n f a l l r e t t u n g s d i e n s t   a n r u -
f e n .

6. Gifte im Magen: Möglichst bald erbrechen, eventuell durch
Trinken von 1 g Kupfersulfat in 25 - 50 ml Wasser (Lösung steht
im Labor bereit). Bei Bewußtlosigkeit oder Krämpfen keine Flüssigkeit einflößen.
S o f o r t   U n f a l l r e t t u n g s d i e n s t   a n r u -
f e n .

7. Verätzungen im Mund: Bei Säuren und Schwermetallsalzen den
Mund mit einer Aufschlämmung von MgO in Milch oder Wasser spülen
(bis 200 g MgO). Bei Alkalien mit verdünnter Essigsäure oder
Zitronensäure den Mund spülen (Chemikalien sind entsprechend ge-
kennzeichnet und stehen im Labor griffbereit).
S o f o r t   z u m   A r z t .

7.5 Sauberkeit am Arbeitsplatz

Voraussetzung für jede quantitative analytische Arbeit ist die
Beachtung einiger allgemeiner Hinweise zur Sauberhaltung des
Laboratoriums. Selbstverständlich sind hier nicht alle Punkte
genannt, die für ein einwandfreies analytisches Arbeiten beachtet
werden müssen.

1. Vor Beginn der quantitativen analytischen Arbeiten empfiehlt
es sich, den Labortisch mit weißen Filterbogen zu belegen. Diese
lassen sich bei Verschmutzungen leicht auswechseln, eventuell
auf den Labortisch gefallene Chemikalien können besser erkannt
werden. Sollten bei einer quantitativen Bestimmung trotz aller
Sorgfalt einmal einige Tropfen der Analysenlösung auf das saubere

Filterpapier getropft sein, kann das Papierstück ausgeschnitten
und ein "Rettungsversuch" vorgenommen werden.

2. Den Labortisch, falls notwendig täglich, mindestens jedoch
einmal in jeder Woche gründlich reinigen.

3. Vorratsflaschen mit Säuren, Laugen etc. nach jeder Benutzung
sofort an den dafür vorgesehenen Platz zurückstellen. Darauf
achten, daß keine Tropfen an der Außenseite der Flaschen herab-
laufen.

4. Vorratsflaschen aus dem Chemikalienschrank sind nach Benutzung
wieder einzuordnen. Im Überschuß entnommene Substanzen nicht in
die Flaschen zurückschütten.

5. Benutzte Glasgeräte sofort reinigen, mit dest. Wasser abspülen, höchstens einen Tag auf einem Abtropfbrett hängen lassen,
und die trockenen Geräte dann in den dafür vorgesehenen Schrank
zurückstellen.

6. Der Arbeitsplatz darf nur in aufgeräumtem Zustand verlassen
werden. Alle Gläser mit Lösungen sowie Büretten etc. müssen bedeckt sein. Glasstäbe nicht auf dem Tisch herumliegen lassen.
Alle Gas- und Wasserhähne müssen geschlossen sein. Elektrische
Geräte ausschalten.

7. Den Exsikkator nicht im Laboratorium stehen lassen, sondern
im Wägezimmer abstellen.

8. Für die Sauberhaltung der von mehreren Mitarbeitern gleichzeitig oder nacheinander benutzten Einrichtungen (z.B. Abzüge,
Ausgußbecken etc.) und Geräte (z.B. Analysenwaagen) sollte sich
jeder Benutzer verantwortlich fühlen. Es ist ein schlechter Ar-
beitsstil, verschmutzte Geräte dem nachfolgenden Benutzer zu
übergeben.

*Hinweise auf die zuverlässige Durchführung quantitativer Analysen ergeben
sich unter anderem aus dem Zustand des Arbeitsplatzes.*

8. Literaturverzeichnis

Auswahl an Monographien und zusammenfassende Schriften über Ge-
steins- und Mineralanalyse

BENNET, H., CERAM, F.I., REED, R.A., CERAM, A.I.: Chemical
   Methods of Silicate Analysis. London-New York: Academic Press
   1971.
EASTON, A.J.: Chemical Analysis of Silicate Rocks. New York:
   Elsevier 1972.
GROVES, A.W.: Silicate Analysis. London: Allen & Unwin Ltd.
   1951.
HILLEBRAND, W.F., LUNDELL, G.E.F., BRIGHT, M.S., HOFFMANN, J.I.:
   Applied Inorganic Analysis with Special Reference to the Anal-
   ysis of Metals, Minerals, and Rocks. New York: Wiley & Sons,
   Inc. London: Chapman & Hall, Ltd 1953.
JAKOB, J.: Chemische Analyse der Gesteine und silikatischen Mi-
   neralien. Basel: Birkhäuser 1952.
JEFFEREY, P.G.: Chemical Methods of Rock Analysis. Oxford-New
   York-Toronto-Sydney-Braunschweig: Pergamon Press 1970.
MAXWELL, J.A.: Rock and Mineral Analysis. New York-London-Sydney-
   Toronto: Interscience Publishers 1968.
PECK, L.C.: Systematic Analysis of Silicates. Geol. Surv. Bull.
   1170, Washington (1964).
RILEY, J.P.: The rapid analysis of silicate rocks and minerals.
   Anal. Chim. Acta 19, 413-428 (1958).
SHAPIRO, L., BRANNOCK, W.W.: Rapid analysis of silicate rocks.
   U.S. Geol. Surv. Bull. 1036-C, Washington (1956).
SHAPIRO, L., BRANNOCK, W.W.: Rapid analysis of silicate, car-
   bonate and phosphate rocks. U.S. Geol. Surv. Bull. 1144-A,
   Washington (1962).
SMALES, A.A., WAGER, L.R. (Eds.): Methods in Geochemistry. New
   York-London: Interscience Publishers 1960.
VOINOVITSCH, I.A., DEBRAS-GUEDON, J., LOUVRIER, J.: The Analysis
   of Silicates. Israel Program for Scientific Translations,
   Jerusalem 1966.
VOLBORTH, A.: Elemental Analysis in Geochemistry. A. Major
   Elements. Amsterdam-London-New York: Elsevier 1969.
WASHINGTON, H.S.: The statement of rock analyses. Am. J. Sci.
   4th Ser. 10, 59-63 (1900).
WASHINGTON, H.S.: The Chemical Analysis of Rocks. New York:
   Wiley & Sons, 2nd ed. 1910, 4th ed. 1930.

Weitere im Text enthaltene Literaturhinweise

ABBEY, S.: Studies in "standard samples" of silicate rocks and
  minerals. Part 3: 1973 extension and revision of "usable"
  values. Geol. Surv. Can., paper 73-36 (1973).
ABBEY, S.: 1972 values for geochemical samples. Geochim. et
  Cosmochim. Acta 39, 535-537 (1975).
ALEXANDER, G.B., HESTON, W.M., ILER, R.K.: The solubility of
  amorphous silica in water. J. Physic. Chem. 58, 453-455 (1954).
ALTHAUS, E.: Die Atom-Absorptions-Spektralphotometrie - ein
  neues Hilfsmittel zur Mineralanalyse. Neues Jahrb. Mineral.,
  Monatsh., 259-280 (1966).
AMOS, M.D., WILLIS, J.B.: Use of high-temperature pre-mixed
  flames in atomic absorption spectroscopy. Spectrochim. Acta
  22, 1325-1343 (1966).
Analytikum. Methoden der analytischen Chemie und ihre theoreti-
  schen Grundlagen. Autorenkollektiv. Leipzig: VEB Deutscher
  Verlag für die Grundstoffindustrie 1974.
ANDO, A., KURASAWA, H., OHMORI, T., TAKEDA, E.: 1971 compilation
  of data on rock standards JG-1 and JB-1 issued from the Geol.
  Surv. of Japan. Geochim. J. 5, 151-164 (1971).
ANGINO, E.E., BILLINGS, G.K.: Atomic Absorptionsspectrometry in
  Geology. Amsterdam-London-New York: Elsevier 1967.
BECKMANN, H. in H. FREUND: Handbuch der Mikroskopie in der Tech-
  nik. Bd. 2, Teil 3, S. 150. Frankfurt: Umschauverlag 1958.
BERNAS, G.: A new method for decomposition and comprehensive
  analysis of silicates by atomic absorption spectrometry. Anal.
  Chem. 40, 1682-1686 (1968).
BILTZ, H., BILTZ, W., FISCHER, W.: Ausführung quantitativer Ana-
  lysen. Stuttgart: S. Hirzel 1965.
BILTZ, H., KLEMM, W., FISCHER, W.: Experimentelle Einführung in
  die Anorganische Chemie. 63.-70. Auflage. Berlin: de Gruyter
  1971.
BOUVIER, J.L., SEN GUPTA, J.G., ABBEY, S.: Use of an "automatic
  sulphur titrator" in rock and mineral analysis: Determination
  of sulphur, total carbon, carbonate and ferrous iron. Geol.
  Surv. Can., paper 72 - 31 (1972).
BOCK, R.: Aufschlußmethoden der anorganischen und organischen
  Chemie. Weinheim: Verlag Chemie 1972.
BROCKAMP, O.: Borfixierung in authigenen und dedritischen Tonen.
  Geochim. et Cosmochim. Acta 37, 1339-1351 (1973).
BRUNCK, O., LISSNER, A.: Quantitative Analyse. Dresden-Leipzig:
  Steinkopff 1950.
BUCKLEY, D.E., CRANSTON, R.E.: Atomic absorption analyses of 18
  elements from a single decomposition of aluminosilicate. Chem.
  Geology 7, 273-284 (1971).
BUSH, P.R.: A rapid method for the determination of carbonate
  carbon and organic carbon. Chem. Geology 6, 59-62 (1970).
CARVER, R.E.: Procedures in Sedimentary Petrology. New York-
  London-Sydney-Toronto: Wiley-Interscience 1971.
CHALMERS, R.A., PAGE, E.S.: The reporting of chemical analyses
  of silicate rocks. Geochim. et Cosmochim. Acta 11, 247-251
  (1957).
CHAPMAN, F.W., Jr., MARVIN, G.G., TYREE, S.Y., Jr.: Volatiliza-
  tion of elements from perchloric and hydrofluoric acid solutions. Anal. Chem. 21, 700-701 (1949).

CHESTER, J.E., DAGNALL, R.M., TAYLOR, M.R.G.: Some theoretical
    observations on the use of less-common flames in analytical
    atomic spectrometry. Anal. Chim. Acta 55, 47-58 (1971).
CHAYES, F.: In defence of the second decimal. Am. Mineralogist
    38, 784-793 (1953).
CHAYES, F.: Petrographic Modal Analysis. An Elementary Statisti-
    cal appraisal. New York: Wiley & Sons, Inc. London: Chapman &
    Hall, Ltd. 1956.
DEAN, R.B., DIXON, W.J.: Simplified statistics for small numbers
    of observations. Anal. Chem. 23, 636-638 (1951).
DE LA ROCHE, H., GOVINDARAJU, K.: Rapport sur deux roches, dio-
    rite DR-N, et serpentine UB-N, proposées comme étalons analy-
    tiques par un groupe de laboratoires francais. Bull. Soc.
    Franc. Céram n° 85, 35-50 (1969).
DE LA ROCHE, H., GOVINDARAJU, K.: Tables of recommended or pro-
    posed values (major, minor and trace elements) for the ten
    geochemical standards of the Centre de Recherches Petrogra-
    phiques et Geochimiques and of the Association Nationale de
    la Recherche Technique. Method. Phys. Anal. 7, 314-322 (1971).
Deutsche Apotheker-Zeitung 114, 2004-2005 (1974).
DOERFFEL, K.: Beurteilung von Analysenverfahren und -ergebnis-
    sen. Z. Anal. Chem. 185, 1 - 98 (1962) und Monographie mit
    gleichem Titel. Berlin-Heidelberg-New York: Springer 1965.
DOERFFEL, K.: Die statistische Auswertung von Analysenergebnis-
    sen. Handbuch der Lebensmittelchemie, Bd. 2, Teil 2: Analytik
    der Lebensmittel, S. 1194-1246. Berlin-Heidelberg-New York:
    Springer 1967.
DOLEŽAL, J., POVONDRA, P., ŠULCEK, Z.: Decomposition Techniques
    in Inorganic Analysis. London: Iliffe Books, New York: American
    Elsevier 1968.
ECHLE, W.: Mineralogische Untersuchungen an Sedimenten des Stein-
    mergelkeupers der Roten Wand aus der Umgebung von Göttingen.
    Beitr. Mineral. Petrogr. 8, 28-59 (1961).
ECKSCHLAGER, K.: Fehler bei chemischen Analysen. Leipzig: Aka-
    demische Verlagsgesellschaft Geest & Portig K.-G. 1964.
EHRENBERGER, F., GORBACH, S.: Methoden der organischen Elemen-
    tar- und Spurenanalyse. Weinheim: Verlag Chemie 1973.
FAIRBAIRN, H.W. and others: A cooperative investigation of pre-
    cision and accuracy in chemical, spectrochemical and modal
    analysis of silicate rocks. U.S. Geol. Surv. Bull. 980 (1951).
FLANAGAN, F.J.: Geological survey standards - II. First compila-
    tion of data for the new U.S.G.S. rocks. Geochim. et Cosmochim.
    Acta 33, 81-120 (1969).
FLANAGAN, F.J.: Sources of geochemical standards - II. Geochim.
    et Cosmochim. Acta 34, 121-125 (1970).
FLANAGAN, F.J.: 1972 values for international geochemical refer-
    ence samples. Geochim. et Cosmochim. Acta 37, 1189-2000 (1973).
FLANAGAN, F.J.: Reference samples for the earth sciences. Geochim.
    et Cosmochim. Acta 38, 1731-1744 (1974a).
FLANAGAN, F.J.: Descriptions and analyses of seven new USGS rock
    standards. U.S. Geol. Surv. Profess. Paper 840, in press (1974b).
FLANAGAN, F.J.: Author's reply. Geochim. et Cosmochim. Acta 39,
    537-540 (1975).
FLEISCHER, M.: U.S. Geological Survey standards - I. Additional
    data on rocks G-1 and W-1, 1965-1967. Geochim. et Cosmochim.
    Acta 33, 65-79 (1969).

FOSCOLOS, A.E., BAREFOOT, R.R.: A rapid determination of total, organic and inorganic carbon in shales and carbonates. Geol. Surv. Can., paper 70 - 71, 1-8 (1970).

FRIESE, G., GRASSMANN, H.: Die Standardgesteinsproben des ZGI. 4. Mitteilung: Diskussion der Gehalte an einigen Hauptkomponenten auf Grund neuer Analysen. Z. Angew. Geol. 13, 473-477 (1967).

GALLE, O.K.: Routine determination of major constituents in geologic samples by atomic absorption. Appl. Spectr. 22, 404-408 (1968).

GAULT, H.R., WEILER, K.A.: Studies of carbonate rocks. III. Acetic acid for insoluble residues. Penn. Acad. Sci. Proc. 29, 181-185 (1955).

GEILMANN, W., TÖLG, G.: Beiträge zur Mikrosilikatanalyse VII. Ein Trennungsschema zur Vollanalyse kleinster Alkali-Kalkglasproben. Glastechn. Ber., Z. Glaskunde 35, 281-290 (1962).

GRAF, U., HENNING, H.-J., STANGE, K.: Formeln und Tabellen der mathematischen Statistik. 2. Aufl. Berlin-Heidelberg-New York: Springer 1966.

GRASSMANN, H.: Die Standardgesteinsproben der ZGI. Z. Angew. Geol. 12, 368-377 (1966).

GRASSMANN, H.: Die Standardgesteinsproben des ZGI. 6. Mitteilung: Neue Auswertung der Analysen auf Hauptkomponenten der Proben Granit GM, Basalt BM, Tonschiefer TB, Kalkstein KH und erste Auswertung der Proben Anhydrit AN und Schwarzschiefer TS. Z. Angew. Geol. 18, 278-284 (1972).

GROUT, F.F.: Rock sampling for chemical analysis. Am. J. Sci. 24, 394-404 (1932).

Handbuch für das Eisenhüttenlaboratorium, Bd. 5 (Ergänzungsband). Die Ermittlung des Gesamt-Kohlenstoffgehaltes von Stahl. Hrsg. vom Chemikerausschuß des Vereins Deutscher Eisenhüttenleute. Düsseldorf: Stahleisen m.b.H. 1971.

HARTWIG-BENDIG, H.: Zur Bestimmung des Gesamtwassers in der anorganischen Mineralanalyse. Z. Angew. Mineral. 3, 195-223 (1941).

HAVER, E.F.: Prüfsieb-Vergleichtabelle 1970. Aufbereitungstechnik 11, 420-423 (1970).

HAWKES, H.E., WEBB, J.S.: Geochemistry in Mineral Exploration. New York-Evanston: Harper & Row, Publ. 1962.

HELMKE, P.A., BLANCHARD, D.P., HASKIN, L.A., TELANDER,K., WEISS, C., JACOBS, J.W.: Major and trace elements in igneous rocks from Apollo 15. The Moon 8, 129-148 (1973).

HERRMANN, A.G., KNAKE, D: Coulometrisches Verfahren zur Bestimmung von Gesamt-, Carbonat- und Nichtcarbonat-Kohlenstoff in magmatischen, metamorphen und sedimentären Gesteinen. Z. Anal. Chem. 266, 196-201 (1973).

HERRMANN, R., ALKEMADE, C.T.J.: Chemical Analysis by Flame Photometry. New York: Interscience Publishers 1963

HESSLER, W., SCHNABEL, H.: Arbeitsvorschriften und Tabellen zur Ausführung und Berechnung von Mineralsalzanalysen. Leipzig: VEB Deutscher Verlag für Grundstoffindustrie 1968.

HILL, W.E., Jr., RUNNELS, R.T.: Versense, new tool for study of cabonate rocks. Bull. Am. Assoc. Petroleum Geol. 44, 631-632 (1960).

HOEFS, J.: Carbon. In: Handbook of Geochemistry II-1. Berlin-Heidelberg-New York: Springer 1969.

ILER, R.K.: The Colloid Chemistry of Silica and Silicates. Ithaca-
New York: Cornell University Press 1955.
ITO, J.: A new method of decomposition for refractory minerals
and its application to the determination of ferrous iron and
alkalies. Bull. Chem. Soc. Japan 35, 225-228 (1962).
JAKOB, J., BRANDENBERGER, E.: Über die Qualität der Dioxyde des
Siliciums und Titans, wie sie während der Silikatanalyse in Er-
scheinung treten. Schweiz. mineralog. petrogr. Mitt. 28, 699-
701 (1948).
JANDER, G., JAHR, K.F., KNOLL, H.: Maßanalyse. Sammlung Göschen.
Band 6221. Berlin: de Gruyter 1973.
JEFFEREY, P.G., WILSON, A.D.: A combined gravimetric and photo-
metric procedure for determining silica in silicate rocks and
minerals. Analyst 85, 478-486 (1960).
JOHANNES, W., ALTHAUS, E.: Ca- und Mg-Bestimmung durch halbauto-
matische komplexometrische Titration. Neues Jahrb. Mineral.,
Monatsh., 377-384 (1968).
KAISER, H.: Zum Problem der Nachweisgrenze. Z. Anal. Chem. 209,
1-18 (1965).
KAISER, H., SPECKER, H.: Bewertung und Vergleich von Analysenver-
fahren. Z. Anal. Chem. 149, 46-66 (1956).
KAISER, R., GOTTSCHALK, G.: Elementare Tests zur Beurteilung von
Meßdaten. Hochschultaschenbuch 774. Mannheim-Wien-Zürich:
Bibliographisches Institut 1972.
KATZ, A.: The direct and rapid determination of alumina and
silica in silicate rocks and minerals by atomic absorption
spectroscopy. Am. Mineralogist 53, 283-289 (1968).
KOCH, O.G., KOCH-DEDIC, G.A.: Handbuch der Spurenanalyse. 2.
Aufl., Teil 1 und 2. Berlin-Heidelberg-New York: Springer 1974.
KORDON, F.: Ein maßanalytisches Schnellverfahren zur Bestimmung
des Siliziums in Eisen und Stahl. Archiv für das Eisenhütten-
wesen 18, 139-146 (1945).
KORITNIG, S.: Fluorine. In: Handbook of Geochemistry II. Berlin-
Heidelberg-New York: Springer 1972.
KORTÜM, G.: Kolorimetrie, Photometrie und Spektrometrie, 4. Aufl.
Berlin-Göttingen-Heidelberg: Springer 1962.
KOTZ, L., KAISER, G., TSCHÖPEL, P., TÖLG, G.: Aufschluß biolo-
gischer Matrices für die Bestimmung sehr niedriger Spurenele-
mentgehalte bei begrenzter Einwaage mit Salpetersäure unter
Druck in einem Teflongefäß. Z. Anal. Chem. 260, 207-209 (1972).
KRAFT, G.: Die voltametrische Indikation komplexometrischer Ti-
trationen. Z. Anal. Chem. 238, 321-414 (1968).
KRAFT, G., DOSCH, H.: Titrimetrische Bestimmung von Al$_2$O$_3$, CaO
und MgO in Kalk-Natron-Gläsern (Komplexometrie mit voltame-
trischer Indikation). Glastechn. Ber., Z. Glaskunde 43, 227-
233 (1970).
KRAFT, G., KAHLES, A.: Die Bestimmung von Sauerstoff in Kupfer
und Blei sowie ihren Legierungen. Erzmetall 22, 429-435 (1969).
LAFFITTE, P.: Étude de la précision des analyses de roches. Bull.
Soc. Géol. France 3, 6th Ser., 723-745 (1953).
LANGMYHR, F.J., SVEEN, S.: Decomposability in hydrofluoric acid
of the main and some minor and trace minerals of silicate rocks.
Anal. Chim. Acta 32, 1-7 (1965).
LANGER, K.: Some major and minor constituents of geochemical
reference samples as determined by photometric methods. Z. Anal.
Chem. 255, 26-29 (1971).

LINDER, A.: Statistische Methoden für Naturwissenschaftler, Mediziner und Ingenieure. 3. Aufl. Basel-Stuttgart: Birkhäuser 1960.

LINDNER, B., RUDERT, V.: Eine verbesserte Methode zur Bestimmung des gebundenen Wassers in Gesteinen, Mineralen und anderen Festkörpern. Z. Anal. Chem. 248, 21-24 (1969).

LUECKE, W.: Zur Methode der Atomabsorptions-Spektralanalyse der Erdalkalien und refraktären Oxide in geochemischen Referenzproben mit einer $N_2O-C_2H_2$-Flamme. Neues Jahrb. Mineral., Monatsh., 263-288 (1971).

MAVRODINEANU, R. (Ed.): Analytical Flame Spectroscopy. Selected Topics. Berlin-Heidelberg-New York: Springer 1970.

McLAUGHLIN, R.J.W., BISKUPSKI, V.S.: The rapid determination of silica in rocks and minerals. Anal. Chim. Acta 32, 165-169 (1965).

MILNER, H.B.: Sedimentary Petrography, 4th ed. rev., vol. 1. pp. 54-75, 101-104. London: Allen & Unwin 1962.

MORRISON, G.H., FREISER, M.: Solvent Extraction in Analytical Chemistry. New York: John Wiley & Sons, Inc. London: Chapman & Hall, Ltd. 1957.

NALIMOV, V.V.: The Application of Mathematical Statistics to Chemical Analyses. Oxford-London-Paris-Frankfurt: Pergamon Press 1963.

NICHOLS, P.N.R.: The photometric determination of titanium with Tiron. Analyst 85, 452-453 (1960).

NICHOLLS, G.D.: Techniques in sedimentary geochemistry; (2) determination of the ferrous iron contents of carbonaceous shales. J. Sediment. Petrol. 30, 603-612 (1960).

NYLÉN, P., WIGREN, N.: Einführung in die Stöchiometrie. Darmstadt: Steinkopff 1973.

OELSNER, O.: Grundlagen zur Untersuchung und Bewertung von Erzlagerstätten. Gera: Thüringen-Verlag P.E. Blank & Co. 1952.

OERTEL, A.C.: Spectrographic Analysis of Mineral Powders. Internal Rept. Division of Soils, C.S.I.R.O., Australia (1961).

OLADE, M., FLETCHER, K.: Potassium chlorate-hydrochloric acid: a sulphide selective leach for bedrock geochemistry. J. Geochem. Exploration 3, 337-344 (1974).

PATZAK, R., DOPPLER, G.: Die Bestimmung von Chrom, Eisen und Aluminium mit Äthylendiamintetraacetat bei gleichzeitiger Anwesenheit aller drei Kationen. Z. Anal. Chem. 156, 248-257 (1957).

PENFIELD, S.L.: On some methods for the determination of water. Am. J. Sci. 48, no. 283, 30-37 (1894).

PIERSON, R.A., FAY, E.A.: Guidelines for interlaboratory testing programs. Anal. Chem. 31, Heft 12, 25A - 49A (1959).

PIETRZYK, D.J., FRANK, C.W.: Analytical Chemistry. New York-London: Academic Press 1974.

PILLAI, K.C.S., BUENAVENTURA, A.R.: Upper percentage points of a substitute F-ratio using ranges. Biometrika 48, 195-196 (1961).

POHL, F.A.: Methoden zur spektrochemischen Spurenanalyse. III. Zur Spurenanalyse von Gesteinen und Bodenproben. Z. Anal. Chem. 141, 81-86 (1953).

Probenahme. Analyse der Metalle. Band 3, 2. Aufl. Berlin-Heidelberg-New York: Springer 1975.

RIEDEL-DE HAËN AG.: Labor-Hilfstabellen (1973).

RIGG, T., WAGENBAUER, H.A.: Spectrophotometric determination
of titanium in silicate rocks. Anal. Chem. 33, 1347-1349
(1961).
Rote Liste 1974. Herausgegeben vom Bundesverband der Pharmazeu-
tischen Industrie e.V., Frankfurt a.M. Editio Cantor, Aulen-
dorf/Württ. (1974).
ROUBAULT, M., DE LA ROCHE, H., GOVINDARAJU, K.: Rapport sur
quatre roches étalons géochimiques: Granites GR, GA, GH et
Basalte BR. Sci. Terre 11, 105-121 (1966).
ROUBAULT, M., DE LA ROCHE, H., GOVINDARAJU, K.: Rapport (1966-
1968) sur les standards géochimiques: Granites GR, GA, GM;
Basalte BR; Biotite ferrifère Mica-Fe; Phlogopite Mica-Mg.
Sci. Terre 13, 379-404 (1968).
ROUBAULT, M., DE LA ROCHE, H., GOVINDARAJU, K. État actuel
(1970) des études coopératives sur les standards géochimiques
du Centre de Recherches Pétrographiques et Géochimiques. Sci.
Terre 15, 351-393 (1970). Französicher und englischer Text.
RUSSELL, B.G., GOUDVIS, R.G., DOMEL, G., LEVIN, J.: Preliminary
report on the analysis of the six NIMROC geochemical standard
samples. National Institute for Metallurgy, Johannesburg,
Report No. 1351 (1972).
SAJO, I.: Eine neue Methode zur Schnellanalyse der Silikate, Ge-
steine, Erze, Schlacken, feuerfesten Stoffe, usw., II. Schnell-
bestimmung der Kieselsäure. Acta Chim. Acad. Sci. Hung. 6,
243-250 (1955a).
SAJO, I.: Eine neue Methode zur Schnellanalyse der Silikate,
Gesteine, Erze, Schlacken, feuerfesten Stoffe usw., III.
Schnellbestimmung des Aluminiums mit einer komplexometrischen
Methode. Acta Chim. Acad. Sci. Hung. 6, 251-262 (1955b).
SANDELL, E.B.: Colorimetric Determination of Traces of Metals.
London: Interscience Publishers 1959.
SASSENSCHEIDT, A.: Die Bestimmung von Kohlenstoff in Rohmehlen
und Zementen. Zement-Kalk-Gips 13, 23-26 (1960).
SCHLESER, F.-H.: Atom-Absorptions-Spektrophotometrie. Z. Instru-
mentenkunde 73, 1-9 (1965).
SCHNEIDER, A., KUTSCHER, J.: Kurspraktikum der allgemeinen und
anorganischen Chemie. Darmstadt: Steinkopff 1974.
SCHUHKNECHT, W., SCHINKEL, H.: Beitrag zur Beseitigung der An-
regungsbeeinflussung bei flammenspektralanalytischen Untersu-
chungen. Z. Anal. Chem. 194, 161-183 (1963).
SCHWARZENBACH, G., FLASCHKA, H.: Die komplexometrische Titration.
Stuttgart: F. Enke 1965.
SEN GUPTA, J.G.: Determination of carbon by non-aqueous titra-
tion after combustion in a high-frequence induction furnace.
Anal. Chim. Acta 51, 437-447 (1970).
SHAW, D.M.: Evaluation of data. Handbook of Geochemistry I,
324-375. Berlin-Heidelberg-New York: Springer 1969.
SLAVIN, W.: Atomic Absorption Spectroscopy. New York-London-
Sydney: Interscience Publishers 1968.
STEVENS, R.E. and others: Second report on a cooperative investi-
gation of the composition of two silicate rocks. U.S. Geol.
Surv. Bull. 1113 (1960).
SVEJDA, H.: Die Magnesiumbestimmung mittels Atomabsorptionsspek-
trometrie in silikatischen Materialien. Keram. Z. 23, 698-702
(1971).
THIELICKE, G.: Bestimmung von Calcium und Magnesium in Gestei-
nen, Böden und Wässern durch voltametrische Indikation mit

ÄGTA und ÄDTA. Notizbl. hess. Landesamt für Bodenforschung 96, 281-289 (1968).

THIELICKE, G.: Titrimetrische Bestimmung des Aluminiums in Silicatgesteinen mit potentiometrischer Indikation. Z. Anal. Chem. 246, 118-122 (1969).

THIELICKE, G.: Schnellbestimmung der Kieselsäure in Silicaten, Gesteinen, Sanden und Eisenerzen durch acidimetrische Titration nach Fällung als Kaliumhexafluorosilicat. Z. Anal. Chem. 250, 185-188 (1970).

THOMAS, P.E., PICKERING, W.F.: Role of solution equilibria in atomic-absorption spectroscopy. Talanta 18, 127-137 (1971).

TÖLG, G., LORENZ, I.: Methoden der mikrochemischen Elementbestimmung und ihre Grenzen. Fortschritte der chemischen Forschung 11, Heft 4, 507-619. Berlin-Heidelberg-New York: Springer 1969.

VAN DER WAERDEN, B.L.: Mathematische Statistik. 2. Aufl. Berlin-Heidelberg-New York: Springer 1965.

VOLBORTH, A.: Total instrumental analysis of rocks. Part A. X-ray spectrographic determination of all major oxides in igneous rocks and precision and accuracy of a direct pelletizing method. Rept. No. 6, Nevada Bureau of Mines (1963). Part B. Oxygen determination in rocks by neutron activation. Gleicher Report (1963).

VOLBORTH, A., BANTA, H.E.: Oxygen determination in rocks, minerals and water by neutron activation. Anal. Chem. 35, 2203-2205 (1963).

WAHLER, W.: Mechanische und chemische Aufbereitung von Mineralen und Gesteinen für geochemische Spurenanalysen. Neues Jahrb. Mineral., Abhandl. 101, 109-126 (1964).

WALLRAF, M.: ÄDTA-Titration von Aluminium, Eisen und Titan in Zement. Zement-Kalk-Gips 14, 504-507 (1961).

WEIBEL, M.: Die Schnellmethoden der Gesteinsanalyse. Schweiz. mineralog. petrogr. Mitt. 41, 285-294 (1961).

YOE, J.H., ARMSTRONG, A.R.: Colorimetric determination of titanium with disodium-1,2-dihydroxybenzene-3,5-disulfonate. Anal. Chem. 19, 100-102 (1947).

YOUDEN, W.J.: Statistical Methods for Chemists. New York: Wiley & Sons, Inc. London: Chapman& Hall, Ltd. 1951.

9. Sachverzeichnis

Abkürzungen: aas. - Atomabsorptions-Spektralphotometrie; fl. - Flammenphotometrie; gr. - Gravimetrie; sp. - Spektralphotometrie; ti. - Titration.

Abkürzungen 4f.
Absorptionsbereich 112
accuracy 16, 35
ÄGTA-Lösung, Herstellung 128
Al_2O_3, aas. 122ff.
-, Differenzbestimmung 96, 118
-, ti. 118ff.
Amalgamierung, Silberelektrode 129
Ammoniumsalze, Abrauchen 96f.
Analysenkartei 40, 41
Analysenmethoden, aas. 54ff.
-, fl. 53
-, gr. 46f.
-, sp. 52
-, ti. 48ff.
Analysenprotokoll 39f.
Analysenschema 44f.
Arbeitsplatz, Sauberkeit 190f.
Atomgewichte 5f.
Aufbewahrung von Lösungen 42
Auffüllen von Lösungen in Meßkolben 42
Aufschluß, Karbonate 73ff.
Aufschlußmethoden, Silikate 57ff.
Ausreißer 21ff.
Auswertung, s. Berechnung
Autoklaven 68ff.
Azetylenflamme, Zünden 111f., 115, 146

Berechnung von Gesteinsanalysen 14ff.
- Konzentrationen mit Eichkurven (aas., fl., sp.) 87ff.
- - Standardlösungen (sp.) 105f.

Berechnung von Meßwerten in Gew. % 87ff., 101f., 105f.
- Titrationen 101f., 122, 132, 141ff.
Beschriftung von Proben 12, 14
Bor 183
Borax-Natriumkarbonat-Schmelzaufschluß 90f., 96

C, Gesamt 161ff.
-, -, Karbonat, Nichtkarbonat (coulometrisch) 169ff.
-, Karbonat 161ff.
-, -, gr. 163ff.
-, -, ti. 167ff.
-, -, Nichtkarbonat 161ff.
Cadmium-Reduktor 97ff.
Calciumoxalat 124ff.
CaO, aas. 133f.
-, gr. 124ff.
-, ti. 126ff.
Chloressigsäure 74
Chromschwefelsäure 186
CO_2-Apparatur 164, 167
Coulomat für C-Bestimmung 171

Dörentruper Quarzsand 185

Eichkurven, Auswertung 87ff.
Eisen, s. FeO und Fe_2O_3
Elemente (Atommasse) 5f.
Erste Hilfe 189f.
Extinktionsbereich 87
Extraktion von Störelementen 118, 119f.

Fehlerarten 16
FeO, Gegenwart organischer
     Komponenten 117f.
-, Störungen 117
-, ti. 115ff.
- in Tonschiefern 117f.
Fe_2O_3, aas. 111ff.
-, gr. 90ff.
-, sp. 103ff.
-, ti., HCl-haltige Lösung
     (Reinhardt-Zimmermann) 96,
     102f.
-, ti., H_2SO_4-haltige Lösung
     96, 97ff.
Filtrierpapiere 42
Fluor 182
Flußsäure-Perchlorsäure-Auf-
     schluß 65f.
Flußsäure-Schwefelsäure-Auf-
     schluß für Gesamteisen 66f.
- FeO 67f.
Flußsäure-Schwefelsäure-Sal-
     petersäure-Aufschluß 64f.
Freiheitsgrad 21
F-Test 26f.

Gaußverteilung 17ff.
Gesamteisen, s. Fe_2O_3
Gesteinsanalyse, Grenzwerte
     35
-, Hauptkomponenten 2, 15
Glasgeräte, Reinigung 186f.
Glühveränderung 37

H_2O, Gesamt, coulometrisches
     Verfahren 180
-, -, gr. 175ff.
H_2O^- 174f., 180
H_2O^+, gr. 175ff.
-, ti. 180
Hydroxid-Fällung 93ff.

Instrumentelle Meßverfahren,
     methodische Grundlagen 43

Kaliumdisulfat-Schmelzaufschluß
     90f., 96
Kaliumhydroxid-Schmelzaufschluß
     63f.

Karbonate, Lösen mit Äthylen-
     diamintetraessigsäure 74f.
-, - Chloressigsäure 74
-, - Salzsäure 73f.
Karl Fischer-Methode 180
kleinste Quadrate, Methode 107ff.
Königswasser 184
K_2O, aas. 149
-, fl. 148f.
Konzentrationsbereiche 7
Konzentrationsniederschläge,
     Säureaufschluß 65
Kohlenstoff, s. C
Kontrollkarten 30ff.
Korngrößenbereiche 8f.
Korrelationskoeffizient 109f.
Kupferron-Lösung 119

Lösungen, Aufbewahrung 42
-, Auffüllen in Meßkolben 42

Magnesiumammoniumphosphat 134ff.
Magnesiumdiphosphat 134, 137
Magnesiumpyrophosphat 134, 137
Maskierung von Störelementen 130
Meßelektroden, Reinigung 116
Meßwerte, Berechnung in Gew.%
     87ff., 101f., 105f.
Methode der kleinsten Quadrate
     107ff.
methodische Grundlagen instru-
     menteller Meßverfahren 43
MgO, aas. 143ff.
-, gr. 134ff.
-, ti. 138ff.
Mikroverfahren zur Silikatanalyse
     44
Mischungsregel (Verdünnungen) 10
Mittelwerte, Vergleich 28ff.
Mn in $CaC_2O_4 \cdot H_2O$ 126
- - $Mg_2P_2O_7$ 137
MnO, aas. 161
-, sp. 158ff.
Monochloressigsäure 74

Na_2O, aas. 147
-, fl. 145ff.
Natriumkarbonat-Schmelzauf-
     schluß 60ff.
Normalverteilung 18ff.

Ordnungszahlen 5f.
organische Bestandteile, Stö-
    rungen bei Säureaufschlüs-
    sen 67
Oxidation von Fe(II) 14

Penfield-Rohr 177
Penfield-Verfahren 175ff.
Phosgen 188
Pipetten, Säuberung 186
Platingeräte, Behandlung
    184ff.
P_2O_5, gr. 155ff.
-, sp. 157f.
Pratt-Methode 68
precision 16
Probebezeichnung 12
Probemenge 12
Probenahme 11ff.
-, Methoden 11
Probeteilung 13
Probeverunreinigungen 12ff.
Protokollheft 39, 41

Q-Test 22

Reagenzien 40, 42
Rechenhilfen 10f.
recommended values 38
Redoxindikator 119
Referenzproben 35ff.
-, Analysenwerte 38f.
-, Bezugsquellen 36f.
Regressionsrechnung 107ff.
Reinhardt-Zimmermann-Lösung
    102
Reinhardt-Zimmermann-Titra-
    tion 96, 102f.
Reinigung, Glasgeräte 186f.
-, Meßelektroden 116
-, Proben 12
"Rein"-SiO_2 81f.
Reproduzierbarkeit 16
Reproduzierbarkeitskontrolle
    30ff.
Richtigkeit 16, 35
Richtigkeitskontrolle 30ff.
"Roh"-SiO_2 79ff.

Säureaufschlüsse 64ff.
-   unter Druck 68ff.
-, HF-$HClO_4$ 65f.
-, HF-H_2SO_4 für FeO 67f.
-, HF-H_2SO_4 für Gesamteisen 66f.
-, HF-H_2SO_4-HNO_3 64f.
-, Konzentrationsniederschlag
    65
-, Störungen durch organische
    Bestandteile 67
Sauberhaltung des Arbeitsplatzes
    190f.
Sauerstoffkorrekturen 37
Schmelzaufschlüsse 60ff.
Schmelzaufschluß, Borax-Natrium-
    karbonat 90f., 96
-, Kaliumdisulfat 90f., 96
-, Kaliumhydroxid 63f.
-, Natriumkarbonat 60ff.
Schwefel 180
-, Gesamt 182
Sesquioxide 90ff.
Siebe 8f.
Silberelektrode, Amalgamierung
    129
Silikatanalyse, Mikroverfahren
    44
SiO_2, gr. 76ff.
-, sp. 85ff.
-, ti. 82ff.
-, Gel, Entwässerung 76f.
-, Minus- und Plusfehler 81f.
Spektralphotometrie, Auswertung
    mit Eichkurven 87ff.
-, - ohne Eichkurven 105ff.
Stammlösungen 42
Standardabweichung 18ff.
-, relativ 20
Standardabweichungen, Vergleich
    26ff.
Standardlösungen, Auswertung
    105f.
Standardproben, s. Referenzproben
statistical error 16
statistische Bewertung 15ff.
Störelemente, Extraktion 118,
    119f.
Störelemente, Maskierung 130
Streubereich 23ff.
Student-Test 23f.
Sulfat-Schwefel 181f.
Sulfid-Schwefel 180f.
Sulfide, selektives Lösen 75
systematic error 16
systematischer Fehler 16

Telefonnummern bei Unfällen
    189
TiO_2, aas. 153f.
-, sp. 149ff.
Tiron 150
Titrationen, Berechnung 101f.,
    122, 132, 141ff.
Tl_2O_3-Anode, Herstellung 129

Unfälle, Telefonnummern 189
-, Verhütung 187f.

Verdünnungen 10, 42
Vertrauensbereich 25f.

Wasser, s. H_2O

Zeichen 4f.
Zerkleinerung von Proben 11ff.
Zünden von Azetylenflammen
    111f., 115, 146
Zufallsfehler 16
Zwischenverdünnungen 42

Notizen

Notizen

Notizen

Notizen

Notizen

H.-E. Usdowski

Fraktionierung der Spurenelemente bei der Kristallisation

Hochschultext

Mit 42 Abbildungen. Etwa 130 Seiten. 1975
DM 29,80; US $12.90   ISBN 3-540-07328-0
Preisänderungen vorbehalten

Inhaltsübersicht: Mischkristalle und Spurenelemente. —Der Nernst'sche Verteilungssatz. — Die Beziehung einiger gebräuchlicher Fraktionierungsformeln zum Nernst'schen Verteilungsgesetz. — Die Abhängigkeit des Verteilungsfaktors von den Kristallisationsbedingungen. — Fraktionierungsprozesse im Labor und in der Technik. — Fraktionierungsprozesse bei geologischen Vorgängen. — Lösung der Aufgaben.

Dieses Lehrbuch behandelt quantitativ die physikalischen und chemischen Prozesse, die bei der Kristallisation zur Anreicherung von Spurenkomponenten führen. Es wendet sich vorwiegend an Studenten der mineralogischen Wissenschaften, und es soll ihnen die Grundlagen für ein Gebiet vermitteln, das einerseits noch zu den wissenschaftlich reizvollen gehört, das andererseits aber schon eine große Bedeutung für die Praxis erlangt hat. Jeder Chemiker, Kristallograph, Mineraloge, Petrologe und Geochemiker wird sich im Beruf mit den Spurenelementen, den sogenannten „Verunreinigungen" auseinandersetzen müssen, sei es bei der Herstellung von reinen Substanzen, bei der Anreicherung seltener Stoffe oder bei der Beurteilung der natürlichen Anreicherungsprozesse von seltenen Komponenten der Erdkruste. Die klare Darstellung der wissenschaftlich gesicherten Fakten, die ausführliche Herleitung von Formeln als Grundlage quantitativer Aussagen und die Aufgaben zur Wiederholung des Stoffes und zur Selbstkontrolle zeichnen diesen Text aus.

Springer-Verlag
Berlin
Heidelberg
New York

Minerals and Rocks

As from volume 10 the series formerly titled Minerals, Rocks and Inorganic Materials will be continued under the new title

Editor-in-Chief: P. J. Wyllie
Editors: W. von Engelhardt, T. Hahn

Vol. 1: W. G. Ernst
Amphiboles
Crystal Chemistry, Phase Relations and Occurrence
59 figs. X, 125 pages. 1968
Cloth DM 30,—; US $12.90
ISBN 3-540-04267-9
Subseries: Experimental Mineralogy

Vol. 2: E. Hansen
Strain Facies
78 figs. 21 plates
X, 208 pages. 1971
Cloth DM 58,—; US $25.00
ISBN 3-540-05204-6
Distribution rights for U.K., Commonwealth and the Traditional British Market (excluding Canada):
Allen & Unwin, Ltd., London

Vol. 3: B. R. Doe
Lead Isotopes
24 figs. IX, 137 pages. 1970
Cloth DM 36,—; US $15.50
ISBN 3-540-05205-4
Subseries: Isotopes in Geology

Vol. 4: O. Braitsch
Salt Deposits — Their Origin and Composition
Translated from the German edition by P. J. Burek and A. E. M. Nairn in consultation with A. G. Herrmann and R. Evans
47 figs. XIV, 297 pages. 1971
Cloth DM 72,—; US $31.00
ISBN 3-540-05206-2

Vol. 5: G. Faure, J. L. Powell
Strontium Isotope Geology
51 pages. IX, 188 pages. 1972
Cloth DM 48,—; US $20.70
ISBN 3-540-05784-6
Subseries: Isotopes in Geology

Vol. 6: F. Lippmann
Sedimentary Carbonate Minerals
54 figs. VI, 228 pages. 1973
Cloth DM 58,—; US $25.00
ISBN 3-540-06011-1

Vol. 7: A. Rittmann
Stable Mineral Assemblages of Igneous Rocks
A Method of Calculation
With contributions by V. Gottini, W. Hewers, H. Pichler, R. Stengelin
85 figs. XIV, 262 pages. 1973
Cloth DM 76,—; US $32.70
ISBN 3-540-06030-8

Vol. 8: S. K. Saxena
Thermodynamics of Rock-Forming Crystalline Solutions
67 figs. XII, 188 pages. 1973
Cloth DM 48,—; US $20.70
ISBN 3-540-06175-4

Vol. 9: J. Hoefs
Stable Isotope Geochemistry
37 figs. IX, 140 pages. 1973
Cloth DM 39,—; US $16.80
ISBN 3-540-06176-2

Vol. 10: J.T. Wasson
Meteorites
Classification and Properties
70 figs. X, 316 pages. 1974
Cloth DM 76,—; US $32.70
ISBN 3-540-06744-2

Vol. 11: W. Smykatz-Kloss
Differential Thermal Analysis
Applications and Results in Mineralogy
82 figs., 36 tables
XIV, 185 pages. 1974
Cloth DM 58,—; US $25.00
ISBN 3-540-06906-2

Crystal Chemistry of Non-Metallic Materials
Editor: R. Roy
This new independent series was originally intended to appear as a subseries Crystal Chemistry within the former series Minerals, Rocks and Inorganic Materials

Vol. 1: R. Roy, R. E. Newnham
Principles of Crystal Chemistry
In preparation

Vol. 2: R. E. Newnham
Structure-Property Relations
92 figs. IX, 234 pages. 1975
Cloth DM 72,—; US $31.00
ISBN 3-540-07124-5

Vol. 3: O. Muller, R. Roy
The Major Binary Structural Families
In preparation

Vol. 4: O. Muller, R. Roy
The Major Ternary Structural Families
46 figs. IX, 487 pages. 1974
Cloth DM 76,—; US $32.70
ISBN 3-540-06430-3

Prices are subject to change without notice

Springer-Verlag
Berlin
Heidelberg
New York

Periodensystem der Elemente

Ordnungszahl — 25 — 54,94 — Atomgewicht[1]

Mn — Mangan — Symbol — Name

[1] Eingeklammerte Werte sind die Massenzahlen des stabilsten oder am besten untersuchten Isotops.

Ia	IIa	IIIb	IVb	Vb	VIb	VIIb	VIIIb	VIIIb	VIIIb	Ib	IIb	IIIa	IVa	Va	VIa	VIIa	VIIIa
1 1,008 H Wasserstoff																	2 4,003 He Helium
3 6,941 Li Lithium	4 9,012 Be Beryllium											5 10,811 B Bor	6 12,011 C Kohlenstoff	7 14,007 N Stickstoff	8 15,999 O Sauerstoff	9 18,998 F Fluor	10 20,183 Ne Neon
11 22,990 Na Natrium	12 24,305 Mg Magnesium											13 26,982 Al Aluminium	14 28,086 Si Silizium	15 30,974 P Phosphor	16 32,064 S Schwefel	17 35,453 Cl Chlor	18 39,948 Ar Argon
19 39,10 K Kalium	20 40,08 Ca Calcium	21 44,96 Sc Scandium	22 47,90 Ti Titan	23 50,94 V Vanadium	24 52,00 Cr Chrom	25 54,94 Mn Mangan	26 55,84 Fe Eisen	27 58,93 Co Kobalt	28 58,71 Ni Nickel	29 63,54 Cu Kupfer	30 65,37 Zn Zink	31 69,72 Ga Gallium	32 72,59 Ge Germanium	33 74,92 As Arsen	34 78,96 Se Selen	35 79,90 Br Brom	36 83,80 Kr Krypton
37 85,47 Rb Rubidium	38 87,62 Sr Strontium	39 88,91 Y Yttrium	40 91,22 Zr Zirkon	41 92,91 Nb Niob	42 95,94 Mo Molybdän	43 (98) Tc Technetium	44 101,07 Ru Ruthenium	45 102,91 Rh Rhodium	46 106,4 Pd Palladium	47 107,87 Ag Silber	48 112,40 Cd Cadmium	49 114,82 In Indium	50 118,69 Sn Zinn	51 121,75 Sb Antimon	52 127,60 Te Tellur	53 126,90 I Jod	54 131,30 Xe Xenon
55 132,91 Cs Cäsium	56 137,34 Ba Barium	57 138,91 La Lanthan	72 178,49 Hf Hafnium	73 180,95 Ta Tantal	74 183,85 W Wolfram	75 186,2 Re Rhenium	76 190,2 Os Osmium	77 192,2 Ir Iridium	78 195,1 Pt Platin	79 196,97 Au Gold	80 200,59 Hg Quecksilber	81 204,37 Tl Thallium	82 207,2 Pb Blei	83 208,98 Bi Wismut	84 (210) Po Polonium	85 (210) At Astat	86 (222) Rn Radon
87 (223) Fr Francium	88 (226) Ra Radium	89 (227) Ac Actinium	104 (261) Ku Kurtschatovium	105 (260) Ha Hahnium													

IIIb	IVb	Vb	VIb	VIIb	VIIIb	VIIIb	VIIIb	Ib	IIb	IIIa	IVa	Va	VIa	VIIa
58 140,12 Ce Cer	59 140,91 Pr Praseodym	60 144,24 Nd Neodym	61 (147) Pm Promethium	62 150,35 Sm Samarium	63 151,96 Eu Europium	64 157,25 Gd Gadolinium	65 158,93 Tb Terbium	66 162,50 Dy Dysprosium	67 164,93 Ho Holmium	68 167,26 Er Erbium	69 168,93 Tm Thulium	70 173,04 Yb Ytterbium	71 174,97 Lu Lutetium	
90 232,04 Th Thorium	91 (231) Pa Protactinium	92 238,03 U Uran	93 (237) Np Neptunium	94 (239) Pu Plutonium	95 (243) Am Americium	96 (247) Cm Curium	97 (249) Bk Berkelium	98 (252) Cf Californium	99 (254) Es Einsteinium	100 (257) Fm Fermium	101 (258) Md Mendelevium	102 (255) No Nobelium	103 (257) Lw Lawrencium	